高等职业教育网络工程课程群教材

软件定义网络技术与实战教程

主 编 但唐仁 肖 颖

副主编 姚裕宝 沈建国 杜纪魁 闫立军 黄 莺

中国水利水电出版社
www.waterpub.com.cn
· 北京 ·

内 容 提 要

本书共 7 章，以软件定义网络（SDN）技术为核心，首先介绍了 SDN 产生的背景及发展历程、SDN 的概念及架构、SDN 的应用场景，其次介绍了以 Open vSwitch 为代表的 SDN 交换机，接着介绍了典型的 SDN 控制器 OpenDaylight，然后介绍了 SDN 的南向接口协议和北向接口协议，最后介绍了 SDN 进阶实验以及基于 SDN 的防火墙项目实战。为了加深理解，本书将理论与实践操作相结合，提供了与内容相应的实验案例和项目实战，并详细展示了实验过程。

本书可作为高职高专 SDN 及其相关专业的教材，也可供广大 SDN 爱好者自学使用。

图书在版编目（CIP）数据

软件定义网络技术与实战教程 / 但唐仁，肖颖主编
. -- 北京 : 中国水利水电出版社，2021.3
高等职业教育网络工程课程群教材
ISBN 978-7-5170-9482-1

Ⅰ. ①软… Ⅱ. ①但… ②肖… Ⅲ. ①计算机网络－高等职业教育－教材 Ⅳ. ①TP393

中国版本图书馆CIP数据核字(2021)第049236号

策划编辑：寇文杰　　责任编辑：高双春　　封面设计：李　佳

书　名	高等职业教育网络工程课程群教材 软件定义网络技术与实战教程 RUANJIAN DINGYI WANGLUO JISHU YU SHIZHAN JIAOCHENG
作　者	主　编　但唐仁　肖　颖 副主编　姚裕宝　沈建国　杜纪魁　闫立军　黄　莺
出版发行	中国水利水电出版社 （北京市海淀区玉渊潭南路 1 号 D 座　100038） 网址：www.waterpub.com.cn E-mail：mchannel@263.net（万水） sales@waterpub.com.cn 电话：（010）68367658（营销中心）、82562819（万水）
经　售	全国各地新华书店和相关出版物销售网点
排　版	北京万水电子信息有限公司
印　刷	三河市航远印刷有限公司
规　格	210mm×285mm　16 开本　14.25 印张　356 千字
版　次	2021 年 3 月第 1 版　2021 年 3 月第 1 次印刷
印　数	0001—3000 册
定　价	38.00 元

凡购买我社图书，如有缺页、倒页、脱页的，本社营销中心负责调换

前　言

随着云计算、大数据、物联网、人工智能等新技术与新业务的出现，互联网的结构和功能日趋复杂，网络管控的难度不断增加，网络新功能难以快速部署，为从根本上解决这些网络问题，业界一直在探索新的技术方案来提升网络的灵活性，其要义是打破网络的封闭架构，增强网络的可编程能力。经过多年的技术发展，软件定义网络（SDN）技术应运而生。

SDN 是一种新型网络创新架构，它打破了传统网络的设计理念，将原来分布式控制的网络架构重构为集中控制的网络架构，将网络的控制平面与数据转发平面进行分离，同时开放了网络可编程能力，提高了网络的灵活性和可管控性。

本书以理论与实践操作相结合的方式，介绍了 SDN 的核心原理、关键技术和典型应用。在内容设计上，本书既包含详细的理论和典型的案例，又有大量的实验环节，能激发学生的学习积极性与创造性，从而使学生学到更多有用的知识及掌握相关的技能。

本书介绍了 SDN 技术的基本概念、架构特征、关键技术和产业现状等，重点介绍转发控制分离的网络结构、主流南向接口协议、常用 SDN 控制器等相关知识，共包含 7 章。第 1 章主要介绍了 SDN 产生的背景及发展历程，SDN 的概念及架构，以及 SDN 的应用场景，使读者对 SDN 的兴起和 SDN 的架构有全面的认识。第 2 章主要介绍了主流的 SDN 硬件交换机和 SDN 软件交换机，重点介绍了 Open vSwitch 的基础知识、安装部署及使用方法。第 3 章介绍了目前比较流行的开源控制器 OpenDaylight、ONOS、Floodlight 和 RYU 等，重点介绍了 OpenDaylight 的安装与使用方法。第 4 章介绍了目前常用的南向接口协议 OpenFlow、OVSDB、NETCONF、XMPP 和 PCEP，重点介绍了 OpenFlow 的基本概念，流表、组表、计量表的原理和应用场景。第 5 章介绍了 SDN 北向接口的概念和常见的开源控制器的北向接口，重点介绍了使用 Postman 调用控制器北向接口的方法。第 6 章介绍了 Mininet 的基本概念、作用、实现原理、优势及使用方法。第 7 章通过项目实训，使读者更加深入地理解 SDN 架构体系及关键技术。

本书作者长期从事网络研究，对 SDN 有着系统深入的研究，还主持了信息网络综合实验平台的设计与开发。在此基础上，作者投入巨大精力编写本书，使得本书语言精练、通俗易懂，便于读者在较短时间内对 SDN 技术的使用有一个全面把握。本书适用于有一定网络基础知识的读者，也适用于高等职业院校相关专业的教师和学生及相关领域从业人员。

最后，感谢中国水利水电出版社的大力支持和高效工作，使本书能尽早与读者见面。由于编者水平有限，编写时间紧迫，书中难免会有不足与疏漏，恳请广大读者不吝指正。

申请实验环境资源，请发至邮箱：service@51openlab.com

编　者

2021 年 1 月

目　　录

第 1 章　SDN 概述

学习目标

- 了解 SDN 产生的背景及发展历程。
- 掌握 SDN 的概念及架构。
- 熟悉 SDN 的实现方案。
- 了解 SDN 的应用场景。
- 了解 SDN 未来的发展前景。

1.1　SDN 简介

1.1.1　SDN 的起源

传统网络经过四十多年的发展，从最初提供简单 Internet 服务的网络，逐渐演化为能够提供涵盖文本、语音、视频等多媒体业务的融合网络。其应用领域也逐步向社会生活的各个方面渗透，并影响和改变了人们的生活和生产方式。互联网提供的电子商务、高清视频等业务已经成为我们日常生活、商业运行和社会发展中不可或缺的组成部分。随着互联网应用的不断丰富与发展，互联网面临的挑战也在逐渐升级。

一方面，现有网络难以高效支撑未来用户、终端和应用的可持续发展。首先，IP 技术使用“打补丁”式的演进策略，使设备的功能和业务越来越多，复杂度显著增加。随着越来越多新的需求被提出，网络节点变得非常臃肿，设备难以扩展。其次，当网络在部署一个全局业务策略时，需要逐一配置每台设备。随着网络规模的扩大和新业务的引入，网络的运维愈加复杂，工作效率低下。最后，IP 网络控制平面和数据平面深度耦合，分布式网络控制机制使得任何一个新技术的引入都严重依赖网络设备，且不同厂家设备实现机制也可能有所不同，所以一种新功能的部署周期可能会较长，这严重制约了网络的发展。

另一方面，当前以互联网协议（IP）维系的互联网体系架构越来越难以满足业务发展的需求。随着移动互联网、物联网和人工智能等业务领域的快速发展，云计算、大数据日益成为焦点，其面向的海量数据处理也对网络提出了更高的要求。而传统的网络却难以满足云计算、大数据以及相关业务提出的动态配置、按需调用、自动负载均衡等需求。同时互联网+、中国制造 2025 和工业 4.0 等需要互联网与实体经济进行融合，而当前互联网并不能满足实体工业所需要的延时低、安全性高和服务分级等需求。

总体来说，我们既需要设计新型网络体系架构来满足当前不断丰富的业务需求，同时也需要网络具有对新协议、新技术快速部署的能力，满足未来不可知的业务需求。经过多年来学术界和工业界的积极探索，SDN（Software Defined Network，软件定义网络）技术应运而生。

SDN 的发展里程如图 1-1 所示。2006 年，SDN 的思想诞生于美国 GENI 项目资助的斯坦福大学 Clean Slate 课题。Clean Slate 项目的最终目的是要重构因特网，旨在改变设计已略显不合时宜，且难以进化发展的现有网络基础架构。

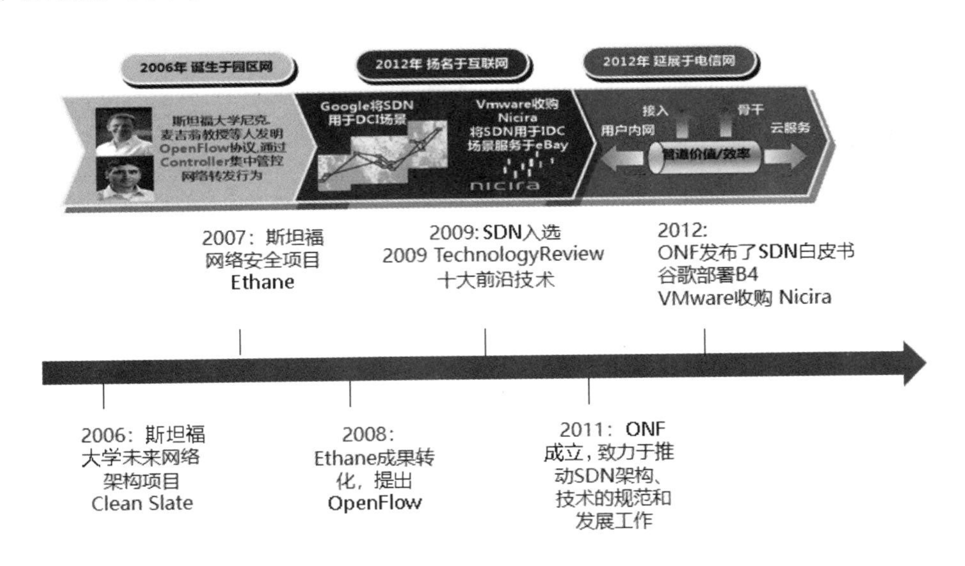

图 1-1　SDN 的发展里程

2007 年，斯坦福大学的学生 Martin Casado 领导了一个网络安全项目 Ethane。该项目试图通过一个集中式的控制器，让网络管理员可以定义基于网络流的安全控制策略，并将这些安全策略应用到各种网络设备中，从而实现对整个网络通信的安全控制。

2008 年，OpenFlow 协议被提出来进一步简化了 Ethane 项目中的交换机设计。随着 OpenFlow 技术的推广，SDN 的概念逐渐浮现。

2009 年，Nick McKeown 和他的团队进一步提出了 SDN 的概念，在产业界和学术界产生了巨大的影响，并且 SDN 入选 2009 Technology Review 十大前沿技术。

2011 年，在 Nick Mckeown 等人的推动下，ONF（Open Network Foundation，开放网络基金会）成立，主要致力于推动 SDN 架构、技术的规范和发展工作。

2012 年 4 月，ONF 发布了 SDN 白皮书（*Software Defined Networking: The New Norm for Networks*），其中，SDN 的 3 层模型获得了业界的广泛认同。

1.1.2　SDN 的定义

通常，传统网络的建设依赖于大量交换机、路由器和防火墙等网络设备，并在设备中嵌入复杂网络协议。网络工程师负责配置各种策略，手动地将这些高层策略转换为低层的配置命令，以应对各种各样的网络事件和应用场景。SDN 的目标是简化网络控制和管理，通过网络的可编程性引导创新。ONF 是 SDN 领域最重要的标准组织，它认为 SDN 是满足下面 3 点原则的一种网络创新架构。

（1）控制平面与数据平面分离。控制平面和数据平面之间不再相互依赖，SDN 采用了集中式的控制平面和分布式的转发平面，两个平面相互分离。控制平面与数据平面分离是 SDN 区别于传统网络体系结构的重要标志。

（2）逻辑上的集中控制。逻辑上的集中控制主要是指对分布式网络状态的集中统一管理，控制平面利用控制器对转发平面上的网络设备进行集中式控制。转发平面上的网络设备只负责单纯的数据转发。

（3）网络开放可编程。SDN 建立了新的网络抽象模型，为用户提供了一套完整的通用应用程序接口（Application Programming Interface，API），使用户可以在控制器上编程实现对网络的配置、控制和管理，从而加快网络业务部署的进程。

SDN 是一种新型的网络创新架构。传统网络与 SDN 对比如图 1-2 所示，它的设计理念是将网络的控制平面与数据转发平面进行分离，并提供灵活的可编程能力，从而实现对网络资源的按需调配。

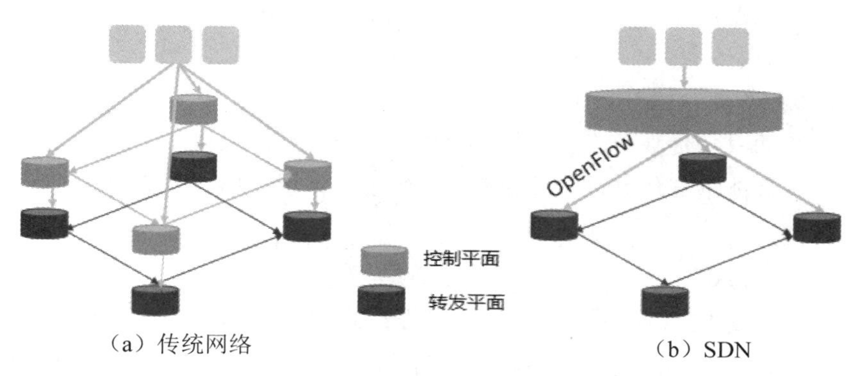

图 1-2　传统网络与 SDN 对比

1.2　SDN 的架构

1.2.1　概述

SDN 是对传统网络的重构，它将原来分布式控制的网络架构重构为集中控制的网络架构。作为一种新的网络体系架构，SDN 得到了越来越多厂商和研究机构的关注。目前，各大厂商对 SDN 的体系架构都有自己的理解和认识，ONF 作为 SDN 最重要的标准化组织，它提出的体系架构对 SDN 的技术发展产生了重要的影响。ONF 定义的 SDN 架构是典型的 3 层网络架构，由数据转发平面、SDN 控制平面、SDN 应用平面这 3 层以及这 3 层之间的 SDN 北向接口协议、SDN 南向接口协议这两个接口组成，ONF 定义的 SDN 架构如图 1-3 所示。

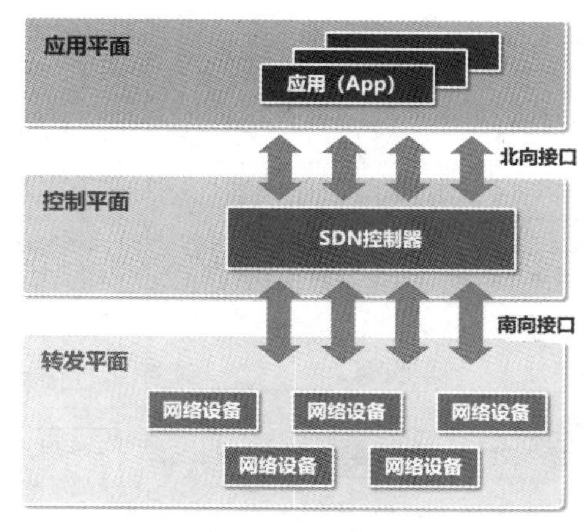

图 1-3　ONF 定义的 SDN 架构

1. SDN 应用平面

SDN 应用平面由若干应用组成，它通过控制层提供的编程接口对底层设备进行控制，把网络的控制权开放给用户，基于北向接口开发各种业务应用，实现丰富的业务创新。该层类似人类的各种创新想法，大脑在其驱动下对四肢进行指挥。

2. SDN 控制平面

SDN 控制平面是 SDN 的核心，由 SDN 控制器组成，集中管理网络中所有的设备。整个网络被虚拟为一个资源池，SDN 控制平面根据全网的拓扑结构以及用户的不同需求，灵活地分配资源。通过南向接口与底层设备进行通信，通过北向接口与 SDN 应用平面进行通信。该层类似人类的大脑，负责对人体进行总体控制。

3. 数据转发平面

数据转发平面只负责基于流表的数据处理、转发和状态收集。关注的是与控制层的安全通信，其处理性能很高，可以实现高速数据转发。该层类似人体的四肢，在大脑的控制下开展各项活动。

4. 南向接口协议

南向接口协议是 SDN 控制平面和数据转发平面之间的接口协议，是转发设备与控制器信息传输的通道，它提供的功能包括对所有的转发行为进行控制、设备属性查询、统计报告和事件通知等。SDN 有多个南向接口协议，其中最具代表性的是 OpenFlow 协议，其他南向接口协议还包括 OVSDB、NETCONF、XMPP 和 PCEP 等。

5. 北向接口协议

北向接口协议是 SDN 应用平面和 SDN 控制平面之间的一系列接口协议，是通过控制器向上层业务应用开发提供的接口协议，它主要负责提供抽象的网络视图，使应用能直接控制网络的行为，并使业务应用能够便利地调用底层的网络资源。目前，SDN 北向接口还没有统一的规范。

1.2.2 核心技术

SDN 技术的本质是通过 SDN 控制器的网络软件化过程来提升网络可编程能力，简化网络和快速业务创新。SDN 的每一层架构都涉及很多核心技术，遵循 SDN 核心技术体系，如图 1-4 所示。

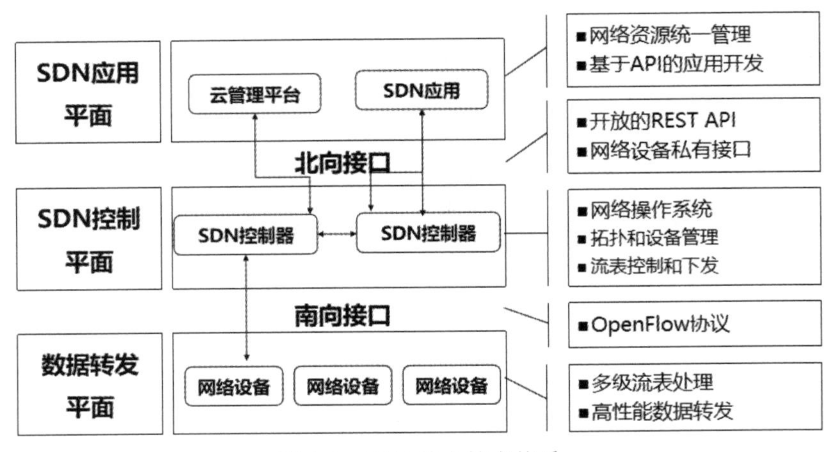

图 1-4　SDN 核心技术体系

网络设备在 SDN 网络架构中只负责数据的转发，因此在转发层的核心技术就是高性能数据转发技术。SDN 南向接口的关键技术是转发面开放协议，而 OpenFlow 是 ONF 定义的一个转发面控制协议，网络控制器通过 OpenFlow 协议下发 OpenFlow 流表到具体交换机，从而定义、控制交换机的具体行为。控制层是整个 SDN 的核心，SDN 网络设备需要在控制器的管控下工作，常用 SDN 控制器包括 OpenDaylight、Floodlight、ONOS、RYU 等。SDN 控制层将网络能力封装为开放的 REST API 供上层业务调用，以便业务应用能够调用底层的网络资源和能力。

1. 数据转发平面技术

SDN 交换机是 SDN 中负责具体数据转发处理的设备，无论是硬件实现还是软件实现的 SDN 交换机，数据帧在交换机内部从设备入端口到设备出端口的传递过程都需要交换机做出转发决策。在传统的网络交换设备中，这一决策过程需要通过交换机中的转发表、路由器中的路由表等机制实现。它们通过对设备入端口接收到的数据包的目的地址信息进行匹配，确定该数据包应该被发往哪个设备出端口。对 SDN 交换机而言，设备中同样需要这样的转发决策机制。但是与传统设备存在差异的是，设备中的各个表项并非是由设备自身根据周边的网络环境在本地自行生成的，而是由控制器统一下发的。例如，链路发现、地址学习、路由计算等各种复杂的控制逻辑都无需在 SDN 交换机中实现。SDN 交换机可以忽略控制逻辑的实现，全力关注基于表项的数据处理，而数据处理的性能也就成为评价 SDN 交换机优劣的最关键指标。因此，很多高性能转发技术被提出，如基于多张表以流水线方式进行高速处理的技术。

另外，考虑到 SDN 和传统网络的混合工作问题，支持混合模式的 SDN 交换机也是当前设备层技术研发的焦点。同时，随着虚拟化技术的出现和完善，虚拟化环境将是 SDN 交换机的一个重要应用场景，因此，SDN 交换机可能会有硬件、软件等多种形态。例如，OVS（Open vSwitch，开放虚拟交换标准）交换机就是一款基于开源软件技术实现的能够集成在服务器虚拟化 Hypervisor 中的交换机，具备完善的交换机功能，在虚拟化组网中起到了非常重要的作用。

2. SDN 控制平面技术

控制平面是 SDN 网络的大脑，负责整个 SDN 网络的集中化控制，对于把握全网资源视图、改善网络资源交付都具有非常重要的作用。SDN 控制器对网络的控制主要通过南向接口协议实现，包括链路发现、拓扑管理、策略制定、流表下发等。其中，链路发现和拓扑管理主要是控制器利用南向接口的上行通道对底层交换设备上报的信息进行统一监控和统计，而策略制定和流表下发则是控制器利用南向接口的下行通道对网络设备进行统一控制的。当前，业界有很多基于 OpenFlow 控制协议的开源的控制器实现，如 OpenDaylight、Floodlight 等，它们都有各自的设计特色。

控制器在 SDN 架构中有举足轻重的作用，但控制能力的集中化，也意味着控制器的安全性和性能成为全网的瓶颈。另外，单一的控制器也无法应对跨多个地域的 SDN 问题，需要多个 SDN 控制器组成的分布式集群，以避免单一的控制器节点在可靠性、扩展性、性能方面的问题。

3. SDN 应用平面技术

SDN 的核心价值体现在支撑业务需求、提升企业竞争力等方面。随着 SDN 技术的应用和推广，会有越来越多的业务应用被研发。SDN 可以被广泛地应用在云数据中心、宽带传输网络、移动网络等场景中。例如，云数据中心对网络提出了灵活、按需、动态和隔离的需求，SDN 的集中控制、控制与转发分离、应用可编程这 3 个特点就能够较好地匹配以上需求。

SDN 通过标准的南向接口屏蔽了底层转发设备的差异，实现了资源的虚拟化，同时开放了灵活的北向接口供上层业务进行网络配置并按需调用网络资源。云计算领域中知名的 OpenStack 就是可以工作在 SDN 应用层的云管理平台，通过在其网络资源管理组件中增加 SDN 管理插件，管理者和使用者可利用 SDN 北向接口便捷地调用 SDN 控制器对外开放的网络能力。当云主机组网需求被发出时，相关的网络策略和配置可以在 OpenStack 管理平台的界面上集中制定进而驱动 SDN 控制器统一地自动下发到相关的网络设备上。因此，网络资源可以和其他类型的虚拟化资源一样，以抽象资源能力的面貌统一呈现给业务应用开发者，开发者无需针对底层网络设备的差异耗费大量开销从事额外的适配工作，这有助于业务应用的快速创新。

4. 南向接口协议

SDN 的转控分离给网络领域引入一个新的概念：南向接口协议。控制平面与数据平面解耦合之后，需要通过这个南向接口协议进行通信。不同的南向接口协议有不同的实现目标：一是实现数据平面与控制平面的信息交互，向上收集交换机信息（如交换机的特性、配置信息、工作状态等），向下下发控制策略，指导数据平面的转发行为；二是实现网络的配置与管理。

在 SDN 发展过程中，OpenFlow 协议是第一个开放的南向接口协议，为控制器与交换机之间的通信提供了一种开放标准。使用 OpenFlow 协议构建的 SDN，可以将网络作为一个整体进行管理。传统交换机使用生成树协议或其他一些新标准（如多链路透明互连）来确定数据包转发路径，而 OpenFlow 协议将转发决策从各个交换机转移到控制器上，突破了传统网络设备厂商对设备能力接口的壁垒。经过多年的发展，该协议已经日趋完善，能够解决 SDN 网络中面临的多种问题。同时 ONF 还提出了 OF-CONFIG 协议。OF-CONFIG 协议的本质是提供一个开放接口用于远程配置和控制 OpenFlow 交换机，其目标都是为了更好地对分散部署的 SDN 交换机实现集中化管控。

5. 北向接口协议

北向接口协议是应用平面与控制平面之间的接口协议，是控制器向上层业务应用开放的接口，使得业务应用能够便捷地调用底层的网络资源。SDN 最本质的特征就是允许通过编程的方式控制网络，没有友好的北向接口，SDN App 的开发门槛会非常高，而且会非常枯燥。北向接口以 API 的形式开放出强大的二次开发能力，使开发者可以着力关注更高层的应用业务，而非底层硬件实现。同时通过北向接口，网络业务的开发者能以软件编程的形式调用各种网络资源；上层的网络资源管理系统可以通过控制器的北向接口全局把控整个网络的资源状态，并对资源进行统一调度。北向接口的设计是否合理、便捷，是否能被业务应用广泛调用，会直接影响到 SDN 控制器厂商的市场前景。

北向接口的协议制定是当前 SDN 领域竞争的焦点。由于上层业务应用的多样性，SDN 北向接口的设计需要充分考虑各种需求，同时北向接口的设计还需要满足合理性和开放性的要求，因此设计标准难以统一，目前尚未形成业界公认的标准。尽管 SDN 北向接口未形成统一的标准，但是充分的开放性、便捷性、灵活性将是衡量接口优劣的重要指标。例如，REST API 就是上层业务应用的开发者比较喜欢的接口形式。部分传统的网络设备厂商在其现有设备上提供了编程接口供业务应用直接调用，被视作北向接口之一，其目的是在不改变现有设备架构的条件下提升配置管理灵活性，应对开放协议的竞争。

1.3　SDN 实现方案

SDN 在产业界设备制造商和运营商的实践中不断展开，逐渐形成不同的发展路线。SDN 的实现方案总体上分为三类。

（1）基于 OpenFlow 标准的方案。基于 OpenFlow 标准的方案是当前 SDN 实现的主流方案，该解决方案基于开放的网络协议，实现控制平面与转发平面的分离，支持控制全局化，可以看作革命型或狭义 SDN。该类方案相关技术进展很快，产业规模发展迅速，业界影响力最大。ONF 提出的 SDN 架构定义就是该方案的代表。

（2）基于专用接口的方案。基于专用接口的方案是设备提供商感受到压力，希望在市场继续保持优势而提出的。运营商既想拥抱新理念，又想保护现有的投资，所以希望针对现有网络进行平滑过渡。该类方案的实现思路不是改变传统网络的实现机制和工作方式，而是通过对网络设备的升级改造，在网络设备上开发 API 接口，管理人员可以通过 API 接口实现网络设备的统一配置管理，改变原先需要一台台设备登录配置的手工操作方式，同时这些接口也可以供用户开发网络应用，实现网络设备的可编程。这类方案由目前主流的网络设备厂商主导，可以看作演进型或广义 SDN。如图 1-5 所示，IETF 就主张在现有的网络层协议基础上，增加插件（Plug-in），并在网络与应用层之间增加 SDN Orchestrator 进行能力开放的封装，而不是直接采用 OpenFlow 进行能力开放，目的是尽量保留和重用现有的各种路由协议和 IP。

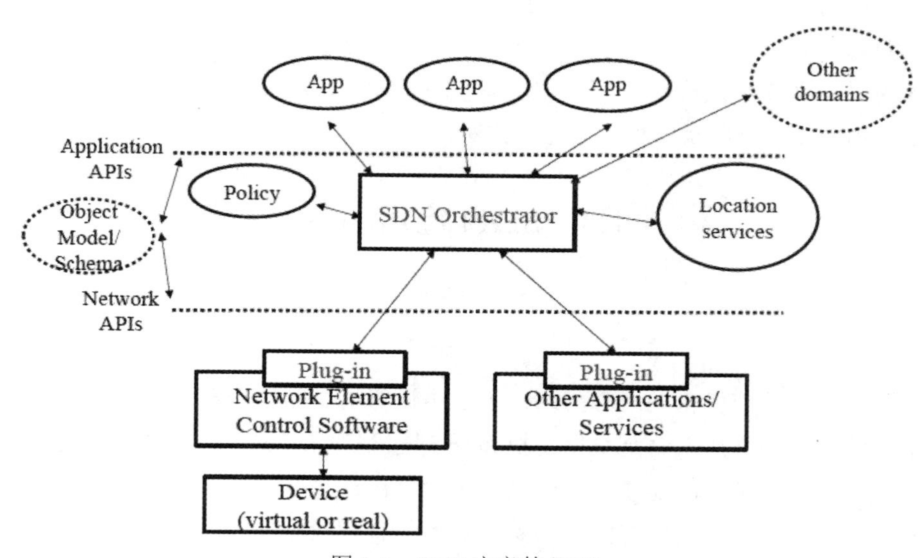

图 1-5　IETF 定义的 SDN

（3）基于叠加（Overlay）网络技术的方案。基于叠加网络技术方案的实现思路是以现行的 IP 为基础，在其上建立叠加的逻辑网络，屏蔽掉底层物理承载网络的差异，实现网络资源的虚拟化，使得多个逻辑上彼此隔离的网络分区，以及多种异构的虚拟网络可以在同一共享的网络基础设施上共存，如图 1-6 所示。该类方案的主要思想可被归纳为解耦、独立、控制这 3 个方面。

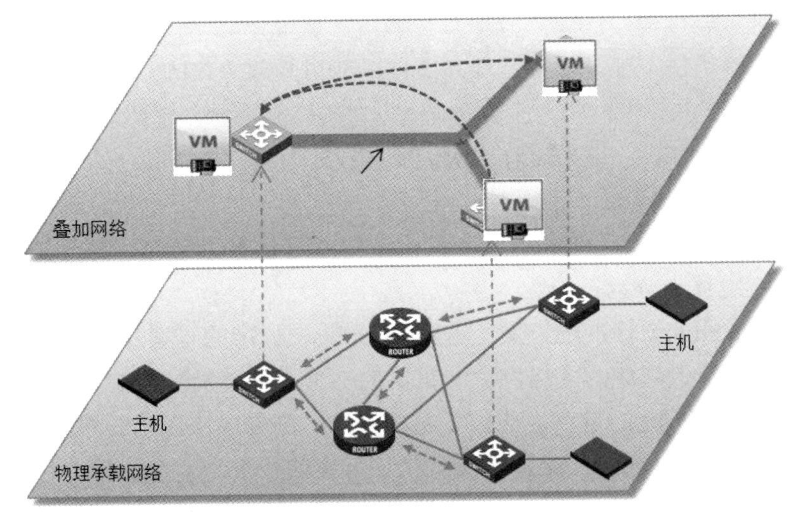

图 1-6 Overlay 网络概念图

解耦是指将网络的控制从网络的物理硬件中脱离出来，交给虚拟化的网络层。这个虚拟化的网络层加载在物理承载网络之上，屏蔽掉底层的物理差异，在虚拟的空间重建整个网络。独立是指该类方案承载于 IP 之上，因此只要 IP 可达，那么相应的虚拟化网络就可以被部署，而无需对原有的物理网络架构做出任何改变。控制是指叠加的逻辑网络将以软件可编程的方式被统一控制，网络资源可以和计算资源、存储资源一起被统一调度和按需交付。

该类方案主要由虚拟化厂商主导，如 Nicira 公司提出的 NVP（Network Virtualization Platform，网络虚拟化平台）方案。NVP 支持在现有的网络基础设施上利用隧道技术屏蔽底层物理网络的实现细节，实现网络虚拟化，并利用逻辑上集中的软件进行统一管控，实现网络资源的按需调度。

总的说来，这 3 种发展路线都能实现集中控制、可编程和开放接口，但在灵活性、使用难度以及用户业务场景等方面存在不同之处。

1.4 SDN 应用场景

1.4.1 园区网

园区网泛指企业或机构的内部网络，主要由计算机、路由器和三层交换机组成，其核心是员工或访客的网络接入、泛数据交换和安全隔离等需求实现。园区网的发展经历了 3 个阶段。第一个阶段是面向连接的园区网，主要解决信息互通的基本需求；第二个阶段是多业务园区网，该阶段园区网络的核心是对业务的有效承载能力，承载容量发展到万兆。如今，园区网正悄然迈入第三个阶段——智慧园区网阶段。园区网作为一项重要的基础设施，在当今社会中占据了重要的位置。

伴随着数字化转型浪潮来袭，海量固定终端以及移动的终端接入、日益多样化园区网应用和用户需求为园区网的发展和维护带来了巨大的挑战。具体表现在如下 4 个方面。

（1）移动用户的快速增长对园区网承载能力带来的挑战。随着园区规模变大及 Wi-Fi 网络逐渐进入企业园区，员工需要通过任何设备，在任何时间、地点访问公司的网络资源，享受移动办公的便捷，这会使园区网络流量变得不可预测，给网络承载能力带来了极大的挑战。某些用户业务（如视频会议等）要求用户的 QoS 策略等能够跟随用户位置的迁移而动态变化，在现有企业园区网络中，这些策略多是人工静态配置的，工作量庞大，无法快速响应用户需求。

（2）多接入给园区网安全带来的挑战。传统基于位置和场所的安全和权限策略已经无法满足移动用户的接入需求。随着 BYOD（Bring Your Own Device，自带办公）设备的普及，终端设备类型和业务需求不断丰富，企业内部网络安全策略部署变得极其复杂，同时也给园区网带来了巨大的安全风险。

（3）日益多样化的网络应用给园区网架构带来的挑战。传统园区网多采用网络和业务紧耦合的烟囱式架构，不利于网络业务的灵活扩展。随着数字化转型的深入，在园区内出现了各种各样的业务需求，用户被迫建设多张物理网络来满足不同的应用场景，造成了资源的极大浪费。

（4）日益复杂的网络给园区网运维带来的挑战。园区内网络接入用户的大规模增长和网络应用的多样化，使得现有园区网配置变得极为复杂，给网络运维带来了巨大的挑战。

SDN 以其转控分离、集中控制和软件可编程特性，可以很好地解决园区网发展中遇到的上述问题，可以有力推动传统园区网向智慧园区网的演进。具体来说，SDN 的全网感知和集中管理特性，可以高效地分配全网承载能力，应对移动用户的快速增长对园区网承载能力带来的挑战；SDN 的可编程特性可以灵活地配置基于用户的安全策略，解决多接入对园区网安全带来的挑战；基于 SDN 的虚拟化网络架构可以在满足多样化网络应用的基础上，大大提升硬件资源的利用率，应对日益多样化的网络应用给园区网架构带来的挑战；SDN 的集中管理特性可以大大降低网络运维难度，有效解决日益复杂的网络给园区网运维带来的挑战。

由此可知，在智慧园区网建设的新时代背景下，SDN 对园区网的各种应用场景具有显著的技术驱动力。SDN 在智慧园区网应用的几种场景如下。

（1）园区网络虚拟化。网络虚拟化允许多个用户组访问同一物理网络，但要从逻辑上对它们进行一定程度的隔离。虚拟化的目的是实现物理资源的动态分配、灵活调度、跨域共享，提高资源利用率。园区网需要一个便于扩展的解决方案，保持用户组完全隔离，实现服务和安全策略的集中管理，并保留园区网设计的高可用性、安全性和可扩展性优势。SDN 架构避免了传统网络下应用与网络紧耦合的烟囱式架构，将网络资源池化，正好可匹配虚拟化的集中控制，避免了逐跳部署的烦琐。例如，园区网中用户向控制器发出业务部署请求，控制器统一管理园区资源池，为相应业务分配所需资源并部署应用，然后对外提供服务。所有操作不需要对物理设施做任何改变，智慧园区网虚拟化应用场景如图 1-7 所示。

（2）园区网络设备无缝接入。用户移动化业务的普及，网随人动成为当务之急，这要求网络具备无缝的接入能力。传统网络资源是按照物理位置分配的，它不会随着用户移动。而 SDN 架构能同时感知用户位置、用户业务类型等，实现上网策略的实时调整，即使在不同的地方登录，针对某个用户的策略也不会发生改变，实现业务随行不掉线，网络设备无缝接入应用场景如图 1-8 所示，在该网络拓扑中，IP 与网络解耦，实现 IP 可在任意位置接入，且不影响业务策略稳定下发。

（3）园区网络统一管控。SDN 控制与转发的分离，使网络设备的集中管控成为可能。基于 SDN 架构，控制器可以统一管理全网设备工作状态，可以实时对全网流量进行精准管控。在网络运维时，管理员只需在控制器上修改一些配置，就可以实现全网设备业务策略的全部更新，大大提高网络运维效率，降低运维难度。

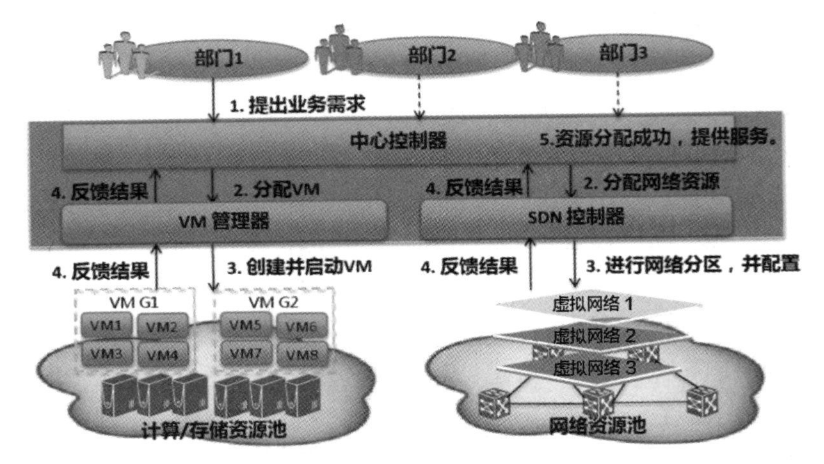

图 1-7　智慧园区网虚拟化应用场景

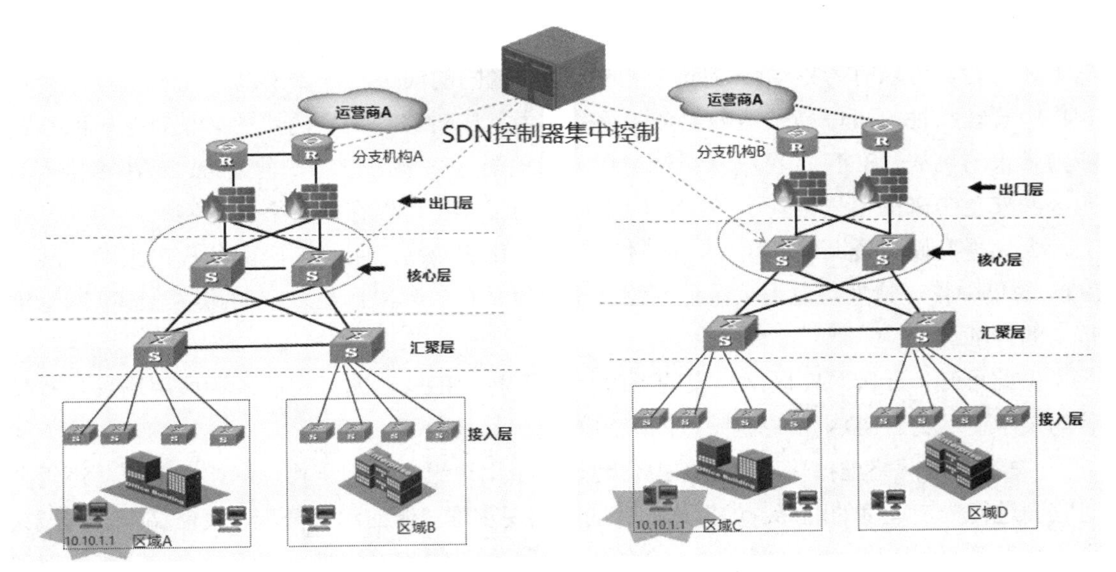

图 1-8　网络设备无缝接入应用场景

（4）园区通信的安全。移动办公和 Wi-Fi 引入企业后，任何角色使用任意设备在任意地点都可以接入企业园区网络，在带来灵活便捷的同时，也带来了网络安全威胁。在传统网络架构下，内网设备之间缺乏威胁隔离机制，网络威胁一旦进入网络内部，就可以肆意蔓延。基于 SDN 架构，SDN 控制器和网络认证中心可以通过开放接口共同完成用户接入的身份认证，从而为随时随地接入的用户提供相应的安全策略和服务策略，大大降低用户灵活接入对网络带来的安全风险。同时，控制器的集中管理功能可以精准识别网络中的异常流量，并自动生成相关安全策略，实时阻断异常流量的传送，保障网络健康运行。

1.4.2　数据中心

作为集中计算、存储数据的场所，数据中心主要提供互联网基础服务，一般具备完善的硬件及服务。历经多年的发展，目前数据中心向超融合架构阶段演进，基于通用的服务器硬件，借助虚拟化和分布式技术，融合计算、存储、虚拟化为一体的方式将是未来数据中心的主流架构。

随着用户规模和应用规模的爆发式增长，传统数据中心正面临着前所未有的挑战，具体表现在以下几点：

（1）用户和应用规模急剧增长给数据中心带来的挑战。伴随着互联网的高速发展，越来越多的应用及数据被集中到数据中心处理，促使数据中心的规模急剧增长，大型数据中心普遍有数万台物理服务器和数十万台虚拟机以供数以亿计的用户接入。传统数据中心采用烟囱式的网络架构和应用割裂的部署模式，在业务部署、可扩展性、网络资源共享方面严重阻碍了数据中心规模的扩充，为数据中心的发展带来了极大的挑战。

（2）业务、流量动态迁移给数据中心带来的挑战。在面对业务和流量需要动态迁移的场景时，传统数据中心通常需要进行大量复杂的配置，尽可能降低迁移过程中对业务造成的影响。随着越来越多的业务和应用场景对业务持续性要求越加苛刻，以及数据中心规模扩张带来的配置复杂程度的急剧增加，传统人工迁移的方式大大制约了上层业务的发展。

（3）复杂的运维需求给数据中心带来的挑战。数据中心规模的不断增大，组网日趋复杂，上层业务的组网要求日益灵活，海量租户的接入以及对租户网络的隔离和安全保障给数据中心的运维带来了巨大的挑战。

SDN 的转发和控制分离、控制逻辑集中、网络虚拟化、网络能力开放化等特点可以很好地解决传统数据中心遇到的上述问题。利用 SDN 技术可以有效满足数据中心网络的集中网络管理、灵活组网多路径转发、虚拟机部署和智能迁移、虚拟多租户等方面的需求，非常适合在数据中心网络中应用。

基于 SDN 的云计算数据中心网络方案是未来数据中心网络的趋势，SDN 在数据中心应用的几种应用场景如下：

（1）海量虚拟租户支持。云计算数据中心需要为用户提供虚拟私有云租用服务，租户可以配置和管理自己的子网、虚拟机 IP 地址、ACL 等网络资源。多租户是 IaaS 的主要服务形态，如何保证多租户之间的隔离，是目前云数据中心碰到的最大问题。在传统网络中，通过使用 VLAN 来划分租户的网络领域，随着租户的增长及应用的增加，VLAN 的消耗很容易达到上限。由于 SDN 实现了网络资源虚拟化和流量可编程，因此可以很灵活地在固定物理网络上构建多张相互独立的业务承载网，极大地提升了网络的可拓展性和资源利用率，满足未来数据中心对支撑海量用户、多业务、灵活组网的迫切需求。

（2）智能的虚拟资源迁移。在传统的数据中心内部，交换机数量众多，所部署的网络策略复杂，虚拟资源跨域迁移实现困难，且安全性难以保证。云服务对数据中心网络的灵活性、自动化和可扩展性提出了更高的要求。基于 SDN 的虚拟资源迁移如图 1-9 所示。SDN 能够将网络设备上的控制权分离出来，便于虚拟资源和网络策略的同步快速迁移，可以使网络和计算存储资源更加紧密地协同，并能实现对全局资源更有效地控制。

（3）灵活高效的资源调度。基于 SDN 的数据中心网络，能够对底层的资源进行实时调度，以满足业务对网络灵活多变的需求。其中，SDN 控制平面能够实时地维护数据中心的全局资源视图，并根据实时的链路带宽，结合业务需求对设备的转发逻辑进行实时调整。SDN 数据平面的转发设备能够根据控制平面策略，对转发表、队列等资源进行实时调整。

（4）集中高效的网络管理。数据中心网络需要集中统一管理，以提高维护效率；需要快速地定位故障并将其排除，以提高网络的可用性。SDN 采用转发与控制分离，控制逻辑集中的方式，由 SDN 控制器实现网络的集中全面控制。SDN 控制器可实施全网的高效控制和管理，更有利于网络故障的定位和排除。传统网络与 SDN 业务部署对比如图 1-10 所示，基于 SDN 的数据中心网络具备良好的自动化运维能力，能尽可能地减少网络管理员的手动配置工作，能够自动地进行业务的部署。

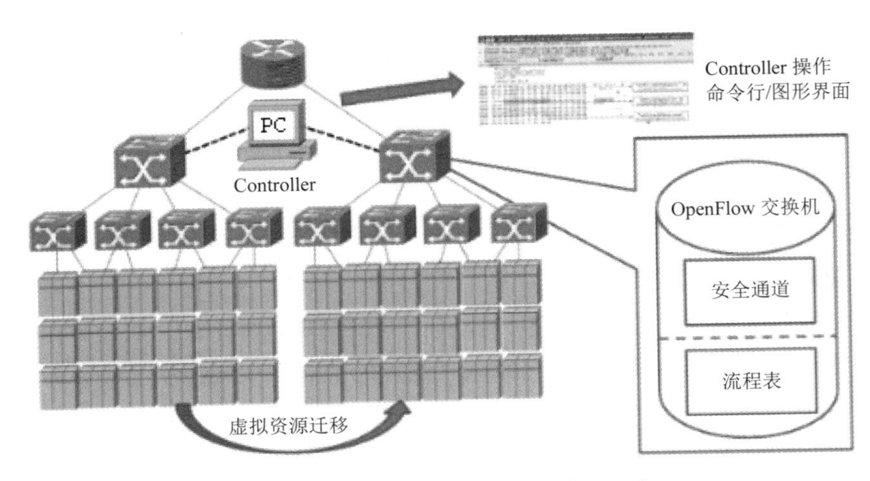

图 1-9 基于 SDN 的虚拟资源迁移

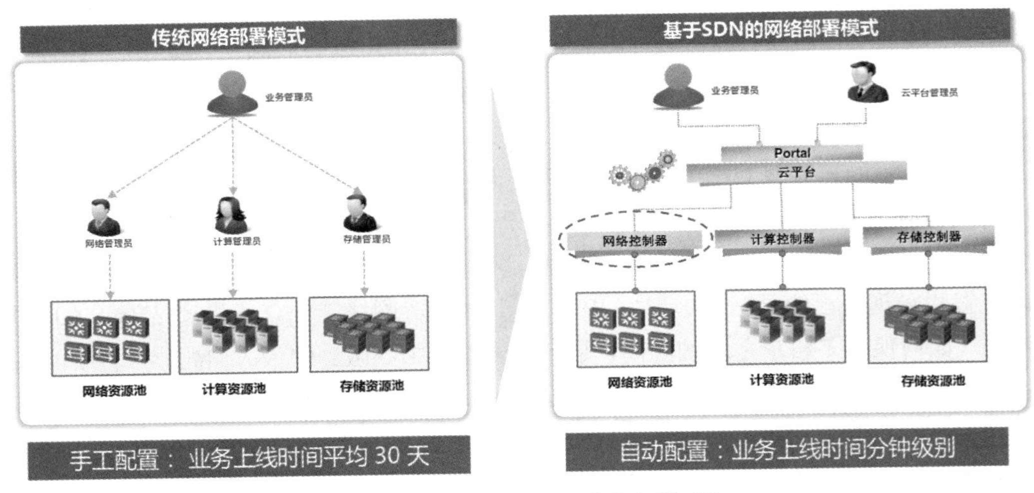

图 1-10 传统网络与 SDN 业务部署对比

1.4.3 广域网

信息化的巨大变革正在重构传统网络，广域网正经历着云时代的变革。第一代广域网关注连接性，用户只关心网络是否可达。第二代广域网更关注网络业务的丰富性和多业务处理能力。当前，随着云时代、全连接时代的到来，广域网更注重用户体验，并正在努力向下一代网络演进。

随着云数据中心、移动互联以及 5G 应用的快速发展和普及，网络上的数据流量呈现出爆发式增长的态势，这给广域网带来了极大的挑战，具体表现在如下几点：

（1）需求动态变化频繁的移动互联网时代给广域网业务带来的挑战。长期以来，广域网所提供的服务一直存在业务提供周期长和业务动态调整不灵活等问题，严重影响了用户的业务应用体验，制约了运营商业务的快速发展。特别是在业务流量快速增加，对广域网业务需求动态变化频繁的移动互联网时代，这个问题更加突出。

（2）云接入以及云间互连的带宽需求给广域网带来的挑战。公有云、私有云和混合云的云接入，以及云间互连的带宽需求频繁变化，需要广域网业务更敏捷。云的各种移动业务应用、大数据和物联网业务的流量模式变化快速，事前无法预测，导致网络流量不均衡情况更加严重，需要广域网运营更敏捷。各行业的云应用快速创新和迅速上线，传统的人工配置模式根本无法满足云应用的创新和上线速度，需要广域网开放 API，按需开发运营，以应对云时代变革对广域网提出的挑战。

（3）更高的广域网链路利用率和网络质量要求给广域网带来的挑战。传统广域数据通信网承载是非弹性的，随着信息技术的发展，人们对广域网的架构、带宽、性能和运营提出了更高的要求。为了适应云时代互联网业务新趋势对广域网的业务模式和运营模式转型的新需求，广域网急需优化架构、提高带宽的利用率和提升综合性能。

为了应对上述挑战，在广域网中引入 SDN 成为当下优化广域网的重要手段。SDN 是一种更弹性、更智能的网络，SDN 的网络监控应用监控着端到端的网络质量，策略应用按照用户的业务需求定义灵活的网络调整策略，SDN 控制器控制和管理整个网络的网络拓扑和路径。网络维护由过去的手工调整变为根据策略自动调整。SDN 使得网络能够像 IT 应用一样快速进行调整，实现新业务快速部署和创新。

SDN 使网络开放化、软件化、虚拟化和自动化，便于更多的应用快速部署于网络上。SDN 在广域网中的应用场景具体如下。

（1）利用 SDN 可优化广域网的链路利用率。数据中心（IDC）之间有大量的流量通过广域网进行互连，由于通信数据的不确定性，一般以流量可能的峰值作为最高带宽来进行建设，这就导致带宽利用率较低，为了保证 IDC 之间传输数据的业务不受影响，广域网带宽利用率一般为 30%左右。分析其原因，主要是传统路由协议只是按照最短路径进行流量路由与转发，当最短路径流量已经满负荷时仍然将新的流量导入，而不会进行分流操作，所以会导致过载的链路无法正常服务，迫使用户不得不进行网络改造与升级。SDN 具备网络需求和网络组织的全局视图，可计算出所有流量的最佳路径，确定数据包的转发行为。

在骨干网中，有很多业务需要按需动态地提供网络能力，如云数据中心之间平时不需要太大的带宽就能支撑日常的业务运行，但当有如虚拟机迁移、存储数据复制等业务时，就需要很大的带宽才能满足业务需要，两个 IDC 之间就需要随时动态调整网络流量带宽。传统模式是根据 IDC 之间端到端流量的峰值，来设计固定速率的网络带宽，从而导致带宽利用率低下。引入 SDN 后，如图 1-11 所示，可通过 SDN 控制器，随时随地对网络流量带宽进行重新分配，从而保证网络带宽的性能。

（2）在广域网多条链路之间可实现流量均衡调度。在广域网上，由于用户分布不均、各业务并发特性不同等原因，经常存在流量不均衡的现象，广域网链路的目的端通常是城域网或者云 IDC，其用户规模及业务数量存在巨大的差异，几条链路上容易出现流量不均衡的现象，严重时部分链路接近拥塞而其余的链路还处于轻载状况。

在广域网上引入 SDN 智能化管理器，如图 1-12 所示，利用 SDN 智能化管理器实时收集广域网中各条链路的状态信息，从而监控网络状态，计算链路的利用率及带宽使用情况，动态地从交换机、路由器中获取网络状态，为数据包计算出最优的、无碰撞的路径，并动态地调整路由以避免网络拥塞，从而实现广域网传输链路流量的负载均衡。同时还可以利用 SDN 智能化管理器动态地改变带宽，加速广域网链路数据的传输。

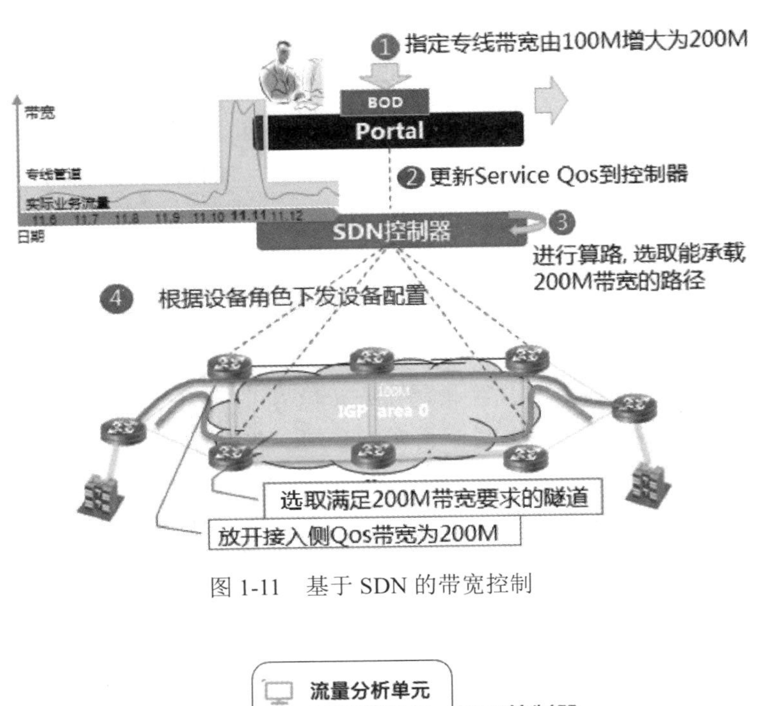

图 1-11 基于 SDN 的带宽控制

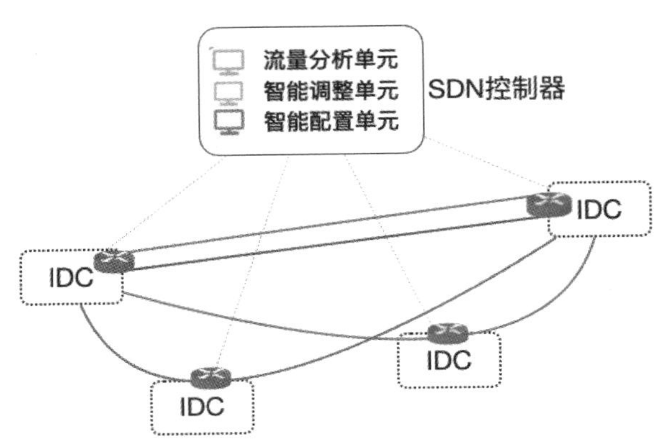

图 1-12 基于 SDN 的广域网流量调度

（3）利用 SDN 有效提升广域网的服务质量。目前，广域网的服务内容、应用系统、服务层与网络紧耦合，移动网、Wi-Fi、固定宽带等不同领域的网络紧耦合，但是资源利用率低、网络性能差。

SDN 作为一种新型网络，它为解决上述问题提供了一些新的思路。不同于传统网络，SDN 解耦了传统网络中的控制层和转发层。控制层中的控制器集中掌握了网络的状态信息，拥有整个网络的拓扑视图，并且能根据网络状态动态地改变业务数据流的传输路径。转发层中的交换设备能根据控制器所提供的路径信息去转发业务数据流而不需要获取、分析网络状态和计算业务数据的传输路径，这极大地降低了交换设备的实现难度并大大地提高了交换设备转发数据的速度。在 SDN 中，网络管理员只需根据特定的业务需求去修改控制层的配置，便可以轻易地改变转发层网络设备的行为，实现所需要的网络特性。利用 SDN 改进后，控制层具有全局的网络组织视图，可把该信息提供给应用服务层，同时可在用户端与 IDC 及具体服务器之间，选择最佳链路。只需少量的资源即可获得更高的服务质量，聚合多种技术提供服务，优化了如 QoS、能耗、利用率等多方面的性能。

1.5　SDN 的现状与未来

1.5.1　SDN 的发展现状

SDN 是一种新的网络架构，它从根本上改变了人们设计、管理和运营整个网络的方式，为网络的使用、控制和创收提供了更多的灵活性。它加快了新业务引入的速度，网络运营商可以通过可控的软件部署相关功能，而不必像以前那样等待某个设备提供商在其专有设备中加入相应方案。SDN 实现了网络的自动化部署和运维故障诊断，减少了网络的人工干预，从而降低了网络的运营费用，也降低了出错率。目前，SDN 技术已被广泛运用到了企业内部的组网和 IDC 组网中。

网络云化的趋势日益明显，SDN 作为其中的关键技术，受到了产业界的广泛关注，不仅在标准化组织中不断完善，还在产业链的多个环节得到了验证。SDN 在快速发展、不断推进的同时，也面临许多挑战。

1. 接口/协议的标准化

SDN 控制器接口标准不统一。南向接口除了支持 OpenFlow 外还存在多种接口协议。北向接口方面，ONF 也明确了不同的场景将使用不同的北向接口，东西向接口的研究工作刚刚开展，存在很多的争议和不确定性。

2. 安全性

SDN 的集中控制方式和它的开放性使得控制器的安全性具有潜在风险，可能存在负载过大、单点失效、易受网络攻击等安全性问题。这需要建立一整套的隔离、防护和备份等机制来确保整个系统的安全稳定运行。但目前来说，尚缺乏系统的解决方案。

3. 关键性能

SDN 大多采用 OpenFlow 协议，其实现高性能设备转发还有待完善。流表容量、流表学习速度、流表转发速率、转发时延等 SDN 组网关键指标在不同厂商的设备上差异极大，无法商用。

4. 互操作性

SDN 相关标准还有待完善，各厂商支持程度也有差异，实现互操作相当困难。与此同时，供应商众多，需要更加重视互操作性。

5. 控制器实现方式

SDN 控制器是 SDN 的核心，因此，它受到产业链中不同角色的激烈争夺，涌现出众多品牌的控制器。

由此可见，SDN 技术尚不成熟，标准化程度也不够，大量网络设备的管理问题、SDN 控制器的安全性和稳定性问题，多厂商的协同和互通问题，不同网络层次的协同和对接问题均需得到解决。另外，SDN 还面临大量的非技术挑战，例如，商业产品和芯片产商的参与度低、国内数据中心的虚拟化比例过低导致对 SDN 的引入动力不足等问题。

1.5.2　SDN 的未来展望

即使 SDN 在发展过程中面临很多挑战，SDN 仍是引领新一轮网络变革的关键技术，越来越多的研究者正在关注 SDN 技术的未来发展与应用落地。数据转发平面、控制平面和应用平面等相关技术热点正在得到业界的持续关注，其未来的发展前景将十分广阔。

1. 更加灵活开放的数据平面

起初SDN可编程局限于SDN控制平面，数据转发平面主要由交换芯片决定。主流的SDN转发设备处于被动演进的状态，协议版本间互相隔离，灵活性和可扩展性大打折扣，因此，近几年业界提出了一些新技术体系，如P4（可编程协议无关包处理器）协议等。它们突破了传统数据转发平面处理架构的束缚，使开发人员能够灵活地定义各种协议报文的格式，并能够通过编程控制数据平面设备处理数据包。可以预见，将来网络数据转发平面上可能会诞生一种被市场广泛认可的高级编程语言，通过编译技术适配不同的数据平面硬件。这种高级编程语言将极大地降低网络设备开发门槛，使网络应用开发市场更加繁荣。

2. 更高性能的开源网络硬件

软件开源化使软件产业得到了快速发展，硬件的开源化也成为了网络硬件发展的新趋势。Google、Facebook、Intel等公司纷纷加入硬件开源的阵营。Facebook发起了OCP开源计算项目，Intel公司推出基于软件的高速数据平面DPDK，Cisco开源了高性能数据平面产品FD.io（Fast data-Input/Output）。伴随着数据转发平面硬件的开源浪潮，网络硬件设备的设计、生产和维护的成本将大幅下降，网络硬件的技术壁垒逐渐被打破。未来专用硬件的应用场景将逐步减少，而基于通用硬件和开源硬件的性能优化将成为一个重要方向。

3. 更加智能的网络操作系统

网络操作系统增加了精细化管控能力、弹性管控方式和统一的资源调度机制，成为了一种能够实现网络资源高效管控，按需提供网络服务的开放平台。随着网络技术的发展和网络规模的扩大，网络操作系统将出现分级分域的概念，多个控制器之间将出现协同工作的功能。未来的SDN控制平台会以网络操作系统的形式存在。此外，未来的网络操作系统将会更加智能，将逐步融合大数据分析、神经网络、机器学习等技术，逐步增加网络自学习、自恢复、自愈合的能力，人工智能与操作系统的深度融合正在加速前行。

4. 网络设备的功能虚拟化

由于现有业务与设备耦合过于紧密，每增加一个新的业务就需要增加相应的网元，所以在SDN中引入基于NFV（Network Functions Virtualization，网络功能虚拟化）的虚拟化网元成为了网络的重要发展趋势。通过NFV技术，可以使应用与硬件解耦，大大提高资源的供给速度，由数天缩短到数分钟；通过NFV技术，还可以快速部署业务，缩小创新周期，提升测试与集成效率，降低开发成本。NFV作为新兴技术，目前还存在诸多挑战和较大的提升空间，如高效进行虚拟化网络功能资源分配、快速部署和迁移等方面的问题。此外，基于软件的系统可靠性也正在成为NFV面临的重要挑战之一，不同于传统硬件设备的可靠性解决思路，NFV需要引入一些计算机软件可靠性设计的方法来提升整体系统的稳定性等。虽然NFV技术目前尚不成熟，还存在着不少问题，但这些问题都是能够解决的，相信在不远的将来，NFV能够走到成熟的商用阶段。

5. 高度自动化的业务编排

随着数据平面的开放和底层设备的虚拟化，数据平面和底层资源都向上开放了可操作的接口，给网络带来了灵活的业务编排能力。业务编排的主要目的是根据业务的需求，持续编排部署网络中的资源，使其以最优化的方式运行。业务编排技术带来的业务灵活性和自动化管理能力，能大幅减少运营商的运营成本，一直是运营商所关注的焦点。网络业务编排系统灵活和高度自动化的特点在技术实现上也带来了许多的难题。例如，网络服务的自动化设计和软、硬件资源如何去分配部署，底层环境中实时数据的收集和分析，根据反馈的数据对逻辑和物理资源生命周期的自动化管理以及端到端一体化业务编排等众多方面需要进行不断完善。

SDN 作为一种新的网络技术架构，其核心价值已经得到了学术界和工业界的广泛认可。SDN 的集中控制模型有利于网络的管理和灵活动态调整，未来它将广泛应用于大型网络服务商、数据中心等拥有特殊管控需求的环境。随着 SDN 技术的不断成熟和小规模的成功部署，SDN 实现大规模商用部署已经成为未来网络的发展趋势。

随着 SDN 技术和应用的快速发展，未来还面临的一个重要挑战就是人才，未来产业界的发展将需要一大批既精通网络技术，又具备软件开发能力的复合型人才，甚至需要既懂 SDN，又懂得人工智能、机器学习等前沿技术的人才。

1.6　本章小结

本章首先介绍了 SDN 产生的背景及 SDN 的起源与发展，然后阐述了 SDN 的概念、特征及本质，同时描述了 ONF 所定义的 SDN 的架构及核心技术。接着介绍了 SDN 的 3 种实现方案，以及 SDN 在园区网、数据中心及广域网中的应用。最后描述了 SDN 发展中遇到的问题，并对 SDN 的未来进行了展望。

1.7　本章练习

一、选择题

1. 目前，传统网络存在的困境有（　　）。

　A. 业务部署慢　　B. 集成与协调烦

　C. 网络设备部署烦　　D. 以上都是

2. SDN 的架构不包括（　　）。

　A. 基础设施层　　B. 链路层　　C. 控制层　　D. 应用层

3. 在 SDN 中，网络设备只负责（　　）。

　A. 流量控制　　B. 数据处理　　C. 数据转发　　D. 维护网络拓扑

4. 下列说法错的是（　　）。

　A. 在 SDN 架构中，架构最底层的交换设备只需要提供最基本、最简单的功能。

　B. SDN 适用于云计算供应商和面对大幅扩展工作负载的企业。

　C. SDN 转发与控制分离的架构，可使网络设备通用化、简单化。

　D. SDN 技术不能实现灵活的集中控制和云化的应用感知。

5. SDN 构架中的核心组件是（　　）。

　A. 控制器　　B. 服务器　　C. 存储器　　D. 运算器

二、判断题

1. SDN 是对网络控制和转发功能进行去耦合的一种方法。

2. SDN 面向网络编程，传统方法面向设备编程。

3．SDN 即 OpenFlow。

4．SDN 的南向接口指的是控制平面和数据转发平面之间的接口。

5．SDN 的意义在于削弱底层基础设施，软件可以实时地对其进行重新配置和编排。

三、简答题

1．请简要阐述 SDN 产生的背景。

2．什么是 SDN，SDN 有哪些特征？

3．ONF 定义的 SDN 的架构是怎样的？

4．SDN 有哪些核心的技术？

5．SDN 有哪几种实现方案？

6．你对 SDN 发展的现状及未来有什么看法？

第 2 章　SDN 交换机 Open vSwitch

学习目标

- 了解主流的 SDN 硬件交换机和 SDN 软件交换机。
- 掌握 Open vSwitch 的基础知识和安装部署方法。
- 掌握 Open vSwitch 的常用命令。
- 掌握 Open vSwitch 的网桥配置方法。
- 掌握 Open vSwitch 的流表配置方法。

2.1　SDN 交换机概述

随着 SDN 的发展，越来越多的 SDN 交换机产品应运而生。SDN 交换机是 SDN 网络架构体系中数据平面的转发设备，包括 SDN 硬件交换机和 SDN 软件交换机。SDN 硬件交换机是指集成在硬件设备中的交换机，主要应用在物理网络，实现物理链路的连通。SDN 软件交换机是指由软件实现的虚拟交换机，主要应用在云数据中心，实现虚拟化网络的连通。

与传统交换机相比，SDN 交换机具有如下特点：

- SDN 交换机支持 OpenFlow 协议。
- SDN 交换机根据流表规则转发数据包。
- SDN 交换机由 SDN 控制器集中管控，配置快捷方便。

2.1.1　SDN 硬件交换机

从设备厂商的性质和 SDN 硬件交换机的使用场景看，目前市场上主流的 SDN 硬件交换机大体分为如下 3 种。

- 由新兴创业公司生产的 SDN 硬件交换机，这类厂商旨在推出针对 SDN 的产品及解决方案。
- 传统设备厂商为了紧随 SDN 潮流，同时能够适应市场新的需求，对其原有的交换机进行改造，实现现有网络向 SDN 的平滑过渡，或者传统设备厂商创建新型 SDN 硬件交换机，这些交换机一般支持传统业务功能。
- 互联网服务提供商为服务自身业务而定制的 SDN 硬件交换机。

下面介绍目前主流厂商的 SDN 硬件交换机。

1. 华为

华为是全球领先的 ICT（信息与通信）基础设施和智能终端提供商，其生产的交换机广泛应用于政府、电信运营商及金融、教育和医疗等行业设施。华为推出了多款 SDN 硬件交换机，其中 S12700 系列敏捷交换机是混合可编程的，支持 OpenFlow 1.3。

2. 新华三

新华三（H3C）作为数字化解决方案领导者，拥有计算、存储、网络和安全等全方位的数字化基础设施整合能力，推出了多款 SDN 硬件交换机，其中知名的有 H3C S5130-HI 系列千兆以太网交换机、H3C S6800 数据中心以太网汇聚交换机。

3. 盛科网络

盛科网络是一家核心芯片、白牌交换机供应商。盛科网络已经发布了一系列芯片（TransWarpTM 系列），以及基于芯片的完整系统和 SDN 硬件交换机，其主要的 SDN 硬件交换机产品包括 V580、V580-TAP、V350、V350-TAP、V330 和 V150。

4. 思科

思科（Cisco）是全球科技领导厂商，其经营范围几乎覆盖了网络建设的所有部分，组成互联网和数据传送的路由器、交换机等网络设备市场几乎都由思科公司控制。思科的 SDN 交换机产品主要有 catalyst-3850-series-switches、Cisco Nexus 7000/7700 Series Switches 和 Cisco Nexus 3000 Series Switches。

5. 瞻博网络

瞻博（Juniper）网络是一家网络通信设备公司，主要供应 IP 网络及资讯安全解决方案。它推出的 EX9200 以太网交换机产品支持 OpenFlow 1.3，具有可编程、灵活和可扩展的特点，EX9200 具有很高的端口密度，能够整合和汇聚网络层，在降低成本和复杂性的同时，提供运营商级的可靠性。

6. NEC

NEC 是一家全球 IT、通信网络的领先供应商，其推出了 SDN 硬件交换机 PF（ProgrammableFlow）系列产品，包括 pf5200/pf5400/pf5800 系列交换机（PFS）。其中，PF5240 系列交换机既支持传统网络 L2-L3 网络协议，也支持 OpenFlow 协议。

7. 戴尔

戴尔（DELL）是一家知名的电脑厂商，同时也涉足生产与销售服务器、数据储存设备、网络设备等。戴尔拥有多款 SDN 硬件交换机，较出名的有 Dell Networking Z9100-ON 交换机、DellNetworking S 系列 S4820T 高性能 1/10/40 GbE 交换机、Dell Networking S4048-ON 10/40 GbE 架顶式开放网络交换机和 Dell Networking S3048-ON 1 GbE 架顶式开放网络交换机，这些交换机可以在数据中心等场景中应用部署。

8. Arista

Arista Networks 是一家为数据中心提供云计算网络设备的公司，主打数据中心以太网交换机，其核心优势是其网络操作系统 EOS。其推出的 SDN 硬件交换机主要包括 7150 系列、7300 系列、7050X 系列和 7500 系列。

2.1.2 SDN 软件交换机

下面介绍目前主流的一些 SDN 软件交换机。

1. Open vSwitch

Open vSwitch（OVS）是典型的虚拟交换机，由 Nicira Networks 开发，具有产品级质量，使用开源 Apache 2.0 许可协议。Open vSwitch 支持标准的网管接口和协议（如 NetFlow、sFlow、OpenFlow 和 OVSDB 等），并可以通过可编程接口的扩展实现网络的自动化运维管理。

2. POFSwitch

POFSwitch 是由华为公司实现的虚拟交换机，采用 BSD 许可，使用 C 语言开发，运行在 Linux 系统上，POFSwitch 与 POFController 协同工作，增强 OpenFlow 协议，支持协议无感知转发。

3. XORPlus

XORPlus 是一款由 Pica8 公司主导的开源交换软件，运行在数据中心级别的交换机平台上，在交换和路由的速度方面有更高的性能，XORPlus 支持用户所需要的大部分主流的二层和三层协议。

4. Indigo

Indigo 由 Big Switch 公司按照 OpenFlow 规范实现，使用 C 语言开发，运行于物理交换机上，能够利用以太网交换机专用 ASIC 芯片的硬件特性，以线速运行 OpenFlow，支持 48 个高速率 10G 端口，并支持可扩展的网络虚拟化应用。

5. Of13softswitch

Of13softswitch 由巴西爱立信创新中心（Ericsson Innovation Center）提供支持，基于 TrafficLab 1.1 版软件交换产品，是一个与 OpenFlow 1.3 版本规范兼容的用户空间的软件交换机方案。该软件交换机包括交换机实现方案（ofdatapath）、用于连接交换机和控制器的安全信道（ofprotocol）、用于和 OpenFlow 1.3 进行转换的库（oflib），以及一个配置工具（dpctl）。

6. Pantou

Pantou 是基于 BackFire OpenWrt 软件版本（Linux 2.6.32）实现的把商用的无线路由器或无线接入点设备变为一个支持 OpenFlow 的交换机。它把 OpenFlow 作为 OpenWrt 上的应用来实现。Pantou 支持的设备包括普通的 Broadcom 接入点设备、部分型号的 LinkSys 设备以及采用 Broadcom 和 Atheros 芯片组的 TP-LINK 的接入点设备。

7. LINC

LINC 是由 FlowForwarding 主导的开源项目，支持 OpenFlow 1.2 和 1.3.1 协议版本，遵循 Apache 2.0 许可。LINC 架构采用流行的商用 x86 硬件，可运行于多种平台上，如 Linux、Solaris、Windows 和 MacOS，在 Erlang 运行环境的支持下，还可以运行于 FreeBSD 平台。

在我们了解 SDN 硬件交换机和 SDN 软件交换机之后，下面通过比较来了解 SDN 软件交换机的特点和优势。

（1）使用更灵活。SDN 软件交换机是通过软件模拟的交换机，虚拟机的创建、删除和迁移比物理机灵活得多。如果将一台虚拟机从一台物理机迁移到另一台物理机上，则相应的虚拟网线也要从上一台虚拟交换机拔下来插到新的虚拟交换机上，因为都是纯软件实现的，所以操作非常灵活。

（2）协议统一。对于 SDN 硬件交换机而言，各个厂家没有完全统一的协议，只有一些私有协议。对于 SDN 软件交换机而言，由控制器通过统一的协议来控制，虽然功能不如 SDN 硬件交换机强大，但达成了部分共识，所有 SDN 软件交换机都遵守这个协议，可以将所有的 SDN 软件交换机连接起来。

2.2 开源交换机 Open vSwitch

2.2.1 Open vSwitch 概述

1. Open vSwitch 基本概念

Open vSwitch（OVS）是 Nicira 发布的开源虚拟软件交换机，OVS 从发布到现在一直是业界最流行的虚拟交换机。2012 年，VMware 以 12.6 亿美元的价格收购了 Nicira，并在 OVS 上继续投入更多的资源，是目前 OVS 社区的最大贡献者。OVS 基于 C 语言开发，遵循 Apache 2.0 开源代码版权协议，能同时支持多种标准的管理接口和协议（如 NetFlow、sFlow、SPAN、RSPAN、CLI、LACP 和 802.1ag 等），支持跨物理服务器分布式管理、扩展编程和大规模网络自动化。OVS 作为 SDN 数据平面的转发设备，可以大幅降低部署成本，还可以提高网络的灵活性和扩展性。

2. Open vSwitch 功能特性

Open vSwitch 支持主流的交换机功能，如二层交换、网络隔离、QoS 和流量监控等，其最大的特点就是支持 OpenFlow 协议。OpenFlow 定义了灵活的数据包处理规范，为用户提供 L2～L7 包处理能力。Open vSwitch 支持多种 Linux 虚拟化技术，包括 Xen、KVM 和 VirtualBox。Open vSwitch 支持丰富的特性，详情如下：

- 支持标准的 802.1Q VLAN 模型（trunk 口和 access 口）。
- 支持上游交换机带有或不带有 LACP 的网卡绑定。
- 支持 NetFlow、sFlow 和镜像以提高网络监控能力。
- 支持 QoS 和策略配置。
- 支持 Geneve、GRE、VXLAN、STT 和 LISP 隧道协议。
- 支持 802.1ag 连接故障管理。
- 支持 OpenFlow 1.0 及扩展协议。
- 支持 C 和 Python 绑定的事务性配置数据库。
- 使用 Linux 内核模块实现高性能转发。

3. Open vSwitch 应用组网

Open vSwitch 通常部署在服务器中，用来连接多台需要交换数据的虚拟主机，SDN 控制器通过 OpenFlow 协议实现与 Open vSwitch 交换机以及部分 SDN 硬件交换机的连接和信息交互，它通过向交换机下发流表，来指导交换机转发数据。基于 Open vSwitch 的典型应用组网如图 2-1 所示。

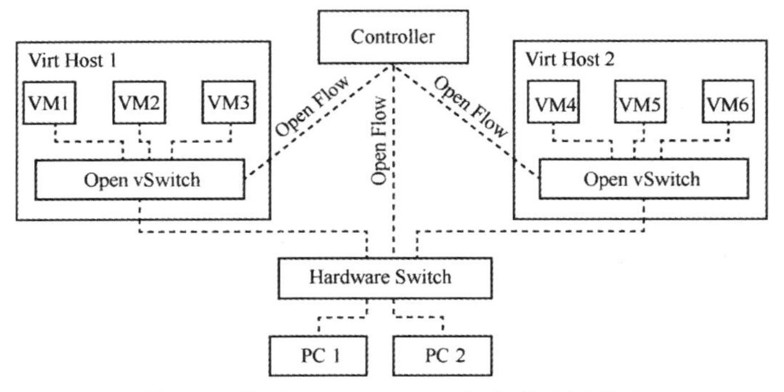

图 2-1 基于 Open vSwitch 的典型应用组网

2.2.2　Open vSwitch 架构

1．Open vSwitch 系统架构

Open vSwitch 架构分为用户空间、内核空间和配置管理层 3 部分。其中，用户空间运行着 OVS 的守护进程（ovs-vswitchd）和数据库（ovsdb-server）；内核空间包含 Datapath 模块和流表；配置管理层主要用于管理 OVS 的配置工具，包括 ovs-dpctl、ovs-vsctl、ovs-appctl 和 ovs-ofctl 等，Open vSwitch 系统架构如图 2-2 所示。

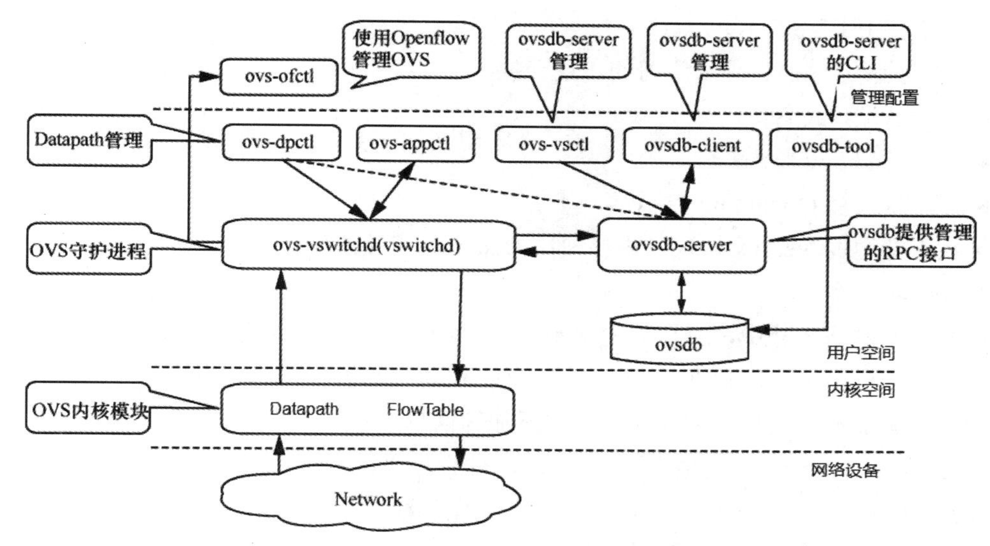

图 2-2　Open vSwitch 系统架构

Open vSwitch 主要模块介绍如下：

（1）用户空间包括如下组件：

- ovs-vswitchd：主要模块，实现交换机的守护进程，包括一个支持流交换的 Linux 内核模块。
- ovsdb-server：轻量级数据库服务器，保存配置信息，ovs-vswitchd 通过这个数据库获取配置信息。

（2）内核空间包括如下组件：

- Datapath：内核模块，内核空间包含了一个或多个 Datapath 模块，根据流表匹配结果对数据进行相应处理。Datapath 模块对数据包的转发有两种通道，即快速交换转发通道和慢速交换转发通道。
- FlowTable：流表，由很多个流表项组成，每个流表项都是一个转发规则。

（3）配置管理层主要提供以下工具：

- ovs-vsctl：主要用来获取或更改交换机的配置信息，此工具操作时会更新 ovsdb-server 中的数据库。
- ovs-dpctl：用来配置交换机的内核模块。控制数据分组的转发规则，用户使用该工具可以创建、删除和修改 Datapath。
- ovs-ofctl：主要用于查询和控制交换机的流表。
- ovs-appctl：用于向 OVS 的守护进程发送命令。

下面分别对 ovs-vswitchd、ovsdb-server 和 Datapath 的两种交换转发通道进行介绍。

2. ovs-vswitchd 组件

ovs-vswitchd 是 Open vSwitch 的核心模块，其主要功能如下：

- 检索和更新数据库信息。
- 根据数据库中的配置信息来维护和管理 Open vSwitch。

ovs-vswitched 是管理 OVS 的进程，用来维护 OVS 的生命周期。它从数据库里面读取需要创建的虚拟交换机和添加的网卡，然后创建它们。通过 ovs-vswitchd 配置一系列特性，具体如下：

- 支持 IEEE 802.1Q VLAN。
- 支持基于 MAC 地址学习的二层交换。
- 支持端口镜像。
- 支持 sFlow 监测。
- 支持连接 OpenFlow 控制器。
- 支持通过 Netlink 协议与内核模块 Datapath 直接通信。

3. ovsdb 组件

在复杂的网络拓扑中，需要创建交换机，添加很多网卡，所有这些信息需要在一个地方保存，否则机器重启后数据就都丢失了。而 ovsdb 就是保存数据的地方，它是一个数据库，记录所有虚拟交换机的创建和网卡的添加等信息。

ovsdb 为 vswitchd 维护的配置信息，ovsdb 分为三级结构，即 Table/Record/Column，Table 包含 Record，Record 包含 Column。Table 是数据库的一个表。Record 是 Table 中的记录，由用户添加修改，每条记录包含多条 Column 属性。Column 属性用于表示一条记录的配置，有 4 种类型值，即 Integer、Real、Boolean 和 String。ovsdb 三级结构使得数据库中的信息组织形式更加有条理，更加便于管理和检索。

图 2-3 为 ovsdb 的 Table 数据表关系。每个节点代表一个表。属于“根集”的表以双边框显示，“？”表示零或一个，“*”表示零或多个，“+”表示一个或多个，粗线表示有力的参考，细线代表弱引用。从这张数据库结构图中可以看到，各表格之间是紧密相连的。

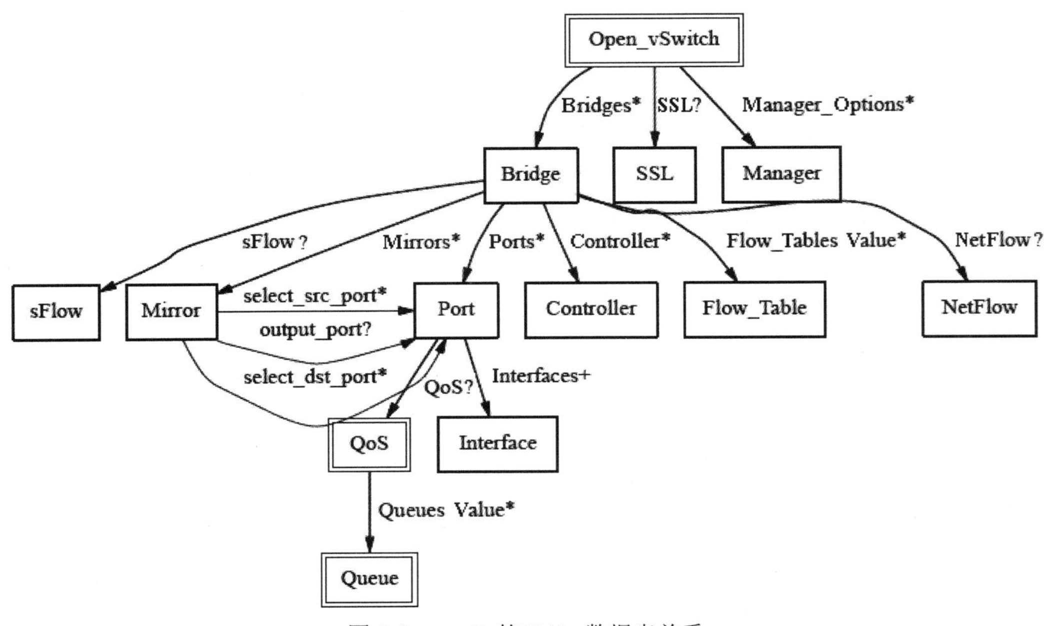

图 2-3　ovsdb 的 Table 数据表关系

ovsdb 的 Table 数据表见表 2-1，数据表 Open_vSwitch 中存储的是 OVS 配置信息，Bridge 存储的是网桥配置信息。可以通过命令 ovsdb-client dump 将数据库结构打印出来。它总共设计了 15 种类型的表，用于存储虚拟交换环境中所包含的各种数据结构。

表 2-1　ovsdb 的 Table 数据表

名词	含义
Open_vSwitch	OVS 配置
Bridge	网桥配置
Port	端口配置
Interface	包含在端口下的物理网络设备
Flow_Table	OpenFlow 流表配置
QoS	服务质量配置
Queue	QoS 输出队列
Mirror	端口镜像
Controller	OpenFlow 控制器配置
Manager	OVSDB 管理（配置与 OVSDB 客户端的连接，主要是配置 ovsdb-server。Open vSwitch 数据库服务器可以启动和维护到远程客户端的主动连接，并监听数据库连接）
NetFlow	NetFlow 配置（一种网络流量测量功能）
SSL	SSL 配置
sFlow	sFlow 配置（sFlow 是一种远程监控交换机的协议）
IPFIX	IPFIX 配置（IPFIX 是网络流量监控标准，一种输出流详细信息的协议）
Flow_Sample_Collector_Set	Flow Sample Collector Set 配置（表示一组收集数据包抽样信息的 IPFIX collectors）

4. 交换转发通道

OVS 交换转发通道如图 2-4 所示，需要交换的数据包一般来自内核模块，通过内核模块 Datapath 监听网卡并将数据包拿进来，交给虚拟交换机处理。当 openvswtich.ko 加载到内核时（openvswitch.ko 为加载到 Linux 内核的模块），会在网卡上注册一个函数，每当有数据包到达网卡的时候，这个函数就会被调用，将数据包层层拆包，即 MAC 层、IP 层和 TCP 层等，然后查看有没有已经定义好的策略来处理数据包，如修改 MAC、修改 IP、修改 TCP 端口和从哪个网卡发出去等策略，如果找到了策略，则直接从网卡发出去。这个处理过程非常快，因为全部在内核里面，因而称为 Fast Path。快速交换转发通道的特点如下：

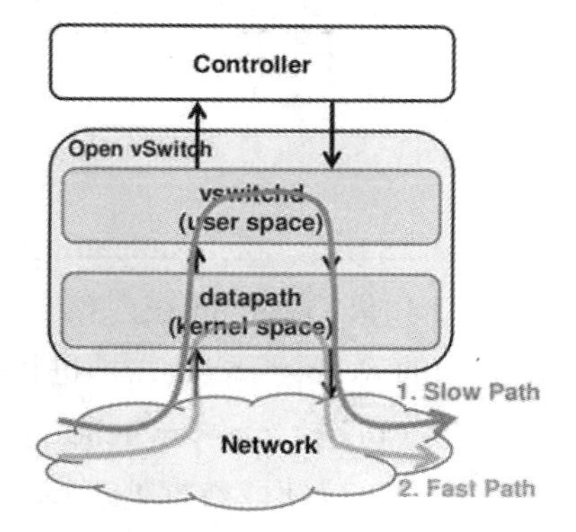

图 2-4　OVS 交换转发通道

- 当 Datapath 接收到数据包后，能直接查询到内核空间对应的 Flow Table，并将该数据包转发。
- Open vSwitch 的内核模块支持多个数据路径 Datapath。

然而内核空间没有多少内存，所以内核空间能够保持的策略很少，往往有新的策略时，老的策略就会被丢弃。此时需要到用户空间去寻找配置策略，即将包通过 Netlink 协议（一种内核空间和用户空间交互的机制）发送给 vswitchd，vswitchd 发现有从内核空间发过来的包，就进入了自己的处理流程，称为 Slow Path。慢速交换转发通道的特点如下：

- 首次到达的数据包先由用户空间做出转发策略，再由内核空间进行操作。
- vswitchd 与 ovsdb 交互制定转发策略，通知内核模块。
- 后续同类型数据包按照该流表处理。

2.2.3 Open vSwitch 工作流程

Open vSwitch 的基本工作过程：首先交换机收到数据包后去查询流表，如果没有匹配到相应的流表，则交给 SDN 控制器处理，由 SDN 控制器下发流表策略，后续相同数据转发时则直接由核心转发模块处理，加快后续数据处理过程。Open vSwitch 具体的工作流程如图 2-5 所示。

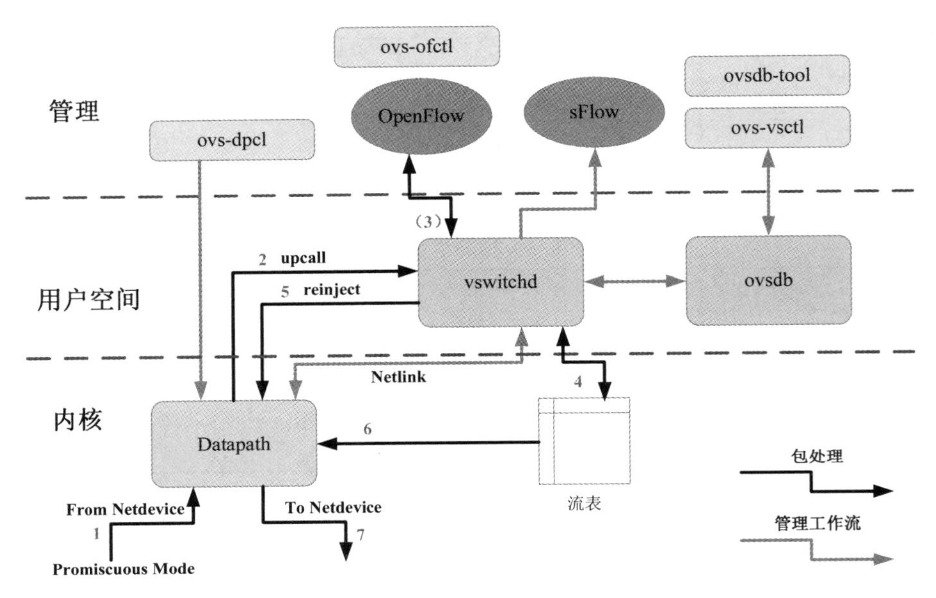

图 2-5 Open vSwitch 具体的工作流程

（1）内核空间的 Datapath 监听接口设备流入的数据包。

（2）如果 Datapath 在内核空间流表缓存没有匹配到相应的流表项，则将数据包转发给用户空间的 ovs-vswitchd 守护进程处理。

（3）（可选）ovs-vswitchd 通过 OpenFlow 协议与 SDN 控制器或者 ovs-ofctl 命令行工具进行通信，以获取数据处理流表。

（4）ovs-vswitchd 收到来自 SDN 控制器或 ovs-ofctl 命令行工具的响应消息后，更新内核空间的 Flow Table，或将刚刚执行过的 Datapath 没有缓存的流表项注入 Flow Table 中。

（5）ovs-vswitchd 匹配完流表项后将数据包重新注入 Datapath 中。

（6）Datapath 再次访问 Flow Table 查询匹配的流表项。

（7）Datapath 根据流表项 Actions 执行转发或丢弃数据包。

2.2.4 Open vSwitch 常用命令

下面介绍 Open vSwitch 的常用命令。

1. ovs-vsctl

ovs-vsctl 是用于查询和配置 ovs-vswitchd 的命令，ovs-vsctl 可以连接到 ovsdb-server 进程，ovs-vsctl 常用于配置交换机上的网桥和端口等信息。

（1）命令格式如下：

```
ovs-vsctl [OPTIONS] COMMAND [ARG...]
```

（2）ovs-vsctl 命令参数见表 2-2。

表 2-2　ovs-vsctl 命令参数

命令	含义
init	初始化数据库（前提是数据分组为空）
show	打印数据库信息摘要
add-br BRIDGE	添加新的网桥
del-br BRIDGE	删除网桥
list-br	打印网桥摘要信息
list-ports BRIDGE	打印网桥中所有 port 摘要信息
add-port BRIDGE PORT	向网桥中添加端口
del-port [BRIDGE] PORT	删除网桥上的端口
get-controller BRIDGE	获取网桥的控制器信息
del-controller BRIDGE	删除网桥的控制器信息
set-controller BRIDGE TARGET...	向网桥添加控制器

例如，添加网桥 br0，其命令如下：

```
# ovs-vsctl add-br br0
```

其中，br0 表示添加的网桥名称。

2. ovs-ofctl

ovs-ofctl 是监控和管理 OpenFlow 交换机的命令，显示当前状态，常用于配置与管理流表，包括对流表的增、删、改、查等。

（1）命令格式如下：

```
ovs-ofctl [OPTIONS] COMMAND [SWITCH] [ARG...]
```

（2）ovs-ofctl 命令参数见表 2-3。

表 2-3　ovs-ofctl 命令参数

命令	含义
show SWITCH	输出 OpenFlow 信息
dump-ports SWITCH [PORT]	输出端口统计信息
dump-ports-desc SWITCH	输出端口描述信息
dump-flows SWITCH	输出交换机中所有的流表项
dump-flows SWITCH FLOW	输出交换机中匹配的流表项
add-flow SWITCH FLOW	向交换机添加流表项
add-flows SWITCH FILE	从文件中向交换机添加流表项
mod-flows SWITCH FLOW	修改交换机的流表项
del-flows SWITCH [FLOW]	删除交换机的流表项

对于 add-flow、add-flows 和 mod-flows 这 3 个命令，还需要指定要执行的动作，其格式为：

```
actions=[target][,target...]
```

一个流规则中可能有多个动作，按照指定的先后顺序执行。ovs-ofctl 动作参数见表 2-4。

表 2-4 ovs-ofctl 动作参数

操作	说明
output:port	输出数据包到指定的端口，port 是端口号
flood	除了入口和禁止 flood 的端口外，将收到的数据包泛洪到其他所有的物理端口
all	除了入口外，将收到的数据包泛洪到其他所有的物理端口
normal	根据传统 L2 或 L3 栈的动作完成交换机动作
drop	将数据包直接丢弃
controller	将 OpenFlow 数据包发送至控制器
mod_vlan_vid	修改数据包中的 VLAN tag
strip_vlan	移除数据包中的 VLAN tag
mod_dl_src/ mod_dl_dest	修改源或目的 MAC 地址信息
mod_nw_src/mod_nw_dst	修改源或目的 IPv4 地址信息
resubmit:port	替换流表的 in_port 字段，并重新进行匹配
load:value−>dst[start..end]	写数据到指定的字段

在 Open vSwitch 中，流表项作为 ovs-ofctl 的参数，用于匹配数据流，采用的格式为“字段=值”，如果有多个字段，可以用逗号或者空格分开。ovs-ofctl 匹配字段见表 2-5。

表 2-5 ovs-ofctl 匹配字段

字段名称	说明
in_port=port	传递数据包的端口号
dl_vlan=vlan	数据包的 VLAN Tag 值，范围是 0～4095，0xffff 代表不包含 VLAN Tag 的数据包
dl_src=<MAC> dl_dst=<MAC>	匹配源或者目标的 MAC 地址 01:00:00:00:00:00/01:00:00:00:00:00 代表广播地址 00:00:00:00:00:00/01:00:00:00:00:00 代表单播地址
dl_type=ethertype	匹配以太网协议类型 dl_type=0x0800 代表 IPv4 协议 dl_type=0x086dd 代表 IPv6 协议 dl_type=0x0806 代表 ARP
nw_src=ip[/netmask] nw_dst=ip[/netmask]	当 dl_typ=0x0800 时，匹配源或者目的 IPv4 地址可以是 IP 地址或域名
nw_proto=proto	和 dl_type 字段协同使用 当 dl_type=0x0800 时，匹配 IP 协议编号 当 dl_type=0x086dd 时，代表 IPv6 协议编号
table=number	指定要使用的流表的编号，范围是 0～254，默认值为 0。通过使用流表编号，可以创建或修改多个 Table 中的 Flow
reg<idx>=value[/mask]	交换机中的寄存器的值。当一个数据包进入交换机时，所有的寄存器都被清零，用户可以通过 Action 的指令修改寄存器中的值

ovs-ofctl 其他命令见表 2-6。

表 2-6　ovs-ofctl 其他命令

字段名称	说明
priority	多个流表项与数据包匹配时的优先级，值越大优先级越高
idle_timeout	流表的生存周期，如果某条流表在最近 idle_timeout 时间内没有被匹配过，则将其删除
hard_timeout	流表的生存周期，如果流表项添加的时间超过 hard_timeout，则将其删除
mod-port	修改 OVS 的端口状态，常见的有 up 和 down

例如，添加一条流表项，设置流表项生命周期为 2000s，优先级为 2，入端口为 1，动作是 output:2，可以执行如下命令：

```
# ovs-ofctl add-flow br0 idle_timeout=2000,priority=2,in_port=1,actions=output:2
```

其中，br0 表示网桥名称，idle_timeout 表示流表项生命周期，priority 表示优先级，in_port 表示入端口，actions 表示动作，将端口 1 接收到的数据包从端口 2 输出。

3. Open vSwitch 初体验

介绍完了 Open vSwitch 的常用命令，下面简单介绍下 Open vSwitch 的基本操作，让读者对 Open vSwitch 有一个大体的了解。

（1）创建虚拟交换机，其命令格式如下：

```
# ovs-vsctl add-br br0
```

创建一个名为 br0 的虚拟交换机。

（2）创建虚拟网线，其命令格式如下：

```
# ip link add ab type veth peer name ba
# ip link add cd type veth peer name dc
# ip link add ef type veth peer name fe
```

创建 3 根虚拟的网线，一头为 ab、cd 和 ef，对应的另一头为 ba、dc 和 fe。

（3）将网线插到交换机上，其命令格式如下：

```
# ovs-vsctl add-port br0 ab
# ovs-vsctl add-port br0 cd
# ovs-vsctl add-port br0 ef
```

将 3 根网线的一头插到虚拟交换机上。

通过以上 3 步构建的虚拟交换机如图 2-6 所示。

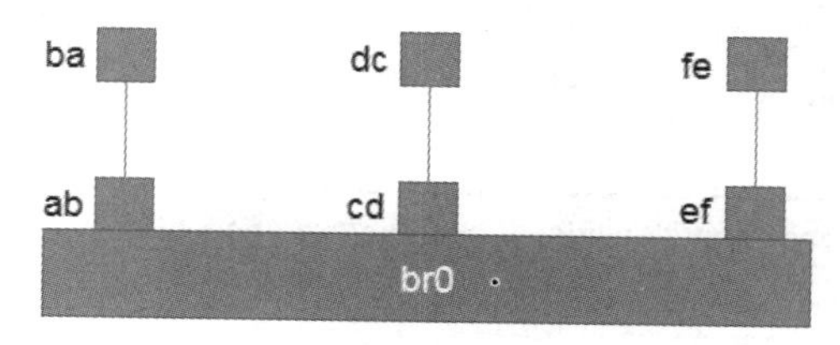

图 2-6　构建的虚拟交换机

2.2.5　Open vSwitch 的安装

Open vSwitch 的安装

1. 安装概述

Open vSwitch 版本及其相应的内核要求见表 2-7，用户需根据自己的服务器内核版本选择相应的 Open vSwitch 版本。

表 2-7 Open vSwitch 版本及其相应的内核要求

Open vSwitch	Linux 内核	Open vSwitch	Linux 内核
1.4.x	2.6.18 to 3.2	2.1.x	2.6.18 to 3.10
1.5.x	2.6.18 to 3.2	2.2.x	2.6.18 to 3.11
1.6.x	2.6.18 to 3.2	2.3.x	2.6.18 to 3.14
1.7.x	2.6.18 to 3.3	2.4.x	2.6.18 to 4.0
1.8.x	2.6.18 to 3.4	2.5.x	2.6.18 to 4.3
1.9.x	2.6.18 to 3.8	2.6.x	2.6.18 to 4.7
1.10.x	2.6.18 to 3.8	2.7.x	2.6.18 to 4.9
2.0.x	2.6.18 to 3.8		

Open vSwitch 常用的安装方式有以下两种。

（1）从源代码安装。从源码安装，这种安装方法在安装过程中可以选择 Open vSwitch 的版本，也是最常用的安装方法。这种方法支持的操作系统有 Linux、FreeBSD、NetBSD、Windows 和 Citrix XenServer。

（2）从软件包安装。从软件包安装最大的优点是操作简单，只需要一条简单的命令，如 apt install openvswitch。在 Ubuntu 操作系统中下载的软件存放位置为/var/cache/apt/archives，安装后软件默认位置在/usr/share，这种方法只能安装低版本的 Open vSwitch。支持的操作系统有 Debian、Fedora、Red Hat 和 OpenSuSE。

本节主要介绍从源码安装 Open vSwitch，分为以下 4 步。

第一步：解压 Open vSwitch 源文件，生成 Makefile 文件。

第二步：编译安装 Open vSwitch。

第三步：配置 Open vSwitch。

第四步：初始化数据库并启动。

2. 实验环境

Open vSwitch 安装及部署只需一台主机即可，其安装环境见表 2-8。

表 2-8 Open vSwitch 安装环境

设备名称	软件环境	硬件环境
主机	Ubuntu 14.04 命令行版	CPU：1 核 内存：2GB 磁盘：20GB

注：系统默认的账户为 root/root@openlab、openlab/user@openlab。

3. 操作过程演示

安装 Open vSwitch 的具体操作步骤如下：

（1）安装 Open vSwitch。

1）登录主机，执行 ifconfig 命令，查看主机的 IP 地址，如图 2-7 所示。

2）执行 uname -a 命令，查看当前系统内核版本，如图 2-8 所示，当前系统内核版本是 3.13.0。

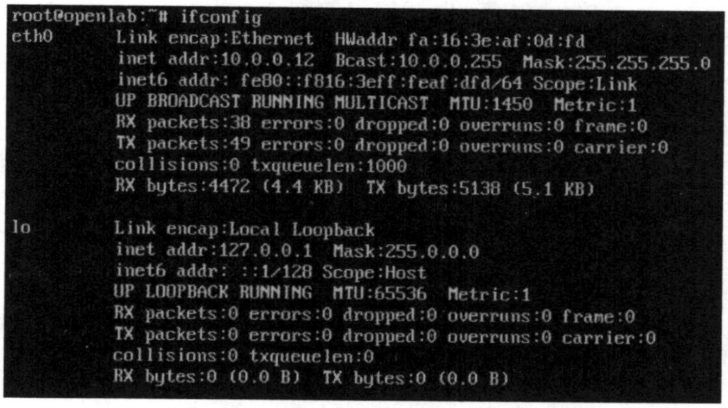

```
root@openlab:~# ifconfig
eth0      Link encap:Ethernet  HWaddr fa:16:3e:af:0d:fd
          inet addr:10.0.0.12  Bcast:10.0.0.255  Mask:255.255.255.0
          inet6 addr: fe80::f816:3eff:feaf:dfd/64 Scope:Link
          UP BROADCAST RUNNING MULTICAST  MTU:1450  Metric:1
          RX packets:38 errors:0 dropped:0 overruns:0 frame:0
          TX packets:49 errors:0 dropped:0 overruns:0 carrier:0
          collisions:0 txqueuelen:1000
          RX bytes:4472 (4.4 KB)  TX bytes:5138 (5.1 KB)

lo        Link encap:Local Loopback
          inet addr:127.0.0.1  Mask:255.0.0.0
          inet6 addr: ::1/128 Scope:Host
          UP LOOPBACK RUNNING  MTU:65536  Metric:1
          RX packets:0 errors:0 dropped:0 overruns:0 frame:0
          TX packets:0 errors:0 dropped:0 overruns:0 carrier:0
          collisions:0 txqueuelen:0
          RX bytes:0 (0.0 B)  TX bytes:0 (0.0 B)
```

图 2-7　查看主机的 IP 地址

```
root@openlab:~# uname -a
Linux openlab 3.13.0-24-generic #47-Ubuntu SMP Fri May 2 23:30:00 UTC 2014 x86_64 x86_64 x86_64 GNU/Linux
root@openlab:~# _
```

图 2-8　查看当前系统内核版本

3）执行 find / -name openvswitch-2.3.2.tar.gz 命令，查找 Open vSwitch 安装包，如图 2-9 所示，Open vSwitch 安装包在/home/openlab/lab 目录下。

```
root@openlab:~# find / -name openvswitch-2.3.2.tar.gz
/home/openlab/lab/openvswitch-2.3.2.tar.gz
```

图 2-9　查找 Open vSwitch 安装包

4）进入 Open vSwitch 安装包目录，解压 Open vSwitch 源文件，并进入解压后的目录，其命令如下：

```
# cd /home/openlab/lab
# tar -zxvf openvswitch-2.3.2.tar.gz
# cd openvswitch-2.3.2
```

5）生成 Makefile 文件，其命令如下：

```
# ./configure --with-linux=/lib/modules/3.13.0-24-generic/build
```

使用--with-linux 参数指定内核源码编译目录，不同环境的 Linux 版本不一样，3.13.0-24-generic 是通过 ls /lib/modules/命令查看得到的，请根据实际查询情况修改。

6）编译、安装 Open vSwitch，其命令如下：

```
# make
# make install
```

说明：这个过程有点漫长，请耐心等待，并注意打印出的错误提示。

（2）配置 Open vSwitch。

1）执行 insmod ./datapath/linux/openvswitch.ko 命令，加载 Open vSwitch 内核模块 openvswitch.ko，如图 2-10 所示。

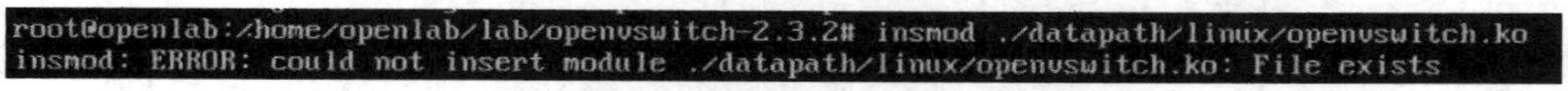

```
root@openlab:/home/openlab/lab/openvswitch-2.3.2# insmod ./datapath/linux/openvswitch.ko
insmod: ERROR: could not insert module ./datapath/linux/openvswitch.ko: File exists
```

图 2-10　加载 Open vSwitch 内核模块 openvswitch.ko

说明：以上命令使用的是相对路径，默认处于 openvswitch-2.3.2 目录下。加载内核模块如果出现 File exists 错误提示，请忽略。如果提示 unknown symbol in module，解决方法参见异常处理。

2）建立 Open vSwitch 配置文件和数据库，并根据 ovsdb 模板 vswitch.ovsschema 创建 ovsdb 数据库 openvswitch.conf.db，用于存储虚拟交换机的配置信息，其命令如下：

```
# mkdir -p /usr/local/etc/openvswitch
# ovsdb-tool create /usr/local/etc/openvswitch/conf.db /usr/local/share/openvswitch/vswitch.ovsschema
```

3）启动 ovsdb 数据库。默认支持 SSL（Secure Sockets Layer，安全套接字协议），如果在创建 openvswitch 时 SSL 无效，则省略--private-key、--certificate 和--bootstrap-ca-cert 相关命令。

```
# ovsdb-server --remote=punix:/usr/local/var/run/openvswitch/db.sock
--remote=db:Open_vSwitch,Open_vSwitch,manager_options
--private-key=db:Open_vSwitch,SSL,private_key --certificate=db:Open_vSwitch,SSL,certificate
--bootstrap-ca-cert=db:Open_vSwitch,SSL,ca_cert --pidfile --detach
```

说明：默认 Open vSwitch 版本为 2.3.2，与 Open vSwitch 2.0.0 之前版本的启动命令有所出入。

4）执行 ps -ef |grep ovsdb-server 命令，查看 ovsdb 数据库是否启动成功，如图 2-11 所示。

```
root@openlab:/home/openlab/lab/openvswitch-2.3.2# ps -ef|grep ovsdb-server
root       929      1  0 10:26 ?        00:00:05 ovsdb-server: monitoring pid 930 (healthy)


root       930    929  0 10:26 ?        00:00:00 ovsdb-server /etc/openvswitch/conf.db -vconsole:emer -vsyslog:err -vfile:info --
remote=punix:/var/run/openvswitch/db.sock --private-key=db:Open_vSwitch,SSL,private_key --certificate=db:Open_vSwitch,SSL,certif
icate --bootstrap-ca-cert=db:Open_vSwitch,SSL,ca_cert --no-chdir --log-file=/var/log/openvswitch/ovsdb-server.log --pidfile=/var
/run/openvswitch/ovsdb-server.pid --detach --monitor
root     11180      1  0 11:19 ?        00:00:00 ovsdb-server --remote=punix:/usr/local/var/run/openvswitch/db.sock --remote=db:O
pen_vSwitch,Open_vSwitch,manager_options --private-key=db:Open_vSwitch,SSL,private_key --certificate=db:Open_vSwitch,SSL,certifi
cate --bootstrap-ca-cert=db:Open_vSwitch,SSL,ca_cert --pidfile --detach
root     11186   1113  0 11:28 tty1     00:00:00 grep --color=auto ovsdb-server
```

图 2-11 查看 ovsdb 数据库是否启动成功

5）执行 ovs-vsctl --no-wait init 命令，初始化数据库，如图 2-12 所示。

```
root@openlab:/home/openlab/lab/openvswitch-2.3.2# ovs-vsctl --no-wait init
root@openlab:/home/openlab/lab/openvswitch-2.3.2#
```

图 2-12 初始化数据库

6）执行 ovs-vswitchd --pidfile --detach 命令，启动 Open vSwitch daemon，如图 2-13 所示。

```
root@openlab:/home/openlab/lab/openvswitch-2.3.2# ovs-vswitchd --pidfile --detach
2017-12-20T05:17:33Z|00001|reconnect|INFO|unix:/usr/local/var/run/openvswitch/db.sock: connecting...
2017-12-20T05:17:33Z|00002|reconnect|INFO|unix:/usr/local/var/run/openvswitch/db.sock: connected
```

图 2-13 启动 Open vSwitch daemon

7）Open vSwitch 安装部署完毕后，执行 ps -ef |grep ovs 命令，查看当前 ovs 进程，如图 2-14 所示。

```
root@openlab:/home/openlab/lab/openvswitch-2.3.2# ps -ef|grep ovs
root       929      1  0 10:26 ?        00:00:15 ovsdb-server: monitoring pid 930 (healthy)


root       930    929  0 10:26 ?        00:00:00 ovsdb-server /etc/openvswitch/conf.db -vconsole:emer -vsyslog:err -vfile:info --
remote=punix:/var/run/openvswitch/db.sock --private-key=db:Open_vSwitch,SSL,private_key --certificate=db:Open_vSwitch,SSL,certif
icate --bootstrap-ca-cert=db:Open_vSwitch,SSL,ca_cert --no-chdir --log-file=/var/log/openvswitch/ovsdb-server.log --pidfile=/var
/run/openvswitch/ovsdb-server.pid --detach --monitor
root       972      1  0 10:26 ?        00:00:15 ovs-vswitchd: monitoring pid 973 (healthy)


root       973    972  0 10:26 ?        00:00:00 ovs-vswitchd unix:/var/run/openvswitch/db.sock -vconsole:emer -vsyslog:err -vfil
e:info --mlockall --no-chdir --log-file=/var/log/openvswitch/ovs-vswitchd.log --pidfile=/var/run/openvswitch/ovs-vswitchd.pid --
detach --monitor
root     11180      1  0 11:19 ?        00:00:00 ovsdb-server --remote=punix:/usr/local/var/run/openvswitch/db.sock --remote=db:O
pen_vSwitch,Open_vSwitch,manager_options --private-key=db:Open_vSwitch,SSL,private_key --certificate=db:Open_vSwitch,SSL,certifi
cate --bootstrap-ca-cert=db:Open_vSwitch,SSL,ca_cert --pidfile --detach
root     11197      1  0 13:17 ?        00:00:00 ovs-vswitchd --pidfile --detach
root     11199   1113  0 13:18 tty1     00:00:00 grep --color=auto ovs
```

图 2-14 查看当前 ovs 进程

8）执行 ovs-vsctl --version 命令，查看当前 ovs 的版本信息，如图 2-15 所示。

```
root@openlab:/home/openlab/lab/openvswitch-2.3.2# ovs-vsctl --version
ovs-vsctl (Open vSwitch) 2.3.2
Compiled Dec 20 2017 11:00:11
DB Schema 7.6.2
```

图 2-15　查看当前 ovs 的版本信息

（3）异常处理。加载 Open vSwitch 内核模块 openvswitch.ko 时，可能会出现如图 2-16 所示的错误。

```
sdnlab@sdnlab:~/openvswitch-2.5.0$ sudo insmod ./datapath/linux/openvswitch.ko
sudo: unable to resolve host sdnlab
insmod: ERROR: could not insert module ./datapath/linux/openvswitch.ko: Unknown
symbol in module
```

图 2-16　加载 Open vSwitch 内核模块 openvswitch.ko 可能出现的错误

图 2-16 所示的错误是由于 openvswitch.ko 依赖的模块没有加载。首先，查找 openvswitch.ko 的依赖模块，其命令如下：

```
# modinfo ./datapath/linux/openvswitch.ko |grep depends
```

然后，根据查找结果加载这些依赖模块，其命令如下：

```
# modprobe libcrc32c
# modprobe gre
```

最后，当依赖模块都加载后，就可以加载 openvswitch.ko 模块了，其命令如下：

```
# insmod ./datapath/linux/openvswitch.ko
```

加载 openvswitch.ko 模块的结果如图 2-17 所示。

```
root@fnic-vm:~/openvswitch-2.5.0# modinfo ./datapath/linux/openvswitch.ko |grep depend
depends:        libcrc32c,gre
root@fnic-vm:~/openvswitch-2.5.0#
root@fnic-vm:~/openvswitch-2.5.0# modprobe libcrc32c,gre
FATAL: Module libcrc32c,gre not found.
root@fnic-vm:~/openvswitch-2.5.0# modprobe libcrc32c
root@fnic-vm:~/openvswitch-2.5.0# modprobe gre
root@fnic-vm:~/openvswitch-2.5.0# insmod ./datapath/linux/openvswitch.ko
root@fnic-vm:~/openvswitch-2.5.0#
```

图 2-17　加载 openvswitch.ko 模块的结果

2.2.6　Open vSwitch 的网桥配置

Open vSwitch 的网桥配置

在一台 Linux 机器上安装 Open vSwitch 后，就可以用命令行创建虚拟交换机了。在网络中，交换和桥概念类似，Open vSwitch 是一个虚拟交换软件，也就是说，Open vSwitch 实现了网桥的功能。下面介绍 Open vSwitch 的网桥配置。

1. 网桥的概念及原理

网桥是连接两个局域网的设备，工作在数据链路层，它能够记录终端主机的 MAC 地址，并生成 MAC 表。MAC 表相当于“地图”，网桥根据 MAC 表转发主机之间的数据流，从而有效地提高网络带宽利用率，使不同接口之间的数据不冲突。网桥的工作流程如下：

（1）从某个端口收到二层报文，解析二层报文的源 MAC 地址和目的 MAC 地址。

（2）根据源 MAC 地址形成 MAC 表。

（3）根据目的 MAC 地址，原封不动地将该报文转发到适当的出端口，从而保证目的设备能收到这个报文。

2. Open vSwitch 网桥

Open vSwitch 网桥相当于物理交换机。在 Open vSwitch 中创建一个网桥后，会创建一个和网桥名字一样的虚拟接口，并自动作为该网桥的一个端口。这个虚拟接口可以作为交换机的管理端口，也可以实现网桥的功能。

有了网桥后，还需要为这个网桥增加端口，它的功能是根据一定的流规则，把从端口收到的数据包转发到另一个或多个端口。以下是一个网桥的具体信息：

```
root@localhost:~# ovs-vsctl show
bc12c8d2-6900-42dd-9c1c-30e8ecb99a1b
Bridge "br0"
    Port "eth0"
        Interface "eth0"
    Port "br0"
        Interface "br0"
            type: internal
ovs_version: "1.4.0+build0"
```

上述信息显示了一个名为 br0 的网桥（交换机），这个交换机有两个接口，一个是 eth0，另一个是 br0。一个 Open vSwitch 中可以创建多个网桥，每个网桥包含多个端口，网桥通过关联流表来转发数据。

3. 实验环境

Open vSwitch 的网桥配置只需一台主机即可，其配置环境见表 2-9。

表 2-9 Open vSwitch 的网桥配置环境

设备名称	软件环境	硬件环境
主机	Ubuntu 14.04 命令行版	CPU：1 核 内存：2GB 磁盘：20GB

注：系统默认的账户为 root/root@openlab、openlab/user@openlab。

4. 操作过程演示

Open vSwitch 的网桥配置的具体操作步骤如下：

（1）添加网桥和端口。

1）删除当前网桥，并进行确认，其命令如下：

```
# ovs-vsctl del-br br-sw
# ovs-vsctl show
```

删除网桥后的运行结果如图 2-18 所示。

图 2-18 删除网桥后的运行结果

2）执行 ovs-vsctl add-br br0 命令，添加名为 br0 的网桥。

3）执行 ovs-vsctl list-br 命令，列出 Open vSwitch 中的所有网桥，如图 2-19 所示。

```
root@openlab:~# ovs-vsctl list-br
br0
```

图 2-19 列出 Open vSwitch 中的所有网桥

4）执行 ovs-vsctl add-port br0 eth0 命令，将物理网卡挂接到网桥 br0 上。

说明：port 和 bridge 是多对一的关系，也就是说一个网桥上可以挂接多个物理网卡。

5）执行 ovs-vsctl list-ports br0 命令，列出挂接到网桥 br0 上的所有网卡，如图 2-20 所示。

```
root@openlab:~# ovs-vsctl list-ports br0
eth0
```

图 2-20　列出挂接到网桥 br0 上的所有网卡

6）执行 ovs-vsctl port-to-br eth0 命令，列出挂接到 eth0 网卡上的所有网桥，如图 2-21 所示。

```
root@openlab:~# ovs-vsctl port-to-br eth0
br0
```

图 2-21　列出挂接到 eth0 网卡上的所有网桥

7）执行 ovs-vsctl show 命令，查看 Open vSwitch 的网络状态，如图 2-22 所示。

```
root@openlab:~# ovs-vsctl show
3f2d706b-8776-440d-b4e3-da0ef103d120
    Bridge "br0"
        Port "eth0"
            Interface "eth0"
        Port "br0"
            Interface "br0"
                type: internal
```

图 2-22　查看 Open vSwitch 的网络状态

（2）删除网桥和端口。

1）执行 ovs-vsctl del-port br0 eth0 命令，删除挂接到网桥 br0 上的网卡 eth0。

2）执行 ovs-vsctl show 命令，查看 Open vSwitch 的网络状态，删除 eth0 后网桥 br0 依旧存在，如图 2-23 所示。

```
root@openlab:~# ovs-vsctl show
3f2d706b-8776-440d-b4e3-da0ef103d120
    Bridge "br0"
        Port "br0"
            Interface "br0"
                type: internal
```

图 2-23　查看 Open vSwitch 的网络状态

3）执行 ovs-vsctl del-br br0 命令，删除网桥 br0 并进行确认，如图 2-24 所示。

```
root@openlab:~# ovs-vsctl del-br br0
root@openlab:~# ovs-vsctl show
3f2d706b-8776-440d-b4e3-da0ef103d120
```

图 2-24　删除网桥 br0

说明：如果不删除 eth0 而直接删除 br0，则 br0 和挂接到 br0 上的端口会被一并删除。

2.2.7 Open vSwitch 的流表配置

Open vSwitch 的流表配置

1. 流表概述

流表由多个流表项组成，每个流表项代表一个转发规则，进入交换机的数据包通过查询流表来获得转发的目的端口。

以 OpenFlow v1.3 为例，流表项主要由 6 部分组成，分别是匹配字段（Match Fields）、优先级（Priority）、计数器（Counters）、指令（Instructions）、超时（Timeouts）和小型文本文件（Cookie）。其中，流表项的匹配字段描述了与流表项匹配的数据包，计数器记录了流表项的匹配次数，指令描述了对于匹配的数据包所执行的操作，超时表示流表的有效时间，小型文本文件用于标识流表。OpenFlow v1.3 流表项结构如图 2-25 所示。

Match Fields	Priority	Counters	Instructions	Timeouts	Cookie

图 2-25 OpenFlow v1.3 流表项结构

在没有配置 OpenFlow 控制器的模式下，用户可以使用 ovs-ofctl 命令通过 OpenFlow 协议来创建、修改或删除 Open vSwitch 中的流表项。

2. 实验环境

Open vSwitch 的网桥配置只需一台主机，其配置环境见表 2-10。

表 2-10 OVS 网桥配置环境

设备名称	软件环境	硬件环境
主机	Ubuntu 14.04 命令行版	CPU：1 核 内存：2GB 磁盘：20GB

注：系统默认的账户为 root/root@openlab、openlab/user@openlab。

3. 操作过程演示

Open vSwitch 的流表配置的具体操作步骤如下。

（1）添加网桥，并查看虚拟交换机的基本信息，其命令如下：

```
# ovs-vsctl add-br br0
# ovs-ofctl show br0
```

查看虚拟机的交换信息如图 2-26 所示。

```
root@openlab:~# ovs-ofctl show br0
OFPT_FEATURES_REPLY (xid=0x2): dpid:00007ed8df73414e
n_tables:254, n_buffers:256
capabilities: FLOW_STATS TABLE_STATS PORT_STATS QUEUE_STATS ARP_MATCH_IP
actions: OUTPUT SET_VLAN_VID SET_VLAN_PCP STRIP_VLAN SET_DL_SRC SET_DL_DST SET_NW_SRC SET_NW_DST
T ENQUEUE
 LOCAL(br0): addr:7e:d8:df:73:41:4e
     config:     PORT_DOWN
     state:      LINK_DOWN
     speed: 0 Mbps now, 0 Mbps max
OFPT_GET_CONFIG_REPLY (xid=0x4): frags=normal miss_send_len=0
```

图 2-26 查看虚拟机的交换信息

根据虚拟机的交换信息，可以查看交换机的 dpid、流表数量、性能参数、动作参数和 MAC 地址等信息。

（2）执行 ovs-ofctl dump-flows br0 命令，查看虚拟交换机上各端口的状态，如图 2-27 所示。

```
root@openlab:~# ovs-ofctl dump-flows br0
NXST_FLOW reply (xid=0x4):
 cookie=0x0, duration=226.786s, table=0, n_packets=0, n_bytes=0, idle_age=226, priority=0 actions=NORMAL
```

图 2-27 查看虚拟交换机上各端口的状态

由图 2-27 可知，输出的结果中包含了各端口上收到的数据包数、字节数、丢包数和错误数据包数等。

（3）添加一条流表项，设置该流表项的生命周期为 1000s，优先级为 17，入端口为 3，动作是 output:2，其命令如下：

```
# ovs-ofctl add-flow br0 idle_timeout=1000,priority=17,in_port=3,actions=output:2
```

说明：这条流表项的作用是将端口 3 接收到的数据包从端口 2 输出。

（4）执行 ovs-ofctl dump-flows br0 命令，查看交换机上所有的流表信息，如图 2-28 所示。

```
root@openlab:~# ovs-ofctl dump-flows br0
NXST_FLOW reply (xid=0x4):
 cookie=0x0, duration=559.618s, table=0, n_packets=0, n_bytes=0, idle_age=559, priority=0 actions=NORMAL
 cookie=0x0, duration=20.837s, table=0, n_packets=0, n_bytes=0, idle_timeout=100, idle_age=20, priority=17,in_port=3 actions=out
put:2
```

图 2-28　查看交换机上所有的流表信息

（5）删除入端口 3 的流表项，删除后再次查看流表信息，其命令如下：

```
# ovs-ofctl del-flows br0 in_port=3
# ovs-ofctl dump-flows br0
```

删除后再次查看到的流表信息如图 2-29 所示。

```
root@openlab:~# ovs-ofctl del-flows br0 in_port=3
root@openlab:~# ovs-ofctl dump-flows br0
NXST_FLOW reply (xid=0x4):
 cookie=0x0, duration=1440.244s, table=0, n_packets=0, n_bytes=0, idle_age=1440, priority=0 actions=NORMAL
```

图 2-29　删除后再次查看到的流表信息

2.3　本章小结

本章介绍了 SDN 交换机的概念和常见的软硬件 SDN 交换机，重点介绍了 Open vSwitch 的背景、概念、功能和基本组成结构。本章还介绍了 Open vSwitch 的安装部署方法，Open vSwitch 网桥的概念和配置方法，Open vSwitch 流表的基本概念和配置方法。

2.4　本章练习

一、选择题

1．SDN 交换机基于（　　）实现转发。

A．MAC 地址表　B．路由表　C．IP 表　D．流表

2．下面对 Open vSwitch 各模块描述不正确的是（　　）。

A．ovs-vswitchd：主要模块，实现 vswitch 的守候进程 daemon

B．ovsdb-server：轻量级数据库服务器，保存配置信息

C．ovs-dpctl：用来配置 vswitch 内核模块的一个工具

D．ovs-vsctl：查询和控制 OpenFlow 虚拟交换机的流表

3．Open vSwitch 的核心模块是（　　）。

A．ovs-vswitchd　B．ovsdb-server　C．datapath　D．ovs-ofctl

4．ovs-ofctl dump-flows br-sw 命令的作用是（　　）。

A．显示网桥信息　B．显示所有端口

C．显示所有流表　D．显示 Open vSwitch 交换机信息

5．Open vSwitch 软件交换机删除网桥 br-sw 的命令是（　　）。

A．ovs-ofctl del-br br-sw　　B．ovs-vsctl del-br br-sw

C．ovs-ofctl del-port br-sw　　D．ovs-vsctl del-port br-sw

二、判断题

1．SDN 交换机是 SDN 网络架构体系中数据平面的转发设备，包括 SDN 硬件交换机和 SDN 软件交换机。

2．Open vSwitch 中的网桥对应物理交换机，其功能是根据一定的流规则，把从端口收到的数据包转发到另一个或多个端口。

3．Open vSwitch 架构分为用户空间、内核空间和配置管理层 3 个部分。

4．执行命令 ovs-vsctl del-br br0 会将 br0 删除，但挂接到 br0 上的端口不会被删除。

5．在交换机中设置 OpenFlow 1.0 协议版本的命令为 ovs-vsctl set bridge br-sw protocols=OpenFlow 1.0。

三、简答题

1．SDN 主流交换机有哪些？哪些交换机在虚拟化网络中使用得比较多？

2．Open vSwitch 有哪些模块？它们各自的作用是什么？

3．如何部署 Open vSwitch 交换机？启动后有哪些进程？

4．Open vSwitch 的常用命令有哪些？

5．Open vSwitch 的网桥有什么作用？如何配置网桥？

6．Open vSwitch 的流表有什么作用？如何配置流表？

第 3 章　SDN 控制器 OpenDaylight

学习目标

- 了解主流的 SDN 控制器。
- 掌握 OpenDaylight 的基础知识与安装部署。
- 掌握 OpenDaylight L2Switch 项目的安装与基本功能。
- 掌握使用 OpenDaylight 界面下发流表的方法。

3.1　SDN 控制器概述

SDN 通过控制器对网络实现集中控制。控制器处于中间层，向上提供北向接口，供应用层调用，向下控制数据平面的转发行为，满足流量调度、网络安全和差异化服务等业务需求。

通常情况下，SDN 控制器可分为商用控制器和开源控制器，其中，前者由设备厂商实现，后者通过开源实现。有些商用控制器是在开源控制器的基础上二次开发而来的。

3.1.1　SDN 开源控制器

目前，比较流行的开源控制器有 OpenDaylight、ONOS、Floodlight 和 RYU 等，以下介绍几款主流的开源控制器。

1. OpenDaylight

2013 年初，Linux 协会联合业内 18 家企业（包括 Cisco、Juniper、Broadcom 等多家传统网络设备商）创立 OpenDaylight 开源控制器。OpenDaylight 使用 Java 语言实现，其目标是以透明、开放、公平、协作为原则，建立一个供应商、客户、合作伙伴和开发人员共同使用的 SDN 开源平台，从而推动 SDN 的产品化和商业化。OpenDaylight 的用户有中国移动、AT&T、腾讯、阿里等运营商和互联网公司。

2018 年 3 月，OpenDaylight 与 FD.io、ONAP、OPNFV、SNAS.io、PNDA.io、Tungsten Fabric 等顶级网络项目合并，成立 LFN（LF Networking），其目的是促进用户、设备厂商及开发者的协作，促进网络转型和开源发展进程，降低成本、推动创新和提高网络容量，构建网络自动化的开源平台。

2. ONOS

2014 年 12 月，ON.Lab 发布了首款开源 SDN 网络操作系统——ONOS。ONOS 使用 Java 语言实现，其目标是满足网络需求，实现可靠性强、性能好、灵活度高和运营商级的开源 SDN 控制器。ONOS 主要的合作伙伴是 AT&T、NTT 等电信运营商。ONOS 发布版本的源码、安装包及资料可参考链接https://wiki.onosproject.org/display/ONOS/Downloads。

3. Floodlight

2012 年 2 月，创业公司 Big Switch 发布了 SDN 开源控制器——Floodlight。Floodlight

使用 Java 语言实现，作为一款 OpenFlow 控制器，它实现了管理 OpenFlow 网络的基本功能。

4. RYU

NTT 发布了一款开源 SDN 控制器——RYU。RYU 使用 Python 语言实现，支持 OpenFlow 协议，提供了网络组件的 API 接口，开发者使用这些 API 接口能轻松地创建新的网络应用。

总的来说，OpenDaylight 和 ONOS 在产业界应用广泛，支持的功能多，同时也相对复杂，但是提供了较为全面的 API 接口。Floodlight 和 RYU 在学校和科研机构应用较多，支持的功能少且相对简单。至于选择哪种开源控制器，需要考虑业务需求、控制器版本迭代频率、接口调用、扩展和功能完善能力等因素。鉴于 OpenDaylight 在产业应用部署多、功能强大和接口齐备等优点，本章选择 OpenDaylight 控制器进行详细介绍。

3.1.2 SDN 商用控制器

随着 SDN 关键技术的发展，华为、新华三、思科等各大厂商均发布了自己的商用控制器，简要介绍如下。

1. 华为

华为作为全球领先的 ICT（Information and Communications Technology，信息与通信）基础设施提供商，推出了面向不同场景的 SDN 控制器，如数据中心敏捷控制器 Agile Controller-DCN。该控制器基于业界 SDN 架构分层解耦能力，提供了从应用到物理网络的自动映射、资源池化部署和可视化运维，协助客户构建以业务为中心的网络业务动态调度能力。

2. 新华三

新华三拥有计算、存储、网络、安全等全方位的数字化基础设施整体能力，推出了自研的 SDN 控制器 VCF（Virtual Converged Framework，虚拟应用融合架构），包含一个全新的网络操作系统软件平台和运行在该平台的一系列网络应用程序，可以被安装在标准的服务器中，实现从传统网络向 SDN 网络的平滑迁移，最终帮助客户构建自适应业务需求的智能网络。

3. 思科

思科是全球领先的网络解决方案供应商，推出了 APIC（Application Policy Infrastructure Controller，应用策略基础设施控制器）和 OpenSDN 控制器。其中，APIC 可支持现有的网络基础设施，并提供一个可编程的接口，以可编程的方式管理现有的基础设施，实现自动化和服务的快速部署；OpenSDN 控制器是一个 OpenDaylight 的商业级版本，通过基于网络基础设施标准的自动化来提供业务的灵活性。

3.2 开源控制器 OpenDaylight

3.2.1 OpenDaylight 版本介绍

一直以来，OpenDaylight 保持较高的版本发布频率来增加新的功能，以满足商用需求。OpenDaylight 的版本是按元素周期表的顺序依次命名的，如图 3-1 所示。

元　素　周　期　表

原子序数 —92 U— 元素符号，红色指放射性元素
元素名称 注 * 的是人造元素 — 铀
$5f^36d^17s^2$ — 外围电子层排布，括号指可能的电子层排布
238.0 — 相对原子质量（加括号的数据为该放射性元素半衰期最长同位素的质量数）

非金属　金属　过渡元素

周期 \ 族	I A 1	II A 2	III B 3	IV B 4	V B 5	VI B 6	VII B 7	VIII 8	VIII 9	VIII 10	I B 11	II B 12	III A 13	IV A 14	V A 15	VI A 16	VII A 17	0 18	电子层	0 族电子数
1	1 H 氢 $1s^1$ 1.008																	2 He 氦 $1s^2$ 4.003	K	2
2	3 Li 锂 $2s^1$ 6.941	4 Be 铍 $2s^2$ 9.012											5 B 硼 $2s^22p^1$ 10.81	6 C 碳 $2s^22p^2$ 12.01	7 N 氮 $2s^22p^3$ 14.01	8 O 氧 $2s^22p^4$ 16.00	9 F 氟 $2s^22p^5$ 19.00	10 Ne 氖 $2s^22p^6$ 20.18	L K	8 2
3	11 Na 钠 $3s^1$ 22.99	12 Mg 镁 $3s^2$ 24.31											13 Al 铝 $3s^23p^1$ 26.98	14 Si 硅 $3s^23p^2$ 28.09	15 P 磷 $3s^23p^3$ 30.97	16 S 硫 $3s^23p^4$ 32.06	17 Cl 氯 $3s^23p^5$ 35.45	18 Ar 氩 $3s^23p^6$ 39.95	M L K	8 8 2
4	19 K 钾 $4s^1$ 39.10	20 Ca 钙 $4s^2$ 40.08	21 Sc 钪 $3d^14s^2$ 44.96	22 Ti 钛 $3d^24s^2$ 47.87	23 V 钒 $3d^34s^2$ 50.94	24 Cr 铬 $3d^54s^1$ 52.00	25 Mn 锰 $3d^54s^2$ 54.94	26 Fe 铁 $3d^64s^2$ 55.85	27 Co 钴 $3d^74s^2$ 58.93	28 Ni 镍 $3d^84s^2$ 58.69	29 Cu 铜 $3d^{10}4s^1$ 63.55	30 Zn 锌 $3d^{10}4s^2$ 65.41	31 Ga 镓 $4s^24p^1$ 69.72	32 Ge 锗 $4s^24p^2$ 72.64	33 As 砷 $4s^24p^3$ 74.92	34 Se 硒 $4s^24p^4$ 78.96	35 Br 溴 $4s^24p^5$ 79.90	36 Kr 氪 $4s^24p^6$ 83.80	N M L K	8 18 8 2
5	37 Rb 铷 $5s^1$ 85.47	38 Sr 锶 $5s^2$ 87.62	39 Y 钇 $4d^15s^2$ 88.91	40 Zr 锆 $4d^25s^2$ 91.22	41 Nb 铌 $4d^45s^1$ 92.91	42 Mo 钼 $4d^55s^1$ 95.94	43 Tc 锝 $4d^55s^2$ 〔98〕	44 Ru 钌 $4d^75s^1$ 101.1	45 Rh 铑 $4d^85s^1$ 102.9	46 Pd 钯 $4d^{10}$ 106.4	47 Ag 银 $4d^{10}5s^1$ 107.9	48 Cd 镉 $4d^{10}5s^2$ 112.4	49 In 铟 $5s^25p^1$ 114.8	50 Sn 锡 $5s^25p^2$ 118.7	51 Sb 锑 $5s^25p^3$ 121.8	52 Te 碲 $5s^25p^4$ 127.6	53 I 碘 $5s^25p^5$ 126.9	54 Xe 氙 $5s^25p^6$ 131.3	O N M L K	8 18 18 8 2
6	55 Cs 铯 $6s^1$ 132.9	56 Ba 钡 $6s^2$ 137.3	57~71 La~Lu 镧系	72 Hf 铪 $5d^26s^2$ 178.5	73 Ta 钽 $5d^36s^2$ 180.9	74 W 钨 $5d^46s^2$ 183.8	75 Re 铼 $5d^56s^2$ 186.2	76 Os 锇 $5d^66s^2$ 190.2	77 Ir 铱 $5d^76s^2$ 192.2	78 Pt 铂 $5d^96s^1$ 195.1	79 Au 金 $5d^{10}6s^1$ 197.0	80 Hg 汞 $5d^{10}6s^2$ 200.6	81 Tl 铊 $6s^26p^1$ 204.4	82 Pb 铅 $6s^26p^2$ 207.2	83 Bi 铋 $6s^26p^3$ 209.0	84 Po 钋 $6s^26p^4$ 〔209〕	85 At 砹 $6s^26p^5$ 〔210〕	86 Rn 氡 $6s^26p^6$ 〔222〕	P O N M L K	8 18 32 18 8 2
7	87 Fr 钫 $7s^1$ 〔223〕	88 Ra 镭 $7s^2$ 〔226〕	89~103 Ac~Lr 锕系	104 Rf 𬬻* $(6d^27s^2)$ 〔261〕	105 Db 𬭊* $(6d^37s^2)$ 〔262〕	106 Sg 𬭳* 〔266〕	107 Bh 𬭛* 〔264〕	108 Hs 𬭶* 〔277〕	109 Mt 鿏* 〔268〕	110 Ds 𫟼* 〔281〕	111 Rg 𬬭* 〔272〕	112 Uub * 〔285〕	……							

图 3-1　元素周期表

下面简要介绍 OpenDaylight 的 3 个重要版本。

1．锂版本（Lithium）

锂版本是 OpenDaylight 的第 3 个版本，该版本的发布使得 OpenDaylight 成为增长最快的开源项目之一。借助于该版本，服务提供商和企业可以进行智能网络的编程，使用 SFC（Service Function Chaining，服务功能链）虚拟化功能，在云环境中提供动态网络服务，制定基于动态意图的策略。

OpenDaylight 由许多不同的模块组成，可以通过组合这些模块来满足给定方案的需求。锂版本的总体架构如图 3-2 所示。

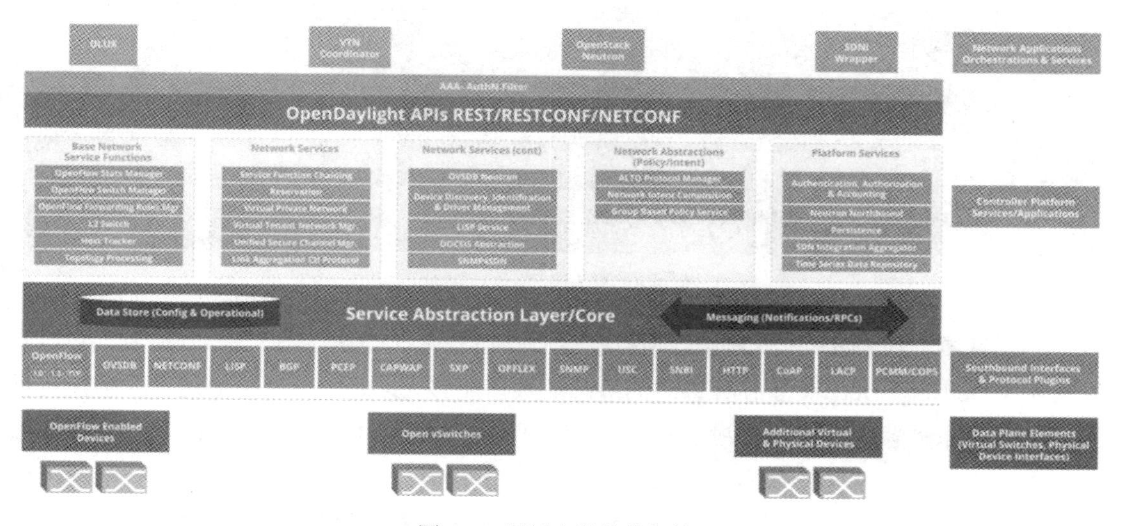

图 3-2　锂版本的总体架构

2．碳版本（Carbon）

碳版本是 OpenDaylight 的第 6 个版本，子项目已扩展超过 50 个。OpenDaylight 已成为事实上的开放 SDN 平台，重点应用在 IoT、NFV、集群等关键领域，为超过 10 亿的用户和企业提供支持。碳版本的总体架构如图 3-3 所示。

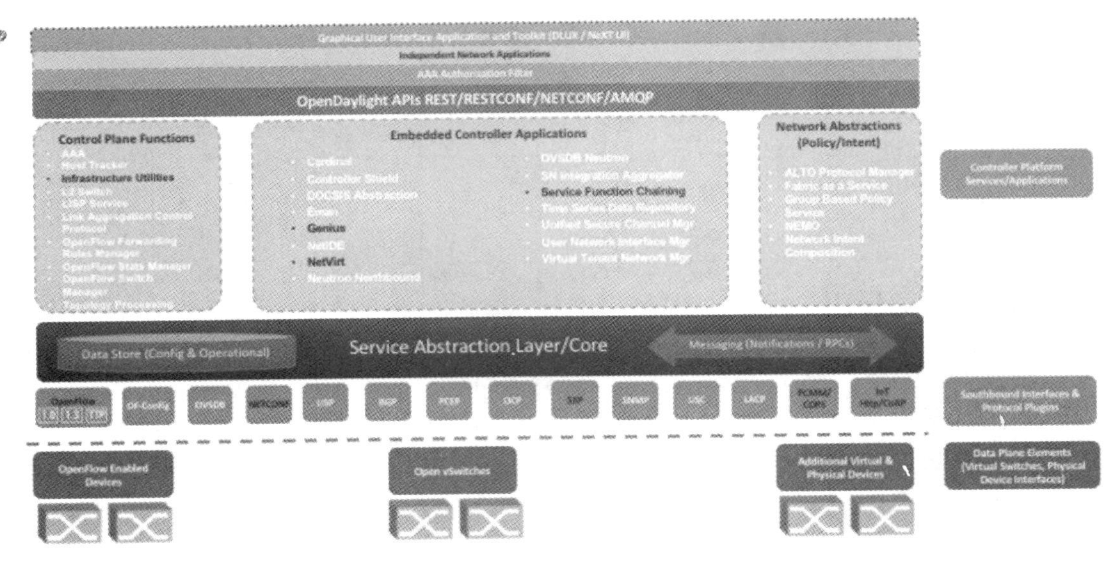

图 3-3 碳版本的总体架构

3. 镁版本（Magnesium）

镁版本（Magnesium）是 OpenDaylight 的第 12 个版本，其总体架构如图 3-4 所示。该版本新增了 DetNet 和 Plastic 项目，并在功能、稳定性和可伸缩性等方面持续改进。

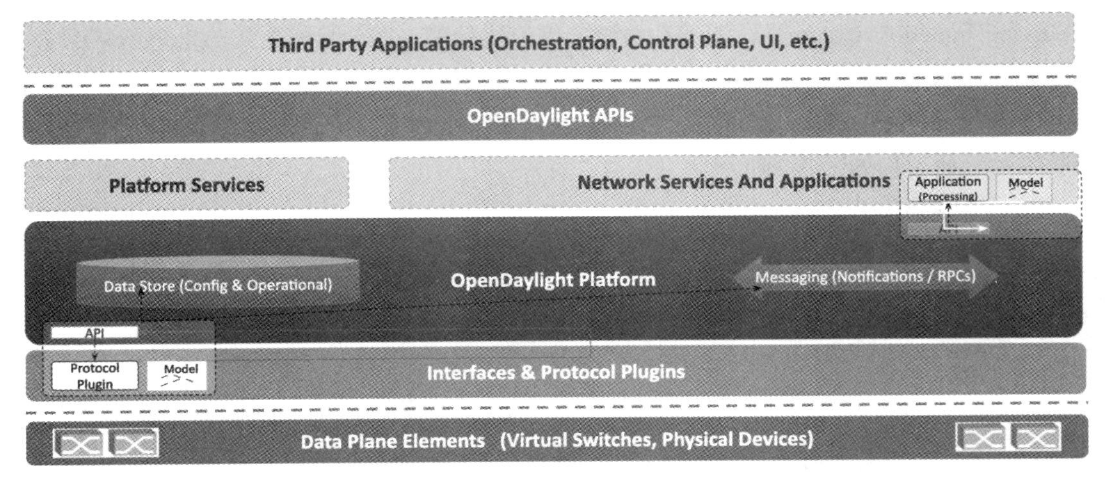

图 3-4 镁版本的总体架构

下面简要介绍 DetNet 和 Plastic 项目。

- DetNet。DetNet 旨在保证时间敏感的数据能够“准时、准确、快速”传输，包括一系列第三层确定性网络和第二层时间敏感网络技术。在体系结构上，DetNet 应用程序通过 RESTCONF API 来获取有关拓扑信息，使用 NETCONF 协议对其进行配置。镁版本包括 DetNet 的第一个版本，该版本支持 TSN（Time Sensitive Network，时间敏感型网络）的时间同步、拓扑发现、端到端信息流管理、服务配置、QoS 和最佳路径计算等功能。该项目由中兴贡献。
- Plastic。Plastic 是一种“意图翻译”工具，可以进行模型到模型的转换。在开发 SDN 控制器应用程序的过程中，编写模型到模型的转换问题普遍存在于服务中。Plastic 旨在尽可能适应模型转换。镁版本中包含了 Plastic 的第一个版本。该项目由 Lumina 贡献。

3.2.2　OpenDaylight 项目介绍

1. OpenDaylight 项目概述

OpenDaylight 项目包含核心项目、协议项目、应用项目、服务项目等，其具体信息如下：

- 核心项目：Yang Tools、MD-SAL、Controller、AAA 等。
- 协议项目：BGP LS、NETCONF、OpenFlow、OVSDB、P4、SNMP4SDN 等。
- 应用项目：DluxApp、NetVirt、Neutron Northbound 等。
- 服务项目：Topology Processing Framework 等。

OpenDaylight 项目间的依赖关系，如图 3-5 所示。

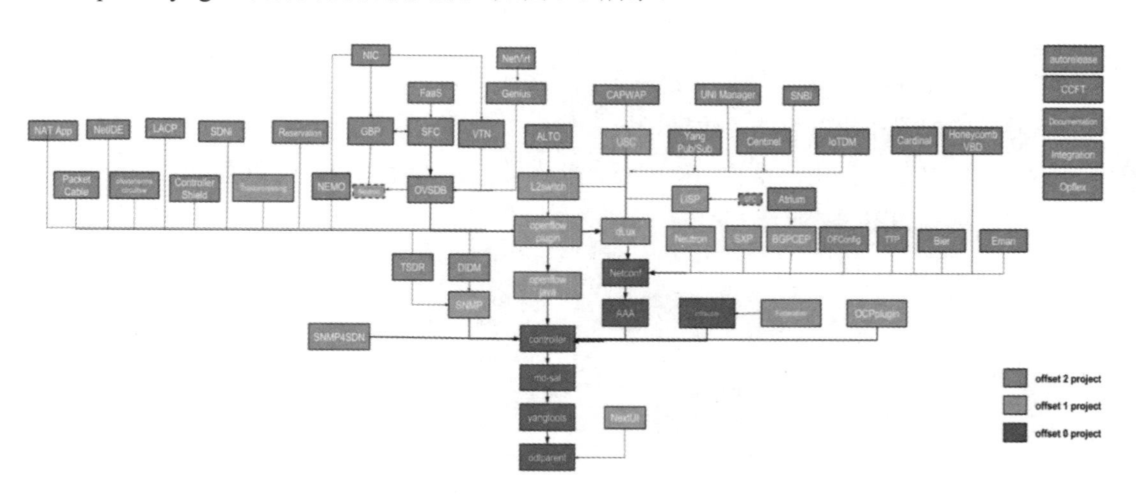

图 3-5　OpenDaylight 项目间的依赖关系

2. Controller 项目简介

Controller 项目是基于模型驱动的控制器和基础框架核心项目，以 YANG（Yet Another Next Generation）作为建模语言，基于 OSGi（Open Services Gateway initiative，开放服务网关协议）实现插件式模块开发，提供拓扑管理、设备管理和插件配置等基础功能。随着支持特性的增多，OpenDaylight 使用 Apache Karaf 作为运行容器，使插件的安装和管理更加方便快捷。

（1）Controller 依赖的技术。

1）OSGi。OSGi 是由 1999 年成立的 OSGi 联盟提出的一个开放的服务规范，最早用于嵌入式设备。2004 年，Eclipse 发布基于 OSGi 的运行模型，把 Equinox 作为底层运行平台。借助于 Eclipse，OSGi 在商业化软件企业中得到广泛的关注。现已广泛应用于移动设备、桌面应用和企业应用服务器。OSGi 框架是 Java 应用的执行环境。OSGi 定义了 OSGi 的行为，现已有 Apache Felix、Eclipse Equinox 等开源实现。

2）Karaf。Karaf 是一个现代的、多种形态的、轻量的、强大的、经过 OSGi 认证的企业级容器。这里的多种形态是指它能够容纳各种应用，如 OSGi、Spring、war 等。单从 OSGi 的角度来说，Karaf 是 OSGi 的容器实例，其逻辑架构如图 3-6 所示。

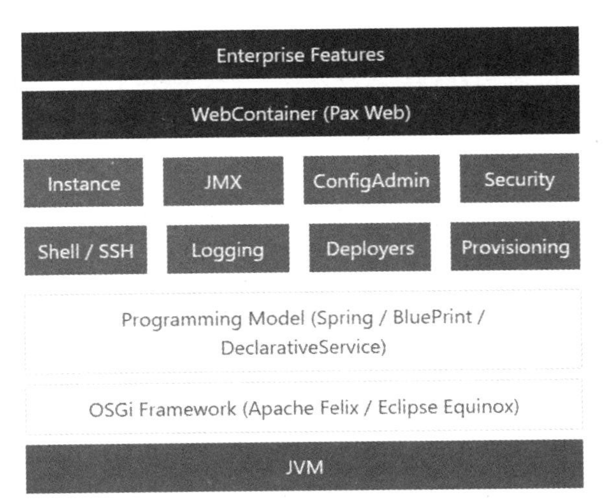

图 3-6　Karaf 的逻辑架构

3）YANG。YANG 是一种数据建模语言，用于对应用程序、远程过程调用（RPC）以及消息通知的配置和状态数据的建模。

YANG 定义了数据层次结构，即配置、状态数据、远程过程调用和通知。YANG 定义的数据层次结构如图 3-7 所示。

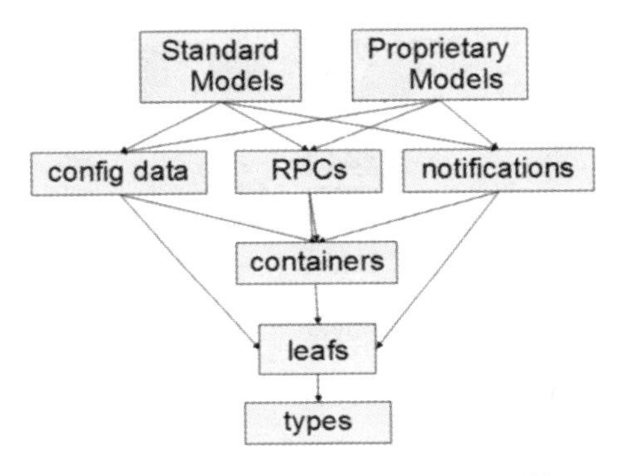

图 3-7　YANG 定义的数据层次结构

YANG 将数据模型结构化为模块和子模块。模块是 YANG 中定义的基本单位，它定义了一个单一的数据模型。模块的层次结构可以扩充，即允许一个模块将数据节点添加到另一个模块定义的层次结构中，如图 3-8 所示。

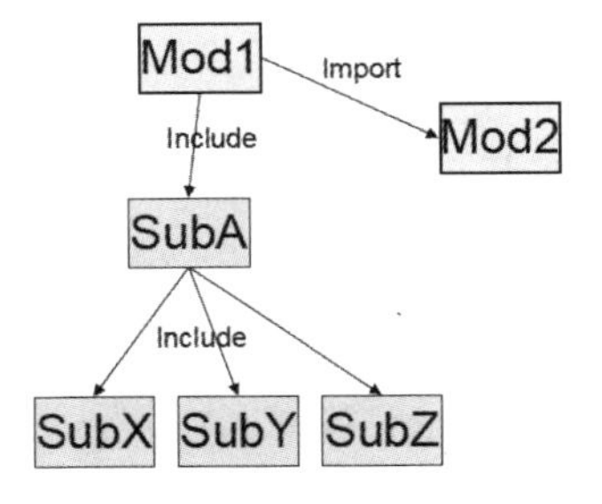

图 3-8　模块的层次结构

YANG 模块包含的信息如图 3-9 所示。

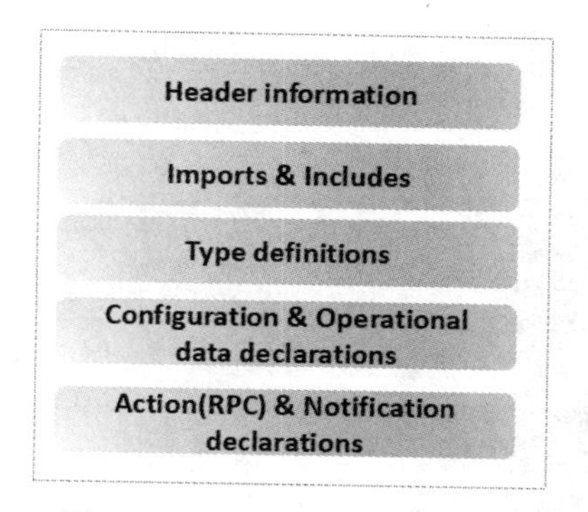

图 3-9　YANG 模块包含的信息

- Header Information：用于唯一标识模块，包含有关模块及其历史（修订版）的一般信息。
- Imports & Includes：指定模块与其他模块/子模块之间的依赖关系。
- Type definitions：定义在模块的数据建模中使用的不同数据类型。
- Configuration & Operational data declarations：定义配置和操作数据结构。
- Action(RPC) & Notification declarations：声明 RPC 和通知语句的位置。

在 SDN 的架构体系下，从 YANG 文件所处位置的角度考虑，可以将 YANG 分为设备 YANG、插件 YANG 和北向接口 YANG。

（2）MD-SAL。MD-SAL（Model-Driven SAL，模型驱动业务抽象层）使用 YANG 模型和工具来定义全部的 API，YANG 充当 Model 的角色。OpenDaylight 采用 MD-SAL 的设计思想，将服务抽象化，使控制器既能支持多种不同的南向协议，也能向北向应用提供统一的服务接口。SAL 提供设备发现、数据收集等服务，负责衔接南向协议与北向应用。与 MD-SAL 对应的是 AD-SAL（API-Driven SAL，API 驱动业务抽象层），AD-SAL 是 SAL 最早的实现方式。在这种方式下，通过定义各种 API，进行路由查询，AD-SAL 存在数据结构不统一、模块间耦合度高、灵活性低等局限性，两者对比如图 3-10 所示。

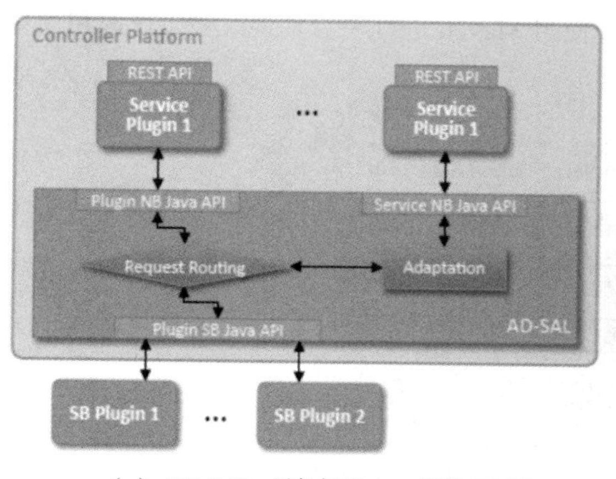

（a）AD-SAL（请求路由、服务适配）　（b）MD-SAL（RPC\Notification 路由、DataStore）

图 3-10　AD-SAL 与 MD-SAL 比较

（3）DataStore。DataStore 是 OpenDaylight 的内存数据库。作为 MD-SAL 的核心，DataStore 使用 XML 表示数据，提供各种监听器，每当数据发生改变时，所有的监听器会监听到变化，进而进行相关操作。DataStore 包含 Config 和 Operational 两种数据，其中

Config 数据是配置数据，Operational 数据是运行数据，运行时会复制 Config 数据，如图 3-11 所示。

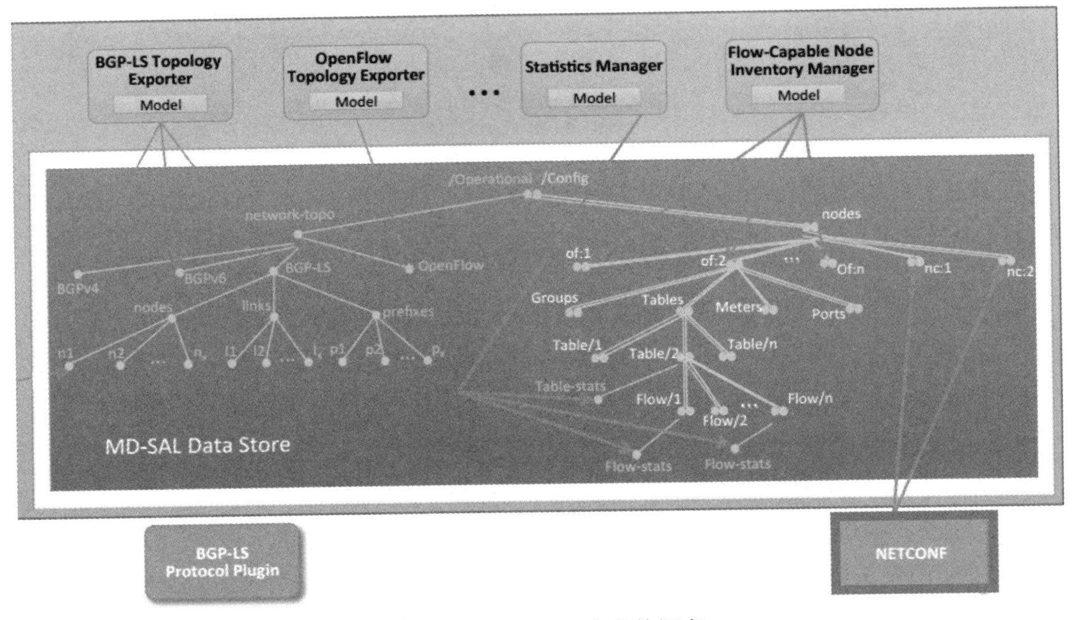

图 3-11　DataStore 内存数据库

（4）数据访问。OpenDaylight Controller 支持使用 NETCONF 和 RESTCONF 两种协议从外部访问应用程序和数据。

1）NETCONF：基于 XML 的 RPC 协议，它为客户端提供了调用 YANG 建模的 RPC、消息通知、修改和操纵 YANG 建模数据的功能。

2）RESTCONF：基于 HTTP，使用 XML 或 JSON 作为有效载荷格式，提供类似于 REST 的 API 来操纵 YANG 建模的数据并调用 YANG 建模的 RPC。

3. Controller 源码打包

OpenDaylight 项目使用 Java 语言实现，并使用 Maven 进行项目构建、依赖管理和项目信息管理，其架构如图 3-12 所示。

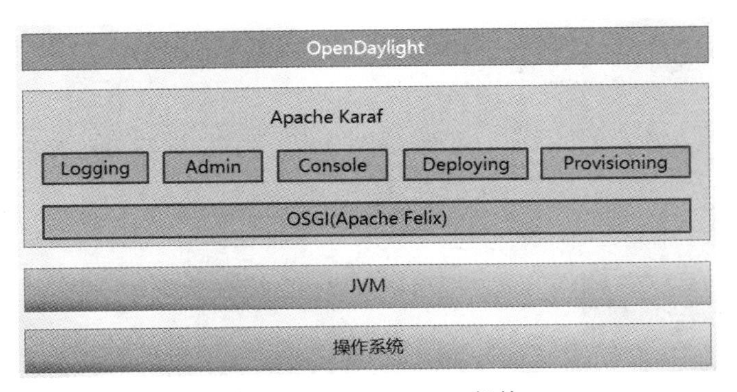

图 3-12　OpenDaylight 架构

OpenDaylight 项目的部署包括如下选择和操作。

（1）选择操作系统。可以使用的操作系统有 Windows、Linux 和 UNIX。

（2）安装 JVM。JVM 是一个虚拟的 Java 运行环境，屏蔽了底层具体操作系统信息。Java 语言在编译时只需生成可以在 JVM 上运行的字节码，就可以在所有安装了 JVM 的平台上运行，即编译一次，到处运行。

JVM 安装完毕后，执行 java -version 命令验证 JVM 是否安装成功，若显示如下，说明已安装成功：

```
root@ubuntu:java -version
java version "1.8.0_144"
Java(TM) SE Runtime Environment (build 1.8.0_144-b01)
Java HotSpot(TM) 64-Bit Server VM (build 25.144-b01, mixed mode)
```

（3）Maven 安装。OpenDaylight 使用 Maven 作为编译工具。如果从源码安装则需要先安装 Maven。Maven 安装包的官网下载地址为 http://maven.apache.org/docs/3.5.4/release-notes.html，Maven 下载页面如图 3-13 所示。

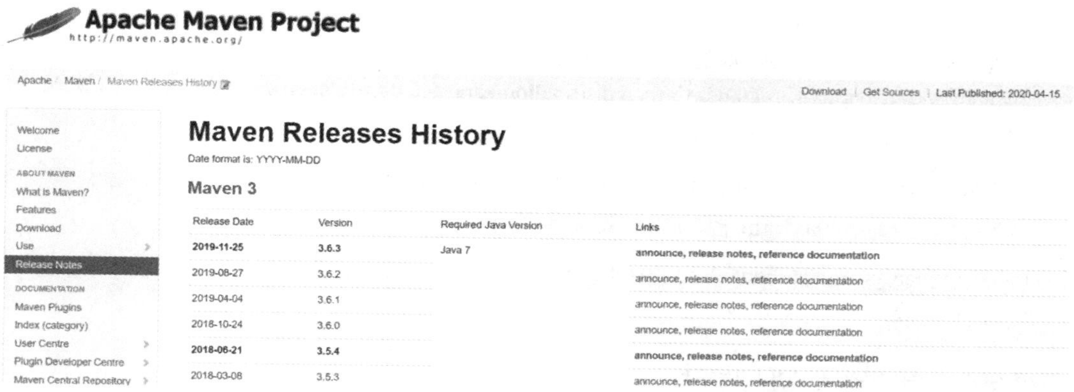

图 3-13　Maven 下载页面

1）下载 3.5.0 版本的 Maven，其命令如下：

```
root@openlab:~# wget https://archive.apache.org/dist/maven/maven-3/3.5.0/binaries/apache-maven-3.5.0-bin.tar.gz
```

2）解压 Maven 安装包，其命令如下：

```
root@openlab:~# tar zxvf apache-maven-3.5.0-bin.tar.gz
root@openlab:~# cd apache-maven-3.5.0/
root@openlab:~/apache-maven-3.5.0# ll
total 56
drwxr-xr-x 6 root root     4096 Jul 21 13:57 ./
drwx------ 8 root root    4096 Jul 21 13:57 ../
drwxr-xr-x 2 root root     4096 Jul 21 13:57 bin/
drwxr-xr-x 2 root root     4096 Jul 21 13:57 boot/
drwxr-xr-x 3   501 staff   4096 Apr   4    2017 conf/
drwxr-xr-x 4   501 staff   4096 Jul 21 13:57 lib/
-rw-r--r-- 1   501 staff 20934 Apr   4    2017 LICENSE
-rw-r--r-- 1   501 staff     182 Apr   4    2017 NOTICE
-rw-r--r-- 1   501 staff   2544 Apr   4    2017 README.txt
```

3）配置 maven 环境，添加如下内容：

```
root@openlab:~# vi /etc/profile
export M2_HOME=/root/apache-maven-3.5.0
export CLASSPATH=$CLASSPATH:$M2_HOME/lib
export PATH=$PATH:$M2_HOME/bin
```

4）使配置文件生效，其命令如下：

```
root@openlab:~# source /etc/profile
```

5）验证 Maven 安装是否成功，其命令如下：

```
root@openlab:~# mvn -v
Apache Maven 3.5.0 (ff8f5e7444045639af65f6095c62210b5713f426; 2017-04-04T03:39:06+08:00)
Maven home: /root/apache-maven-3.5.0
Java version: 1.8.0_144, vendor: Oracle Corporation
Java home: /usr/lib/jvm/java-8-oracle/jre
Default locale: en_US, platform encoding: UTF-8
OS name: "linux", version: "3.13.0-24-generic", arch: "amd64", family: "unix"
```

（4）OpenDaylight 安装包的获取。OpenDaylight 安装包可以直接从网络下载，其地址为 https://docs.opendaylight.org/en/latest/downloads.html，也可通过源码打包的形式进行，大致过程如下：

1）下载 Controller 源码，其命令如下：

```
root@openlab:~# wget https://nexus.opendaylight.org/content/repositories/public/org/opendaylight/
integration/distribution-karaf/0.6.0-Carbon/distribution-karaf-0.6.0-Carbon.tar.gz
```

2）解压安装包，其命令如下：

```
root@openlab:~# tar -zxvf distribution-karaf-0.6.0-Carbon.tar.gz
```

（5）运行 OpenDaylight 控制器，其命令如下：

```
root@openlab:~# cd distribution-karaf-0.6.0-Carbon
root@openlab:~# ./bin/karaf
```

3.2.3 OpenDaylight 的管理

OpenDaylight 的管理

1. Karaf 容器介绍

Karaf 是 Apache 软件基金会项目，是基于 OSGi 建立的应用容器，可以很方便地部署组件。从氦版本开始，OpenDaylight 就采用 Karaf 作为其后台框架。

（1）Karaf 安装及目录结构。Karaf 安装包可以直接从官网下载，其地址为 https://karaf.apache.org/download.html。下载后直接解压，可以看到 Karaf 安装的目录结构（表 3-1）。

表 3-1　Karaf 安装的目录结构

目录	说明
bin	启动脚本
etc	初始化文件
data	工作目录，Karaf 运行过程中的临时文件，可以删除该目录文件，达到“恢复初始化设置”的目的
cache	OSGi 框架包缓存
generated-bundles	部署使用的临时文件夹
log	日志文件
deploy	热部署目录
instances	含有子实例的目录
lib	包含引导库
system	OSGi 包库，作为一个 Maven 2 存储库

（2）Karaf 功能。在 bin 目录下，在 Windows 系统中执行 karaf.bat，在 Linux 系统中

执行 karaf.sh，启动成功的 Karaf 后台如图 3-14 所示。

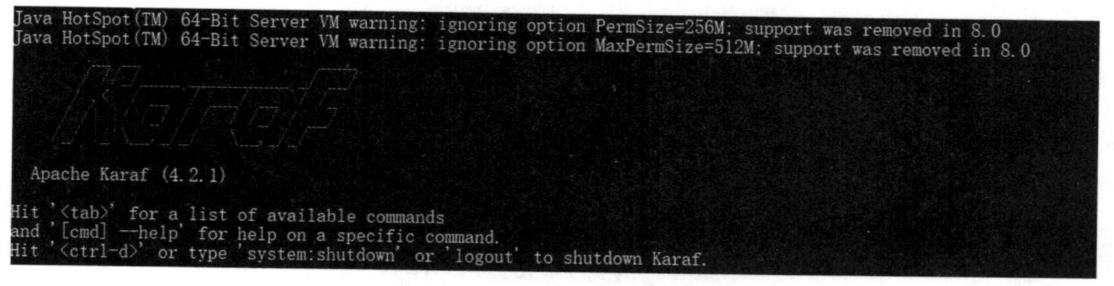

图 3-14　启动成功的 Karaf 后台

在浏览器中，输入 http://localhost:8181/system/console/features#，如图 3-15 所示。

Apache Karaf Web Console
Features

Main　OSGi　Status　Web Console　　Log out

Feature information: 160 features in total, 28 features installed.

Feature Repositories

Name	URL	Actions
aries-jpa-2.7.0	mvn:org.apache.aries.jpa/jpa-features/2.7.0/xml/features	
enterprise-4.2.1	mvn:org.apache.karaf.features/enterprise/4.2.1/xml/features	
framework-4.2.1	mvn:org.apache.karaf.features/framework/4.2.1/xml/features	
hibernate-osgi	mvn:org.hibernate/hibernate-osgi/5.2.9.Final/xml/karaf	
hibernate-validator-osgi-features	mvn:org.hibernate.validator/hibernate-validator-osgi-karaf-features/6.0.12.Final/xml/features	
openjpa-3.0.0	mvn:org.apache.openjpa/openjpa-features/3.0.0/xml/features	
org.ops4j.pax.cdi-1.0.0	mvn:org.ops4j.pax.cdi/pax-cdi-features/1.0.0/xml/features	
org.ops4j.pax.jdbc-1.3.0	mvn:org.ops4j.pax.jdbc/pax-jdbc-features/1.3.0/xml/features	
org.ops4j.pax.web-7.2.3	mvn:org.ops4j.pax.web/pax-web-features/7.2.3/xml/features	
pax-jms-1.0.1	mvn:org.ops4j.pax.jms/pax-jms-features/1.0.1/xml/features	
pax-transx-0.3.0	mvn:org.ops4j.pax.transx/pax-transx-features/0.3.0/xml/features	
pax-transx-0.4.0	mvn:org.ops4j.pax.transx/pax-transx-features/0.4.0/xml/features	
spring-4.2.1	mvn:org.apache.karaf.features/spring/4.2.1/xml/features	
standard-4.2.1	mvn:org.apache.karaf.features/standard/4.2.1/xml/features	

Add URL

图 3-15　Features Repositories

1）实例管理：在 Karaf 容器的根实例下管理多个子实例，通过子实例可以方便地在不影响已运行实例的情况下进行应用和配置测试，Karaf 实例管理如图 3-16 所示。

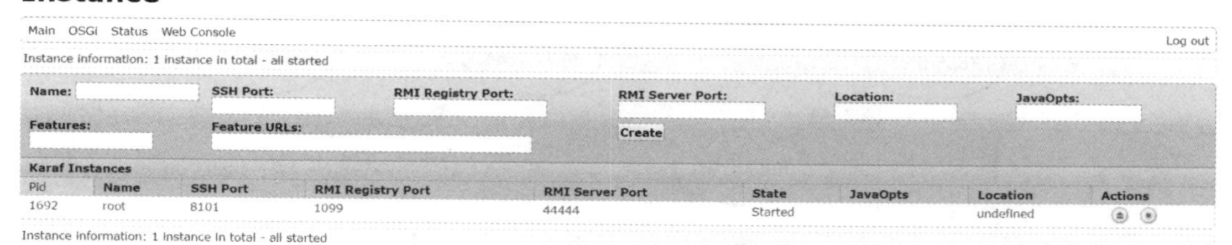

图 3-16　Karaf 实例管理

2）热部署：可以直接将应用拖到 Karaf 的 deploy 文件夹下，从而实现自动部署，如图 3-17 所示。

3）Karaf Shell 控制台：Karaf 提供一个完善的类 UNIX 控制台，用户可以用它来管理容器和应用，这个控制台支持上下文帮助、快捷键等，如图 3-18 所示。

（3）Karaf Feature。Karaf 提出了“Feature”的概念，即特性。通过 Feature 的定义，最小单元为 OSGi Bundle，多个 OSGi Bundle 根据功能需求聚合在一起形成一个 Feature，多个 Feature 可以聚合在一起形成一个大的 Feature，最终所有的 OSGi Bundle 能有序地组合起来，形成清晰、可重复利用的 Feature，实现系统的模块化开发和组件的重复利用，如图 3-19 所示。

Apache Karaf Web Console
Bundles

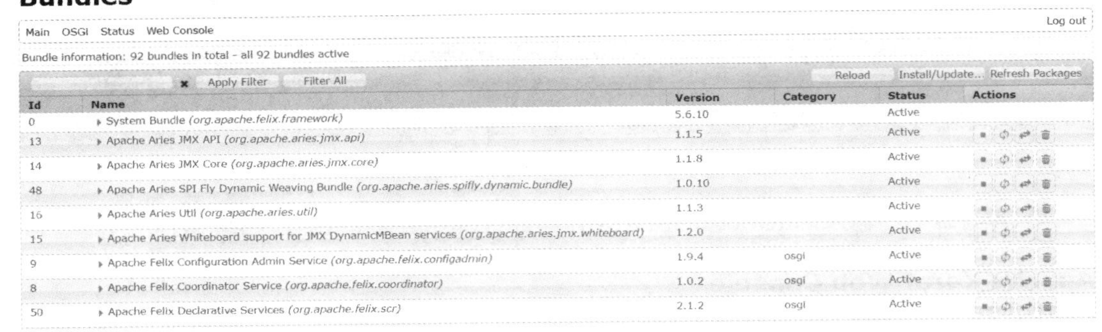

图 3-17 Karaf 热部署

Apache Karaf Web Console
Gogo

图 3-18 Karaf Shell 控制台

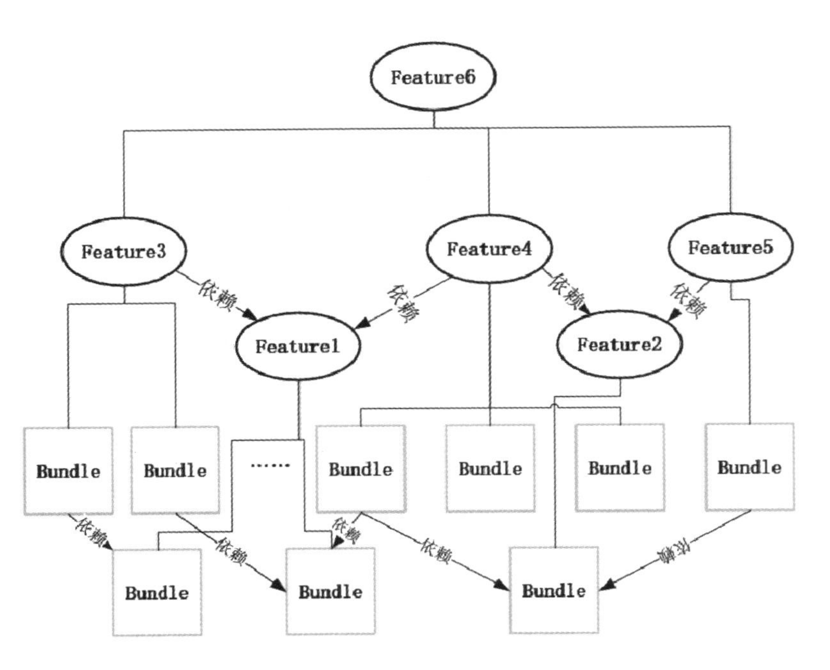

图 3-19 Karaf Feature

（4）Karaf 基础命令。Karaf 基础命令见表 3-2。

表 3-2　Karaf 基础命令

目录	说明
bundle:list	查询所有的 Bundle
feature:list -i	查询已安装的 Feature
log:display	显示日志
log:display-exception	显示异常信息
log:clear	日志清除
log:get	日志级别

例如，查询已安装的 Feature，如图 3-20 所示。

```
karaf@root()> feature:list -i
Name               | Version           | Required | State   | Repository               | Description
-------------------+-------------------+----------+---------+--------------------------+-----------------------------------------------
feature            | 4.2.1             | x        | Started | standard-4.2.1           | Features Support
shell              | 4.2.1             | x        | Started | standard-4.2.1           | Karaf Shell
deployer           | 4.2.1             | x        | Started | standard-4.2.1           | Karaf Deployer
bundle             | 4.2.1             | x        | Started | standard-4.2.1           | Provide Bundle support
config             | 4.2.1             | x        | Started | standard-4.2.1           | Provide OSGi ConfigAdmin support
diagnostic         | 4.2.1             | x        | Started | standard-4.2.1           | Provide Diagnostic support
instance           | 4.2.1             | x        | Started | standard-4.2.1           | Provide Instance support
jaas               | 4.2.1             | x        | Started | standard-4.2.1           | Provide JAAS support
log                | 4.2.1             | x        | Started | standard-4.2.1           | Provide Log support
package            | 4.2.1             | x        | Started | standard-4.2.1           | Package commands and mbeans
service            | 4.2.1             | x        | Started | standard-4.2.1           | Provide Service support
system             | 4.2.1             | x        | Started | standard-4.2.1           | Provide System support
http               | 4.2.1             |          | Started | standard-4.2.1           | Implementation of the OSGI HTTP Service
pax-http-service   | 7.2.3             |          | Started | standard-4.2.1           | Pax-Web OSGi HTTP Service
kar                | 4.2.1             | x        | Started | standard-4.2.1           | Provide KAR (KARaf archive) support
webconsole         | 4.2.1             | x        | Started | standard-4.2.1           | Base support of the Karaf WebConsole
ssh                | 4.2.1             | x        | Started | standard-4.2.1           | Provide a SSHd server on Karaf
management         | 4.2.1             | x        | Started | standard-4.2.1           | Provide a JMX MBeanServer and a set of MBeans in
eventadmin         | 4.2.1             | x        | Started | standard-4.2.1           | OSGi Event Admin service specification for event-
scr                | 4.2.1             |          | Started | standard-4.2.1           | Declarative Service support
wrap               | 2.5.4             | x        | Started | standard-4.2.1           | Wrap URL handler
pax-web-core       | 7.2.3             |          | Started | org.ops4j.pax.web-7.2.3  | Provide Core pax-web bundles
pax-jetty          | 9.4.11.v20180605  |          | Started | org.ops4j.pax.web-7.2.3  | Provide Jetty engine support
pax-http-jetty     | 7.2.3             |          | Started | org.ops4j.pax.web-7.2.3  |
pax-http           | 7.2.3             |          | Started | org.ops4j.pax.web-7.2.3  | Implementation of the OSGI HTTP Service
```

图 3-20　查询已安装的 Feature

2. 实验环境

OpenDaylight 的管理实验的拓扑如图 3-21 所示。

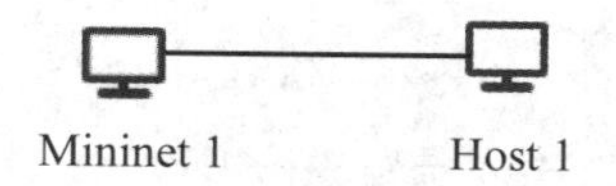

图 3-21　OpenDaylight 的管理实验的拓扑

OpenDaylight 的管理实验环境信息见表 3-3。

表 3-3　OpenDaylight 的管理实验环境信息

设备名称	软件环境	硬件环境
主机 1	Ubuntu 14.04 桌面版	CPU：1 核 内存：2GB 磁盘：20GB
Mininet 主机	Ubuntu 14.04 桌面版 Mininet 2.2.0	CPU：1 核 内存：2GB 磁盘：20GB

注：系统默认的账户为 root/root@openlab、openlab/user@openlab。

3. 操作过程演示

OpenDaylight 的管理的具体操作步骤如下：

（1）直接启动 Karaf 控制台。

1）选择主机 1，单击终端图标，打开终端。执行 su root 命令切换到 root 用户，后面的命令全部以 root 身份运行。

2）解压 OpenDaylight 安装包文件，并进入解压目录，其命令如下：

```
# cd openlab
# unzip lithium.zip
# cd distribution-karaf-0.3.0-Lithium
```

3）启动控制器，直接进入 Karaf 控制台，如图 3-22 所示。

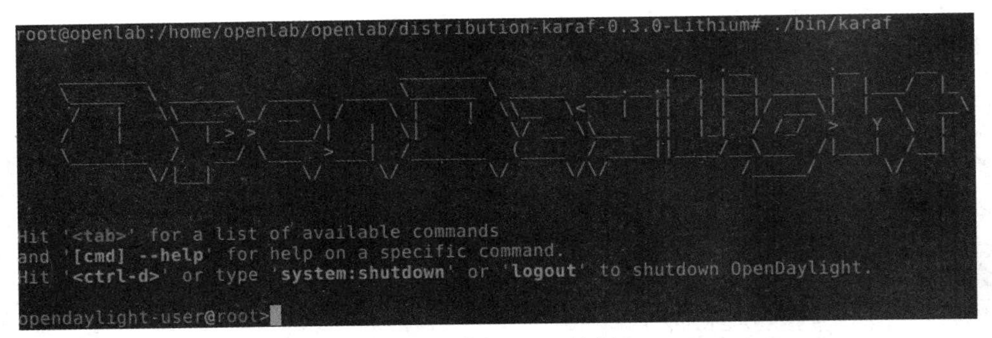

图 3-22 进入 Karaf 控制台

4）执行 logout 命令退出 Karaf 控制台。

说明：只要执行 logout 命令退出 Karaf 控制台，控制器就会停止。这种方式的缺点是当命令终端出现异常时，控制器进程也会出现异常。

（2）后台启动 Karaf 控制台。以后台任务的形式启动控制器的命令如下：

```
# ./bin/start
# ./bin/client -u karaf
```

后台启动 Karaf 控制台如图 3-23 所示。

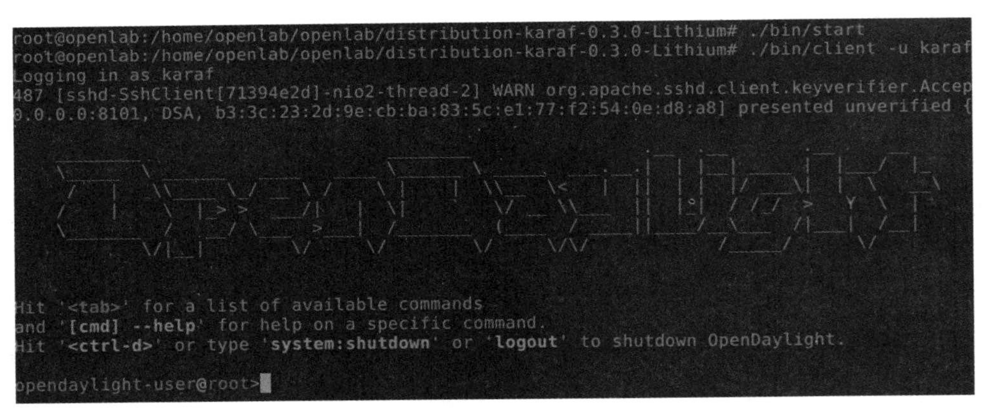

图 3-23 后台启动 Karaf 控制台

说明：以后台任务的形式启动控制器，可以通过 bin/client 或 SSH 访问 Karaf 控制器。利用 start 启动 OpenDaylight 后，以 karaf 用户身份连接 Karaf 控制器。以这种方式启动控制器，即使退出控制台，控制器进程依旧在后台运行。

（3）在 Karaf 控制台查看日志。执行 log:display |more 命令在 Karaf 控制台查看日志信息。由于日志信息较多，可以加上|more 分页显示查询结果，如图 3-24 所示。

（4）安装 OpenDaylight 组件。

```
opendaylight-user@root>log:display |more
2017-05-12 13:20:12,886 | INFO  | Event Dispatcher | RegionsPersistenceImpl
           | 49 - org.apache.karaf.region.persist - 3.0.3 | Loading region digra
ph persistence
2017-05-12 13:20:12,937 | INFO  | Event Dispatcher | RegionsPersistence
Impl          | 49 - org.apache.karaf.region.persist - 3.0.3 | initializing reg
ion digraph from etc/regions-config.xml
2017-05-12 13:20:13,275 | INFO  | Event Dispatcher | SecurityUtils
              | 28 - org.apache.sshd.core - 0.12.0 | BouncyCastle not registere
d, using the default JCE provider
2017-05-12 13:20:13,869 | INFO  | Event Dispatcher | core
              | 58 - org.apache.aries.jmx.core - 1.1.2 | Starting JMX OSGi agen
t
2017-05-12 13:20:13,921 | INFO  | Event Dispatcher | core
              | 58 - org.apache.aries.jmx.core - 1.1.2 | Registering MBean with
 ObjectName [osgi.core:service=permissionadmin,version=1.2,framework=org.eclipse
.osgi,uuid=507dd9a7-d236-0017-15e8-9991b2995aa4] for service with service.id [2]
2017-05-12 13:20:13,928 | INFO  | Event Dispatcher | core
              | 58 - org.apache.aries.jmx.core - 1.1.2 | Registering MBean with
 ObjectName [osgi.compendium:service=cm,version=1.3,framework=org.eclipse.osgi,u
uid=507dd9a7-d236-0017-15e8-9991b2995aa4] for service with service.id [37]
2017-05-12 13:20:13,986 | INFO  | Event Dispatcher | core
              | 58 - org.apache.aries.jmx.core - 1.1.2 | Registering org.osgi.j
--More--
```

图 3-24　|more 分页显示查询结果

1）安装必需的 OpenDaylight 组件，即 odl-restconf、odl-l2switch-switch、odl-openflowplugin-all、odl-dlux-all、odl-mdsal-all 和 odl-adsal-northbound，其命令如下：

```
> feature:install odl-restconf
> feature:install odl-l2switch-switch
> feature:install odl-openflowplugin-all
> feature:install odl-dlux-all
> feature:install odl-mdsal-all
> feature:install odl-adsal-northbound
```

注意：务必遵循以上的顺序安装相关组件。

安装 OpenDaylight 组件的结果如图 3-25 所示。

```
opendaylight-user@root>feature:install odl-openflowplugin-all
opendaylight-user@root>feature:install odl-dlux-all
opendaylight-user@root>feature:install odl-mdsal-all
opendaylight-user@root>feature:install odl-adsal-northbound
Refreshing bundles org.eclipse.persistence.core (170), org.apache.aries.util (9
, com.sun.jersey.jersey-server (218), com.sun.jersey.servlet (216), org.eclipse
jetty.aggregate.jetty-all-server (71), com.sun.jersey.core (217), org.eclipse.p
rsistence.moxy (171), org.ops4j.pax.web.pax-web-jetty (80), com.google.guava (9
), io.netty.common (152), org.ops4j.pax.web.pax-web-runtime (79)
GossipRouter started at Fri May 12 13:27:28 CST 2017
Listening on port 12001 bound on address 0.0.0.0/0.0.0.0
Backlog is 1000, linger timeout is 2000, and read timeout is 0
```

图 3-25　安装 OpenDaylight 组件的结果

2）列出所有 OpenDaylight 组件，其命令如下：

```
> feature:list
```

3）列出已安装的 OpenDaylight 组件，其命令如下：

```
> feature:list -i
```

4）在已安装的组件中查找某个具体的组件，如 odl-restconf，确认该组件是否已经安装，如图 3-26 所示。

```
opendaylight-user@root>feature:list -i|grep odl-restconf
odl-restconf                     | 1.2.0-Lithium      | x          | odl-co
ntroller-1.2.0-Lithium        | OpenDaylight :: Restconf

odl-restconf-noauth              | 1.2.0-Lithium      | x          | odl-co
ntroller-1.2.0-Lithium        | OpenDaylight :: Restconf
```

图 3-26　查看已安装的 odl-restconf 组件

（5）验证 OpenDaylight 基本功能。

1）登录 Mininet 主机，执行 su root 命令切换到 root 用户。

2）连接控制器，并在 Mininet 主机中执行 pingall 操作，测试 OpenDaylight 控制器的基本功能，其命令如下：

```
# mn --controller=remote,ip=192.168.1.3,port=6633
> pingall
```

其中，192.168.1.3 是 OpenDaylight 控制器的 IP，需根据实际情况修改，如图 3-27 所示。

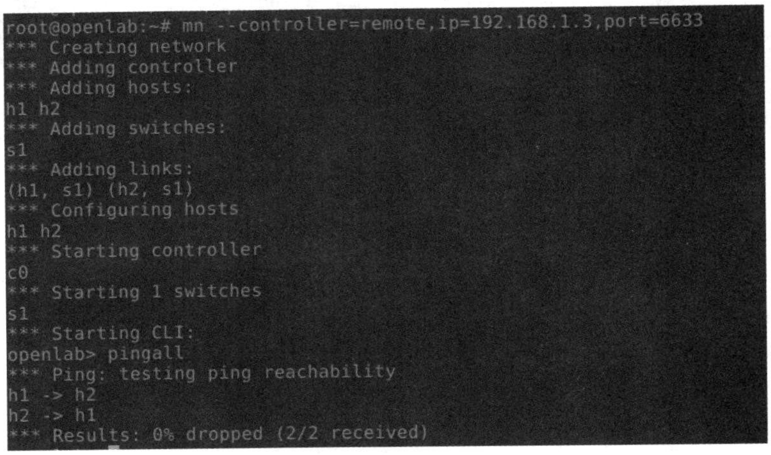

```
root@openlab:~# mn --controller=remote,ip=192.168.1.3,port=6633
*** Creating network
*** Adding controller
*** Adding hosts:
h1 h2
*** Adding switches:
s1
*** Adding links:
(h1, s1) (h2, s1)
*** Configuring hosts
h1 h2
*** Starting controller
c0
*** Starting 1 switches
s1
*** Starting CLI:
openlab> pingall
*** Ping: testing ping reachability
h1 -> h2
h2 -> h1
*** Results: 0% dropped (2/2 received)
```

图 3-27　测试 OpenDaylight 控制器的基本功能

3）访问 OpenDaylight Web 界面，URL（Uniform Resource Locator，统一资源定位器）是 http://[ODL_host_ip]:8080/index.html，如图 3-28 所示。其中，[ODL_host_ip]为 OpenDaylight 所在的主机 IP 地址。

图 3-28　访问 OpenDaylight Web 界面

说明：如果没有按照顺序安装 OpenDaylight 组件，可能会导致 Web 界面无法访问，最好的解决方式是卸载组件，重新安装。

4）输入用户名密码，单击 Login 按钮。

说明：登录的用户名密码是 admin/admin。

5）单击左侧 Topology 按钮查看拓扑，如图 3-29 所示。

（6）卸载 OpenDaylight 组件。

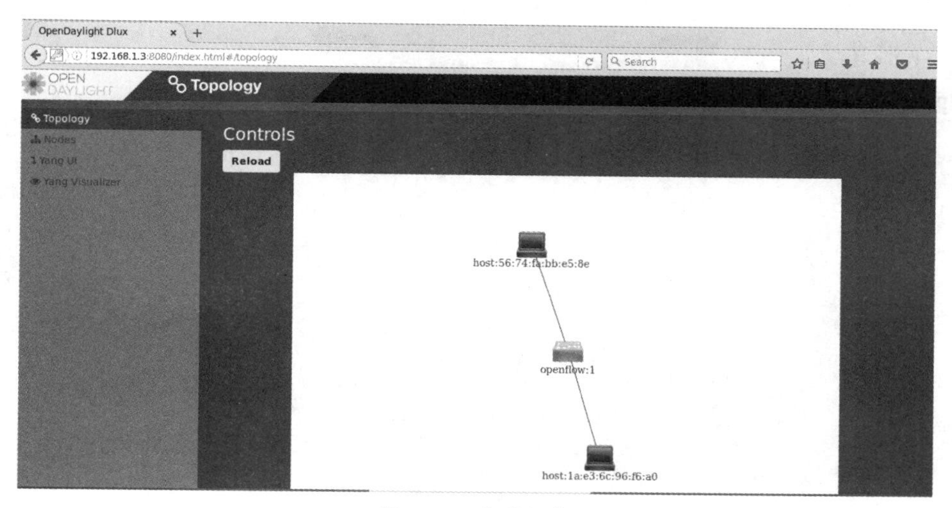

图 3-29　查看拓扑

1）在主机 1 上执行 logout 命令退出 Karaf 控制台，回到 distribution-karaf-0.3.0- Lithium 目录。

2）删除 data 目录，清除组件并重新进入 karaf 控制台，其命令如下：

```
# rm -rf data
# ./bin/karaf clean
```

3）执行 feature:list -i 命令查看已安装组件，确认组件是否已经删除，如图 3-30 所示。

```
opendaylight-user@root>feature:list -i
Name       | Version | Installed | Repository     | Description
-----------------------------------------------------------------------
standard   | 3.0.3   | x         | standard-3.0.3 | Karaf standard feature
config     | 3.0.3   | x         | standard-3.0.3 | Provide OSGi ConfigAdmin support
region     | 3.0.3   | x         | standard-3.0.3 | Provide Region Support
package    | 3.0.3   | x         | standard-3.0.3 | Package commands and mbeans
kar        | 3.0.3   | x         | standard-3.0.3 | Provide KAR (KARaf archive) support
ssh        | 3.0.3   | x         | standard-3.0.3 | Provide a SSHd server on Karaf
management | 3.0.3   | x         | standard-3.0.3 | Provide a JMX MBeanServer and a set of MBeans in K
opendaylight-user@root>
```

图 3-30　确认组件是否已经删除

3.2.4　OpenDaylight L2Switch 项目

OpenDaylight L2Switch 项目

1. L2Switch 项目介绍

传统 L2Switch 是一种数据链路层设备，工作在 OSI 模型的第 2 层，其原理是通过地址映射表来完成数据包的转发。记录的是 MAC 地址与端口的映射关系，其工作过程如下：

（1）交换机提取数据包中的源 MAC 地址，记录该 MAC 地址和入端口的地址映射表。

（2）交换机提取数据包中的目的 MAC 地址，并查找与该地址对应的出端口，如果找到，则从出端口转发数据包。

（3）如果没有找到，则交换机向其他端口广播消息，目的设备将发起响应数据包。

（4）交换机在收到响应数据包后，将该 MAC 地址和端口记录到地址表中，将数据包从端口中转发出去。

OpenDaylight L2Switch 项目提供基础的 L2Switch 功能和一些典型的 L2Switch 功能的服务，负责 MAC 地址学习、数据转发决策等。简单地说，该项目将传统 L2Switch 的控制能力集中到 OpenDaylight 控制器上，通过向 SDN 交换机下发流表，实现数据包的转发。

2. 实验环境

OpenDaylight L2Switch 项目拓扑如图 3-31 所示。

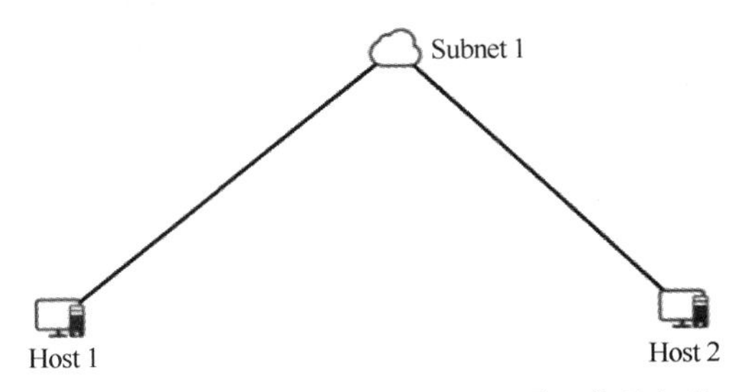

图 3-31 OpenDaylight L2Switch 项目实验拓扑

实验环境信息见表 3-4。

表 3-4 OpenDaylight L2Switch 项目实验环境

设备名称	软件环境	硬件环境
主机 1	Ubuntu 14.04 桌面版	CPU：1 核 内存：2GB 磁盘：20GB
Mininet 主机	Ubuntu 14.04 桌面版 Mininet 2.2.0	CPU：1 核 内存：2GB 磁盘：20GB

注：系统默认的账户为 root/root@openlab、openlab/user@openlab。

3. 操作过程演示

OpenDaylight L2Switch 项目将进行如下实验操作：

- 安装 OpenDaylight L2Switch 项目。
- 使用 Mininet 模拟工具对 L2Switch 项目进行简单的功能验证。

（1）安装 L2Switch 项目。

1）选择主机 1，单击终端图标，进入命令终端。切换到 root 用户。

2）执行 ifconfig 命令可知主机 1 的 IP 地址为 192.168.1.3（以实际情况为准）。

3）进入 openlab 目录解压 OpenDaylight 安装包文件，并进入解压目录，其命令如下：

```
# cd openlab
# unzip lithium.zip
# cd distribution-karaf-0.3.0-Lithium
```

4）启动 OpenDaylight 控制器，其命令如下：

```
# ./bin/karaf
```

5）Karaf 启动后，安装 L2switch 组件及其他必需组件，其命令如下：

```
> feature:install odl-restconf
> feature:install odl-l2switch-switch
> feature:install odl-openflowplugin-all
> feature:install odl-dlux-all
> feature:install odl-mdsal-all
> feature:install odl-adsal-northbound
```

安装 L2switch 项目的结果如图 3-32 所示。

```
opendaylight-user@root>feature:install odl-restconf
opendaylight-user@root>feature:install odl-l2switch-switch
opendaylight-user@root>feature:install odl-openflowplugin-all
opendaylight-user@root>feature:install odl-dlux-all
opendaylight-user@root>feature:install odl-mdsal-all
opendaylight-user@root>feature:install odl-adsal-northbound
Refreshing bundles org.eclipse.persistence.core (170), org.apache.aries.util (9)
, com.sun.jersey.jersey-server (218), com.sun.jersey.servlet (216), org.eclipse.
jetty.aggregate.jetty-all-server (71), com.sun.jersey.core (217), org.eclipse.pe
rsistence.moxy (171), org.ops4j.pax.web.pax-web-jetty (80), com.google.guava (97
), io.netty.common (152), org.ops4j.pax.web.pax-web-runtime (79)
GossipRouter started at Fri May 12 13:27:28 CST 2017
Listening on port 12001 bound on address 0.0.0.0/0.0.0.0
Backlog is 1000, linger timeout is 2000, and read timeout is 0
```

图 3-32　安装 L2switch 项目的结果

（2）验证 L2Switch 的功能。

1）查看初始拓扑。单击浏览器图标，打开浏览器。访问 OpenDaylight Web 界面，URL 是 http://[ODL_host_ip]:8080/index.html。其中，[ODL_host_ip]为安装 OpenDaylight 所在的主机 IP 地址，username/password 是 admin/admin，如图 3-33 所示。

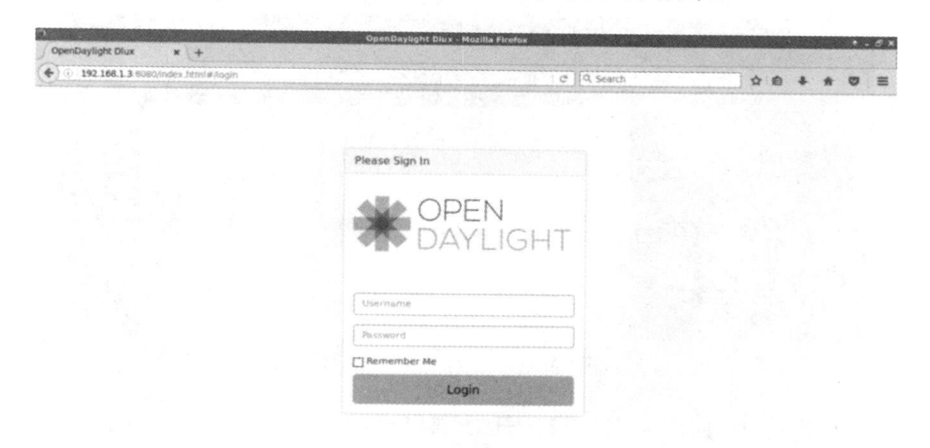

图 3-33　访问 OpenDaylight Web 界面

单击 Login 按钮登录，此时的拓扑界面没有任何节点，如图 3-34 所示。

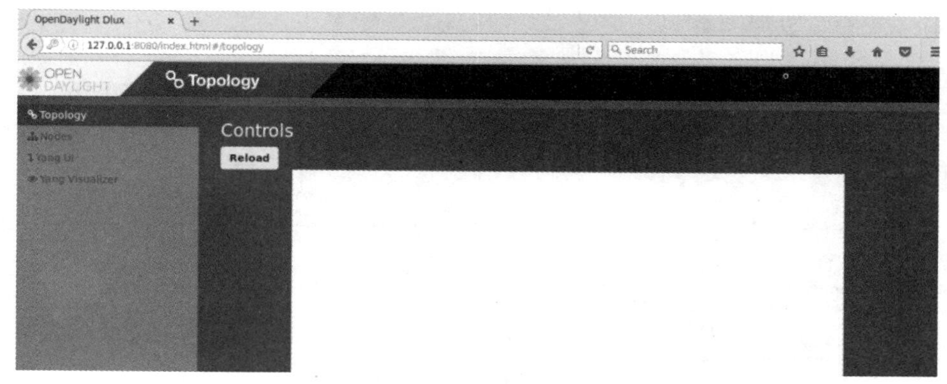

图 3-34　拓扑界面无节点

2）使用 Mininet 主机创建虚拟网络。

登录 Mininet 主机，创建包含两个交换机和两个主机的线性拓扑，并将远端控制器的 IP 地址设置为 OpenDaylight 控制器的 IP，其命令如下：

```
$ sudo mn --controller=remote,ip=192.168.1.3 --topo=linear,2 --switch ovsk,protocols=OpenFlow13
```

创建线性拓扑并将远端控制器的 IP 地址设为 OpenDaylight 控制器的 IP，结果如图 3-35 所示。

```
openlab@openlab:~$ sudo mn --controller=remote,ip=192.168.1.3 --topo=linear,2 --switch ovsk,protocols=OpenFlow13
*** Creating network
*** Adding controller
*** Adding hosts:
h1 h2
*** Adding switches:
s1 s2
*** Adding links:
(h1, s1) (h2, s2) (s2, s1)
*** Configuring hosts
h1 h2
*** Starting controller
c0
*** Starting 2 switches
s1 s2
*** Starting CLI:
openlab>
```

图 3-35　创建线性拓扑并更改 IP

刷新 OpenDaylight 控制器的 Web 界面或单击 Reload 按钮，拓扑图将出现两个交换机节点，如图 3-36 所示。

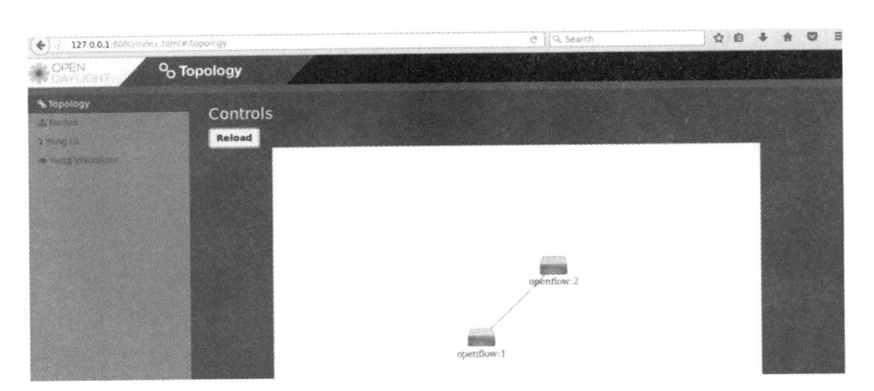

图 3-36　刷新拓扑展示界面

在 OpenDaylight 中，使用 HTTP 的 GET 请求可查看网桥的端口信息，以网桥 openflow:1 为例，说明查看交换机的端口信息和 MAC 地址映射表的方法。

查看交换机端口信息的链接为 http://127.0.0.1:8080/restconf/operational/network-topology:network-topology/topology/flow:1/node/openflow:1。

交换机端口信息如图 3-37 所示。

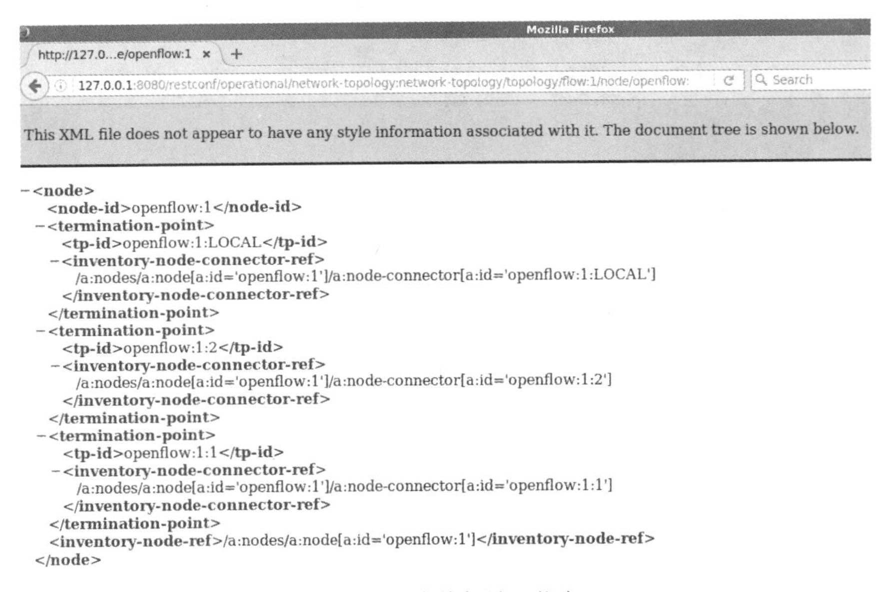

图 3-37　交换机端口信息

从图 3-37 可知，网桥 openflow:1 共有 3 个端口，即 openflow:1:1、openflow:1:2 和 openflow:1:LOCAL。其中，openflow:1:LOCAL 是逻辑端口，openflow:1:1 和 openflow:1:2 可用于连接网络设备。

以 openflow:1:1 端口为例，说明使用 HTTP 的 GET 请求查看该端口的 MAC 地址学习情况的方法，具体链接为 http://127.0.0.1:8080/restconf/operational/opendaylight-inventory:nodes/node/openflow:1/node-connector/openflow:1:1。

交换机端口的 MAC 地址学习如图 3-38 所示。

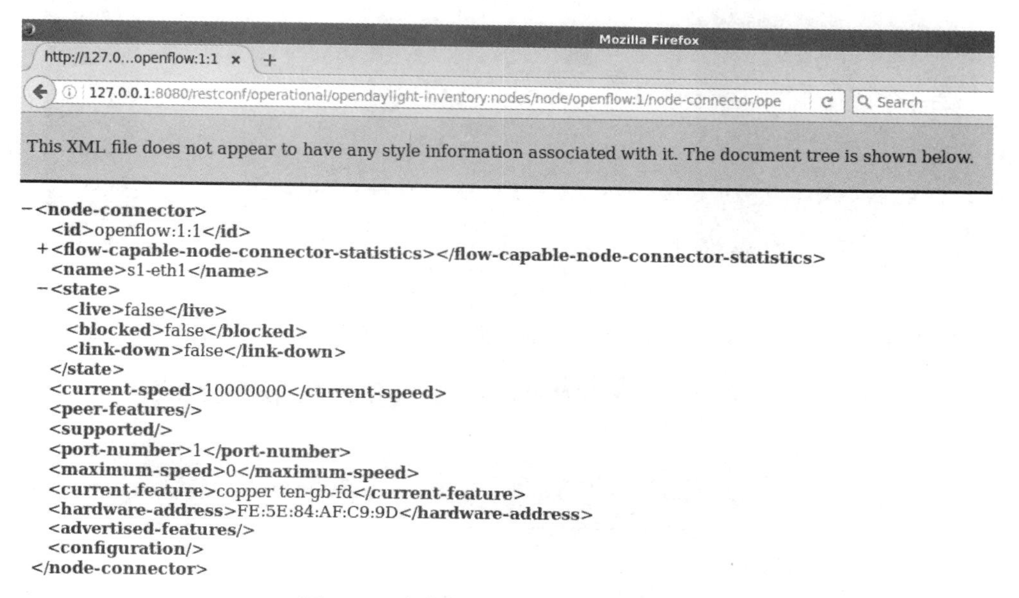

图 3-38　交换机端口的 MAC 地址学习

从以上数据可知，L2Switch 尚未学习到该端口对应的主机地址，因为主机之间还没有出现数据传输。下面介绍通过 ping 命令使两端的主机通信，从而验证 L2Switch 的地址学习功能。

3）主机 1 ping 主机 2。

在 Mininet 的命令行中执行 h1 ping h2 命令，如图 3-39 所示。

```
openlab> h1 ping h2
PING 10.0.0.2 (10.0.0.2) 56(84) bytes of data.
64 bytes from 10.0.0.2: icmp_seq=1 ttl=64 time=0.576 ms
64 bytes from 10.0.0.2: icmp_seq=2 ttl=64 time=0.265 ms
64 bytes from 10.0.0.2: icmp_seq=3 ttl=64 time=0.220 ms
64 bytes from 10.0.0.2: icmp_seq=4 ttl=64 time=0.260 ms
64 bytes from 10.0.0.2: icmp_seq=5 ttl=64 time=0.231 ms

--- 10.0.0.2 ping statistics ---
5 packets transmitted, 5 received, 0% packet loss, time 4000ms
```

图 3-39　执行 h1 ping h2 命令

执行 h1 ping h2 命令，Open vSwitch 就会与 OpenDaylight 的 L2Switch 应用进行交互，完成 L2Switch 工作流程。

ping 通后，在 OpenDaylight 控制器的 Web 界面中可以看到如图 3-40 所示的拓扑，说明 L2Switch 已经学习到网络拓扑。

此外，还可以在 OpenDaylight 中使用 HTTP 的 GET 请求查看交换机某端口与 MAC 地址的映射情况，这里以网桥 openflow:1 的端口 openflow:1:1 为例，具体链接为

http://127.0.0.1:8080/restconf/operational/opendaylight-inventory:nodes/node/openflow:1/node-connector/openflow:1:1。

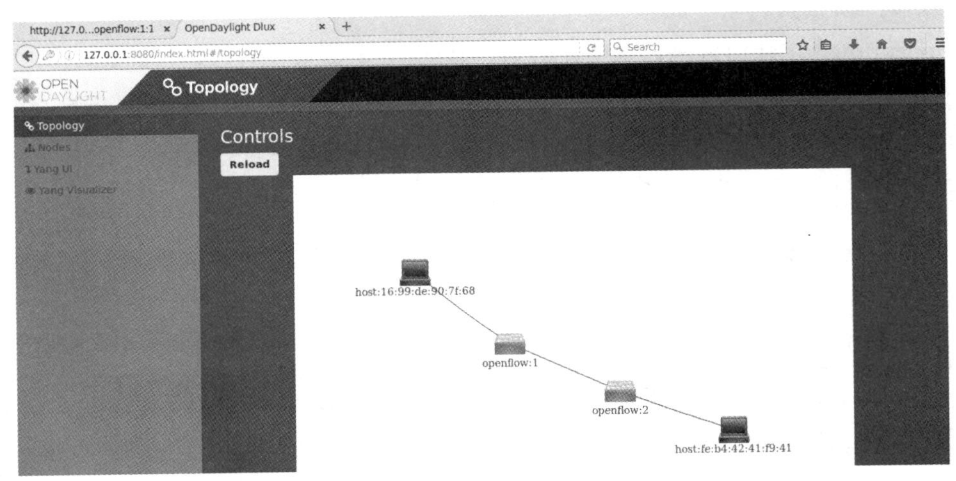

图 3-40 ping 通后的拓扑

交换机的某端口与 MAC 地址的映射情况如图 3-41 所示。

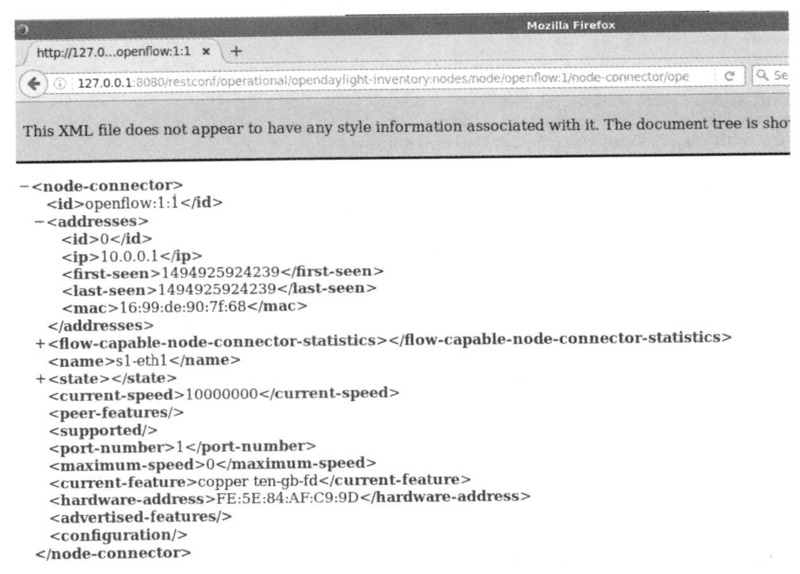

图 3-41 交换机的某端口与 MAC 地址的映射情况

至此，验证了 L2Switch 的部分功能，主要通过 Mininet 主机创建虚拟网络，然后使用 ping 命令验证 L2Switch 的地址学习和包转发能力。

3.2.5 使用 OpenDaylight 界面下发流表

使用 OpenDaylight 界面下发流表

1. DLUX 项目介绍

OpenDaylight DLUX 项目是 OpenDaylight 自带的界面项目，包含 YANG UI 子项目。它面向上层应用开发，为应用开发人员提供了相关工具，旨在简化、激励应用的开发与测试。YANG UI 模块用于与 ODL 交互，通过动态封装、调用 YANG 模型和相关 REST API，生成并展示一个简单的 UI 界面。开发人员可以通过 API 请求获取交换机信息，并且以 JSON 格式展示，如图 3-42 所示。

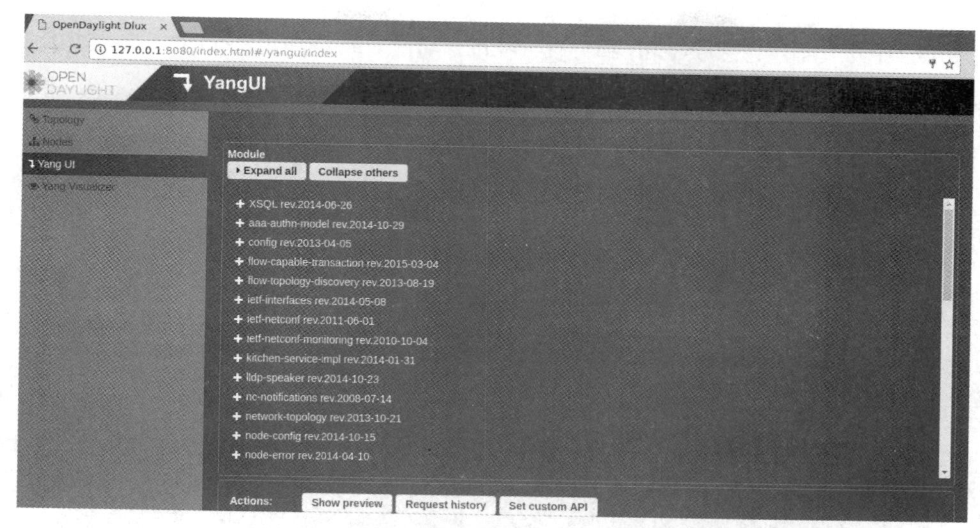

图 3-42　YANG UI 界面

YANG UI 模块的介绍如下：

（1）如图 3-43 所示，右边分为两部分。顶部显示 APIs、subAPIs 和 buttons 的树形结构，为了调用 GET、POST、PUT、DELETE 等功能。不是每个 subAPI 都能调用每个功能的，如 subAPIs“operational”可选的只有 GET 功能。API 树下的按钮是可变的，它依赖于 subAPI 规范，常见按钮如下：

- GET：从 ODL 获取数据。
- PUT 和 POST：保存配置，发送数据给 ODL。
- DELETE：删除配置，发送数据给 ODL。

这些操作必须执行 xpath。路径显示在 buttons 的前面，特定路径元素标识符包括文本输入。

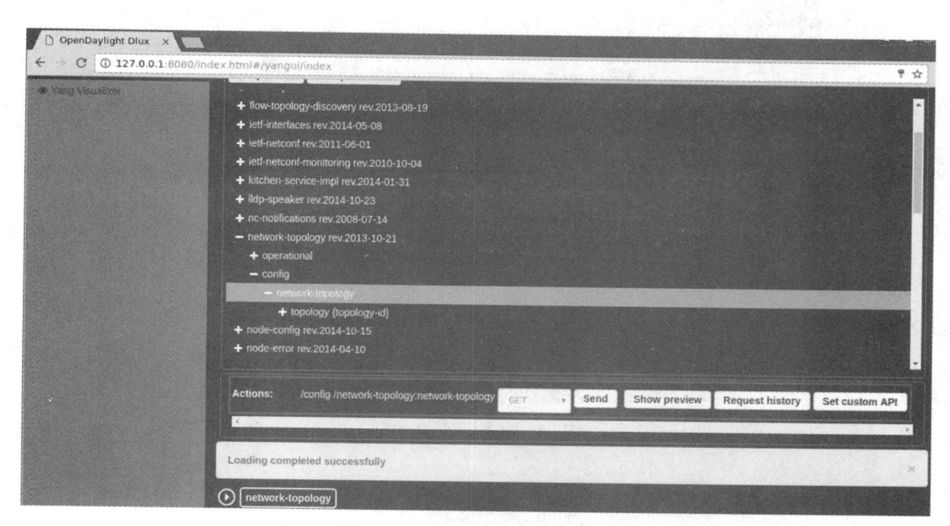

图 3-43　YANG UI API 树

（2）如图 3-44 所示，右边的底部根据选择的 subAPI 显示输入。每个 subAPI 代表列表声明的列表元素，一个列表中可能有多个列表元素，如一个设备能够存储多条流。每个列表元素是不同的 key 值。列表的列表元素中可能包含其他列表，每个列表元素都有一个列表名称、key 名称和 key 值，以及删除列表元素的按钮。通常列表声明的 key 包含一个

ID。在 ODL 中填写输入并从 xpath 部分使用 GET 功能，或者通过界面输入并发送给 ODL。

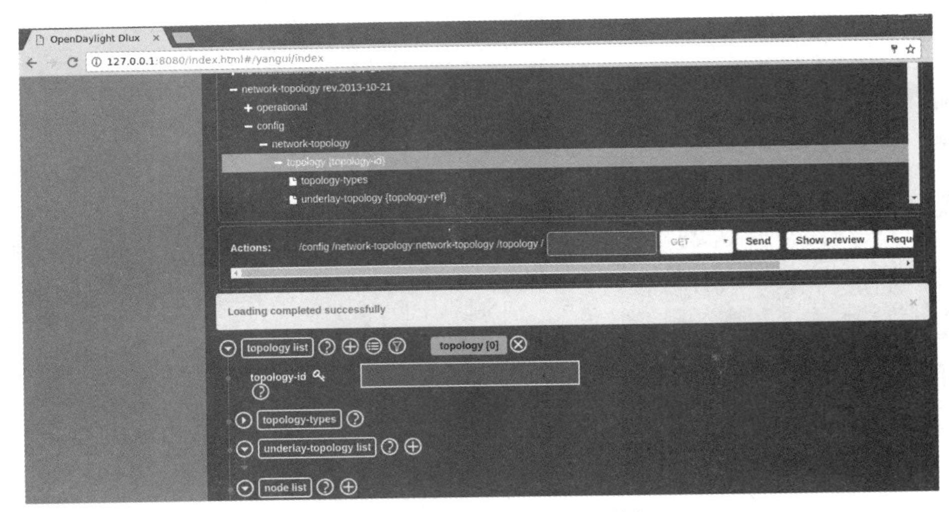

图 3-44　subAPI 输入显示面板

（3）如图 3-45 所示，单击 API 树下的 Show preview 按钮，显示发送给 ODL 的请求。当输入被填写时，右边面板显示请求文本。

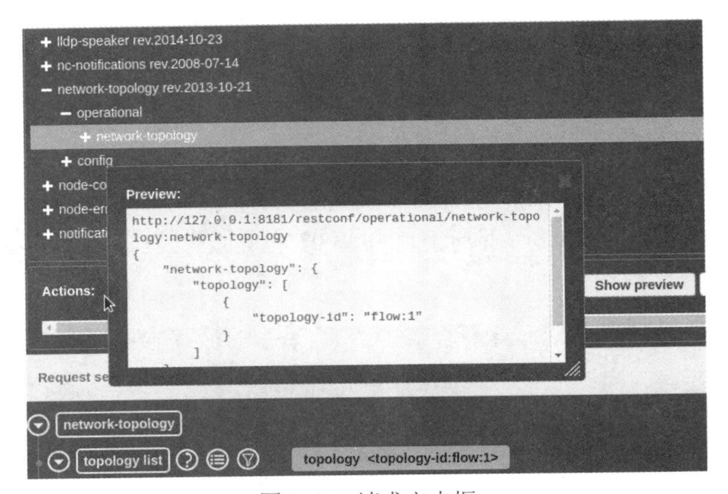

图 3-45　请求文本框

2. 实验环境

使用 OpenDaylight 界面下发流表拓扑如图 3-46 所示。

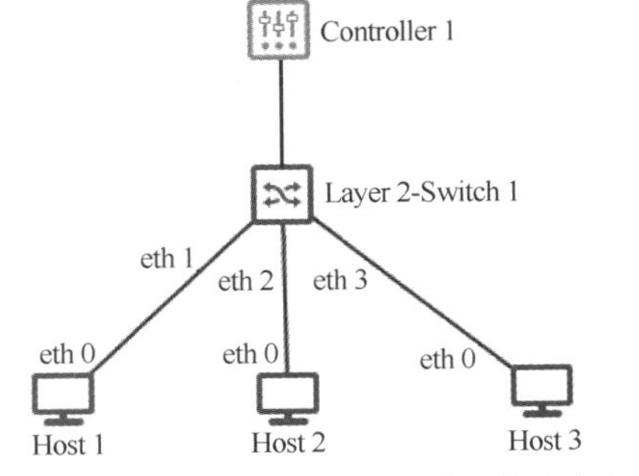

图 3-46　使用 OpenDaylight 界面下发流表拓扑

使用 OpenDaylight 界面下发流表的环境信息见表 3-5。

表 3-5　使用 OpenDaylight 界面下发流表的环境信息

设备名称	软件环境	硬件环境
控制器	Ubuntu 14.04 桌面版 OpenDaylight Lithium	CPU：2 核 内存：4GB 磁盘：20GB
交换机	Ubuntu 14.04 命令行版 Open vSwitch 2.3.1	CPU：1 核 内存：2GB 磁盘：20GB
主机 1	Ubuntu 14.04 命令行版	CPU：1 核 内存：2GB 磁盘：20GB
主机 2	Ubuntu 14.04 命令行版	CPU：1 核 内存：2GB 磁盘：20GB
主机 3	Ubuntu 14.04 命令行版	CPU：1 核 内存：2GB 磁盘：20GB

注：系统默认的账户为 root/root@openlab、openlab/user@openlab。

3. 操作过程演示

（1）环境检查。

1）以 root 用户登录交换机，初始化 Open vSwitch，其命令如下：

```
# cd /home/fnic
# ./ovs_init
# cd
```

2）登录 OpenDaylight 控制器，执行 netstat -an|grep 6633 命令，查看端口是否处于监听状态，如图 3-47 所示。

```
openlab@openlab:~$ netstat -an|grep 6633
tcp6       0      0 :::6633                 :::*                    LISTEN
```

图 3-47　查看端口是否处于监听状态

说明：由于 OpenDaylight 组件过于庞大，所以服务启动比较慢，需等待一段时间。

3）在控制器 6633 端口处于监听状态后，使用 root 用户登录交换机，执行 ovs-vsctl show 命令查看交换机与控制器的连接情况。

情况 1：交换机与控制器连接成功，结果如图 3-48 所示。在 Controller 下方显示“is_connected:true”，表明连接成功。

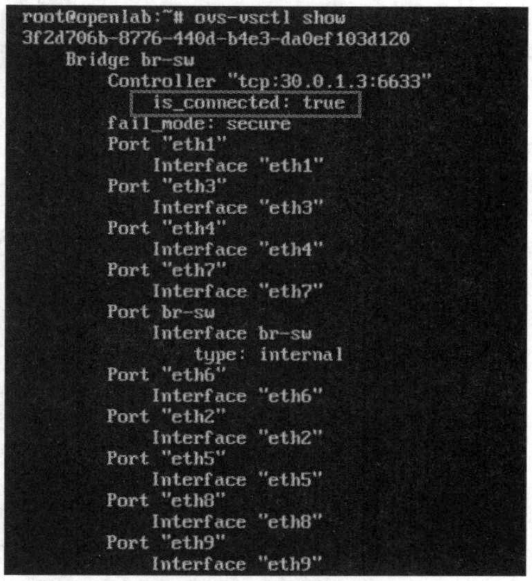

情况 2：交换机与控制器连接不成功，结果如图 3-49 所示。

当交换机与控制器连接不成功时，需

```
root@openlab:~# ovs-vsctl show
3f2d706b-8776-440d-b4e3-da0ef103d120
    Bridge br-sw
        Controller "tcp:30.0.1.3:6633"
            is_connected: true
        fail_mode: secure
        Port "eth1"
            Interface "eth1"
        Port "eth3"
            Interface "eth3"
        Port "eth4"
            Interface "eth4"
        Port "eth7"
            Interface "eth7"
        Port br-sw
            Interface br-sw
                type: internal
        Port "eth6"
            Interface "eth6"
        Port "eth2"
            Interface "eth2"
        Port "eth5"
            Interface "eth5"
        Port "eth8"
            Interface "eth8"
        Port "eth9"
            Interface "eth9"
```

图 3-48　交换机与控制器连接成功

手动重连，其命令如下：

```
# ovs-vsctl del-controller br-sw
# ovs-vsctl set-controller br-sw tcp:30.0.1.3:6633
```

重新执行 ovs-vsctl show 命令查看连接状态，若 Controller 下方显示“is_connected:true”，则表明连接成功。

```
root@openlab:~# ovs-vsctl show
3f2d706b-8776-440d-b4e3-da0ef103d120
    Bridge br-sw
        Controller "tcp:30.0.1.3:6633"
        fail_mode: secure
        Port "eth1"
            Interface "eth1"
        Port "eth3"
            Interface "eth3"
        Port "eth4"
            Interface "eth4"
        Port "eth7"
            Interface "eth7"
        Port br-sw
            Interface br-sw
                type: internal
        Port "eth6"
            Interface "eth6"
        Port "eth2"
            Interface "eth2"
        Port "eth5"
            Interface "eth5"
        Port "eth8"
            Interface "eth8"
        Port "eth9"
            Interface "eth9"
```

图 3-49　交换机与控制器连接不成功

4）当交换机与控制器连接成功后，登录主机，查看主机是否获取到 IP 地址。

情况 1：主机已获取到 IP 地址。

主机 1 的 IP 地址如图 3-50 所示。

```
root@openlab:~# ifconfig
eth0      Link encap:Ethernet  HWaddr fa:16:3e:c8:76:2d
          inet addr:10.0.0.9  Bcast:10.0.0.255  Mask:255.255.255.0
          inet6 addr: fe80::f816:3eff:fec8:762d/64 Scope:Link
          UP BROADCAST RUNNING MULTICAST  MTU:1450  Metric:1
          RX packets:21 errors:0 dropped:0 overruns:0 frame:0
          TX packets:51 errors:0 dropped:0 overruns:0 carrier:0
          collisions:0 txqueuelen:1000
          RX bytes:4112 (4.1 KB)  TX bytes:15054 (15.0 KB)

lo        Link encap:Local Loopback
          inet addr:127.0.0.1  Mask:255.0.0.0
          inet6 addr: ::1/128 Scope:Host
          UP LOOPBACK RUNNING  MTU:65536  Metric:1
          RX packets:16 errors:0 dropped:0 overruns:0 frame:0
          TX packets:16 errors:0 dropped:0 overruns:0 carrier:0
          collisions:0 txqueuelen:0
          RX bytes:1184 (1.1 KB)  TX bytes:1184 (1.1 KB)
```

图 3-50　主机 1 的 IP 地址

主机 2 的 IP 地址如图 3-51 所示。

```
root@openlab:~# ifconfig
eth0      Link encap:Ethernet  HWaddr fa:16:3e:b0:66:a4
          inet addr:10.0.0.10  Bcast:10.0.0.255  Mask:255.255.255.0
          inet6 addr: fe80::f816:3eff:feb0:66a4/64 Scope:Link
          UP BROADCAST RUNNING MULTICAST  MTU:1450  Metric:1
          RX packets:123 errors:0 dropped:2 overruns:0 frame:0
          TX packets:63 errors:0 dropped:0 overruns:0 carrier:0
          collisions:0 txqueuelen:1000
          RX bytes:17584 (17.5 KB)  TX bytes:19158 (19.1 KB)

lo        Link encap:Local Loopback
          inet addr:127.0.0.1  Mask:255.0.0.0
          inet6 addr: ::1/128 Scope:Host
          UP LOOPBACK RUNNING  MTU:65536  Metric:1
          RX packets:32 errors:0 dropped:0 overruns:0 frame:0
          TX packets:32 errors:0 dropped:0 overruns:0 carrier:0
          collisions:0 txqueuelen:0
          RX bytes:2368 (2.3 KB)  TX bytes:2368 (2.3 KB)
```

图 3-51　主机 2 的 IP 地址

主机 3 的 IP 地址如图 3-52 所示。

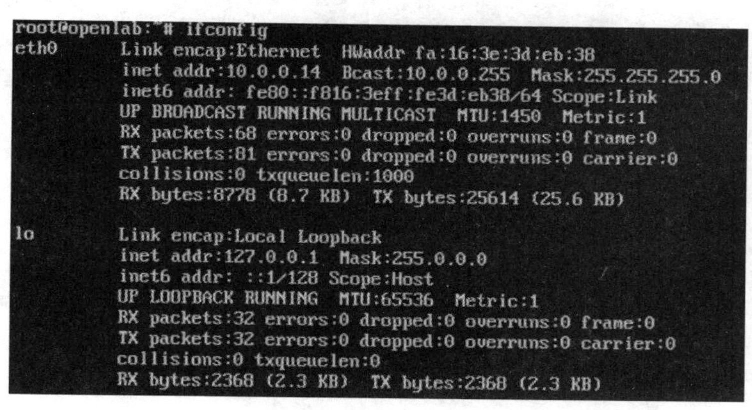

图 3-52　主机 3 的 IP 地址

情况 2：主机未获取 IP 地址。

当主机未获取到 IP 地址时，需手动重连，其命令如下：

```
# ovs-vsctl del-controller br-sw
# ovs-vsctl set-controller br-sw tcp:30.0.1.3:6633
```

等待 1～3min 执行 ifconfig 命令查看主机是否重新获取到 IP 地址。

（2）基于 OpenFlow 1.3 协议下发流表。

1）登录交换机，设置 OpenFlow 协议版本为 1.3，其命令如下：

```
# ovs-vsctl set bridge br-sw protocols=OpenFlow13
```

2）选择控制器，单击浏览器图标，打开浏览器。访问 OpenDaylight Web 页面，URL 是 http://127.0.0.1:8080/index.html，用户名和密码是 admin/admin，如图 3-53 所示。

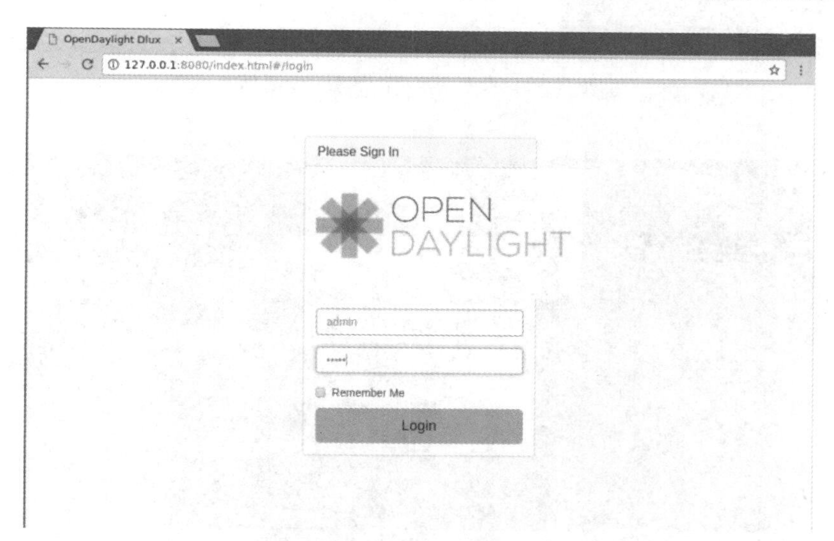

图 3-53　OpenDaylight Web 页面

3）单击左侧的 Nodes 选项，查看节点信息。尤其需要关注 Node Id，如图 3-54 所示。

4）单击图 3-54 中 Node Connectors 列的数据，即“9”，可以查看具体节点的连接信息，如图 3-55 所示。

5）单击左侧的 Yang UI 选项，单击 Expand all 按钮展开所有目录，查看各种模块，如图 3-56 所示。

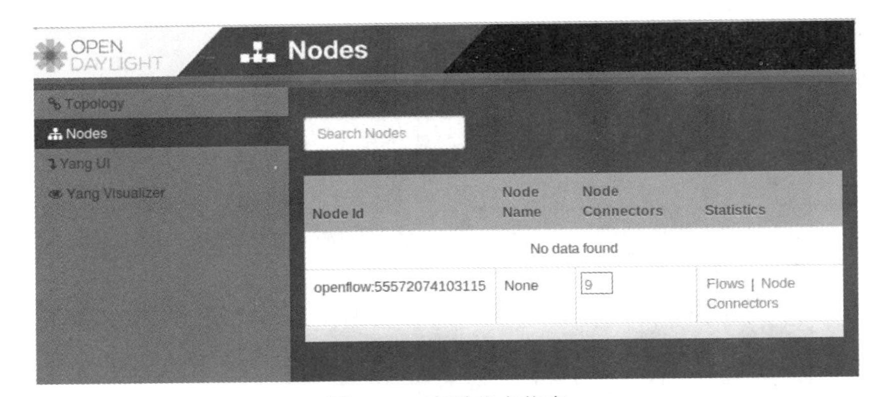

图 3-54　查看节点信息

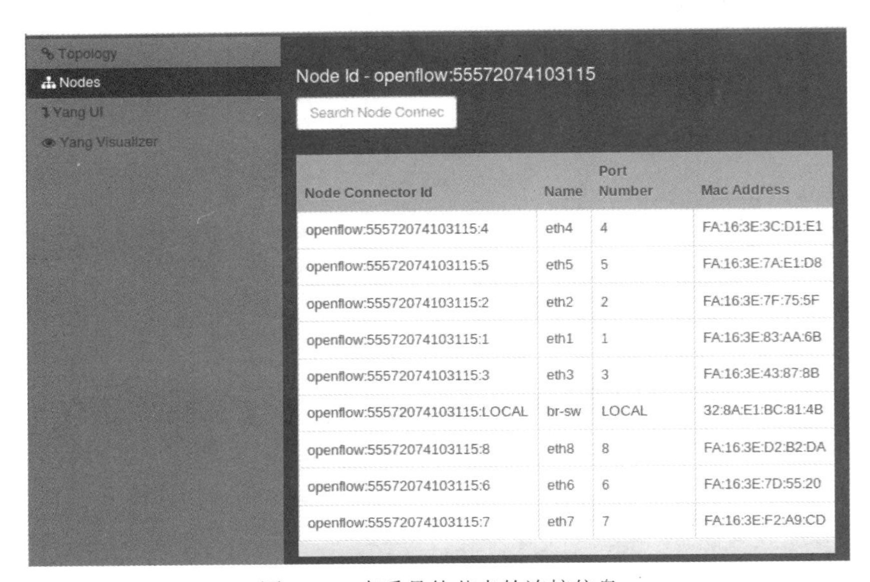

图 3-55　查看具体节点的连接信息

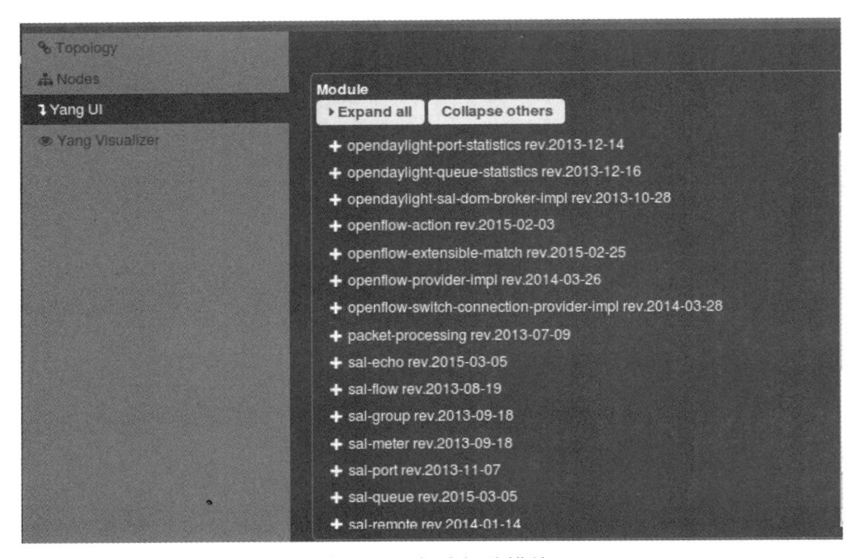

图 3-56　查看各种模块

6）展开 opendaylight-inventory rev.2013-08-19，选择 config→nodes→node{id}→table{id}→flow{id}，如图 3-57 所示。

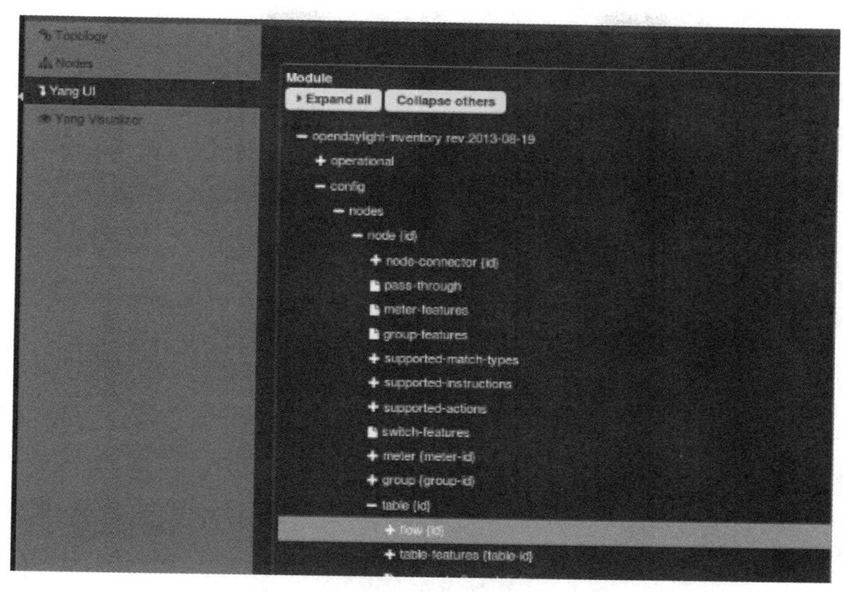

图 3-57　选择路径

7）补全 Actions 栏中的路径，其中，node {id}参见之前查询到的 Node {id}。table {id}和 flow {id}可以自定义。由于 OpenFlow 1.3 协议支持多级流表，所以这里的 table {id}设置为 2。

8）单击 flow list 后面的“+”按钮，展开流表相关的参数。设置 id 为 1，路径中的 flow {id}会随之同步，如图 3-58 所示。

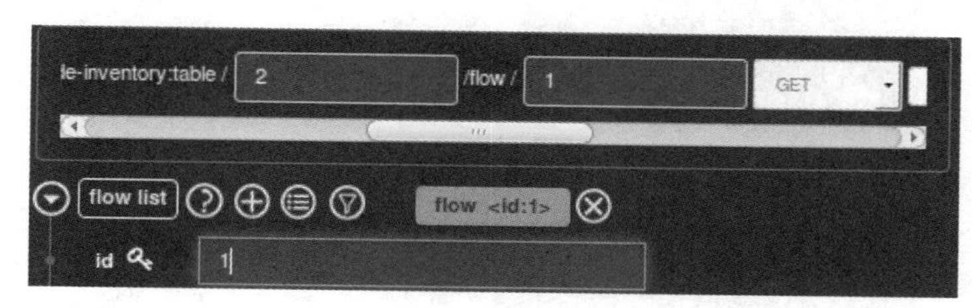

图 3-58　设置 id 为 1

9）展开 match→ethernet-match→ethernet-type，在 type 文本框中输入 0x0800，如图 3-59 所示。

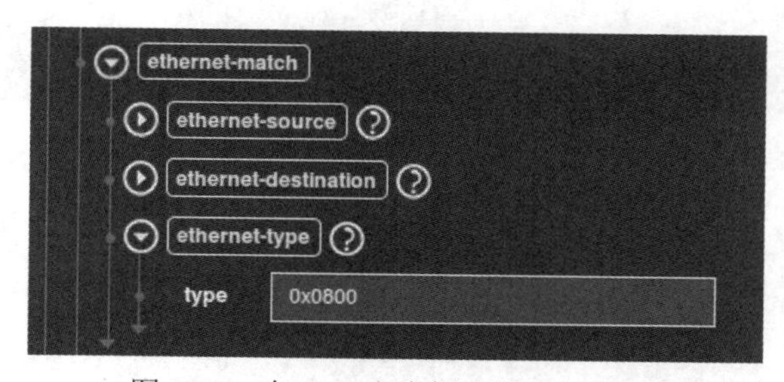

图 3-59　在 type 文本框中输入 0x0800

10）在 layer-3-match 后面的下拉框中选择 ipv4-match 选项。

11）展开 layer-3-match，填写源 IP 地址和目的 IP 地址。以主机 1 的 IP 为源 IP，以主机 3 的 IP 为目的 IP，如图 3-60 所示。

12）展开 instructions，并单击 instruction list 后面的“+”按钮，在 instruction 的下拉框中选择 apply-actions-case 选项，如图 3-61 所示。

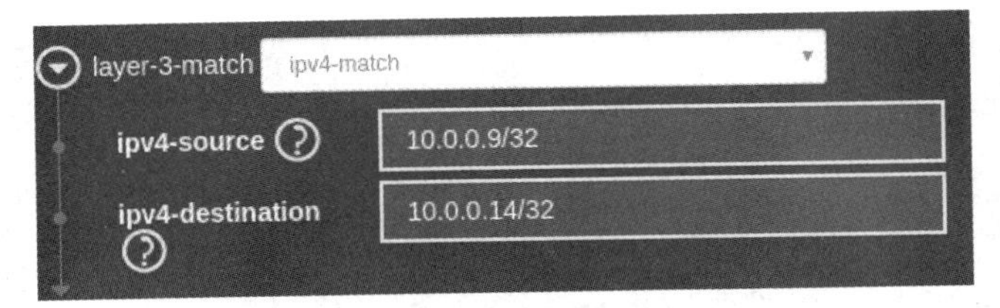

图 3-60 填写源 IP 地址和目的 IP 地址

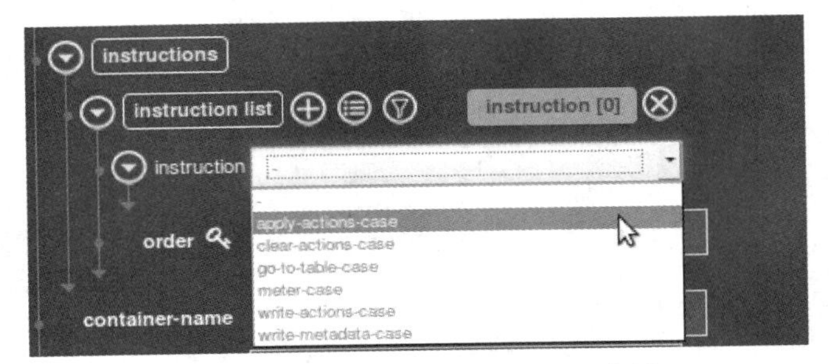

图 3-61 选择 apply-actions-case 选项

13）展开 apply-actions 选项，单击 action list 后面的“+”按钮，在 action 后面的下拉框中选择 drop-action-case 选项，action order 和 instruction order 的值都设置为 0，如图 3-62 所示。

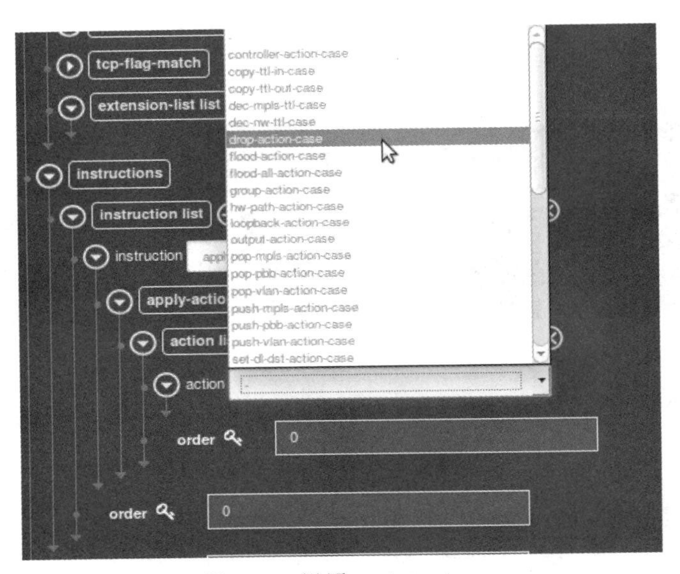

图 3-62 设置 apply-actions

14）设置 priority 为 25，idle-timeout 为 0，hard-timeout 为 0，cookie 为 10000000，table_id 为 2，如图 3-63 所示。

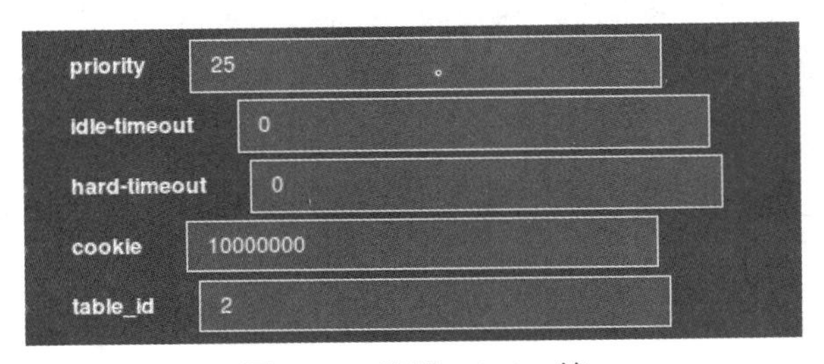

图 3-63 设置 priority 等

15）向右滚动 Actions 栏，选择 PUT 动作，单击 Send 按钮下发流表。PUT 成功，会弹出 Request sent successfully 提示，否则弹出错误信息，如图 3-64 所示。

图 3-64　发送流表

16）切换到主机 1，向主机 2、主机 3 发送数据包，测试主机间的连通性，其命令如下：

```
# scapy
>>> result,unanswered=sr(IP(dst="10.0.0.14",ttl=(3,10))/ICMP())
```

测试主机间的连接性如图 3-65 所示。

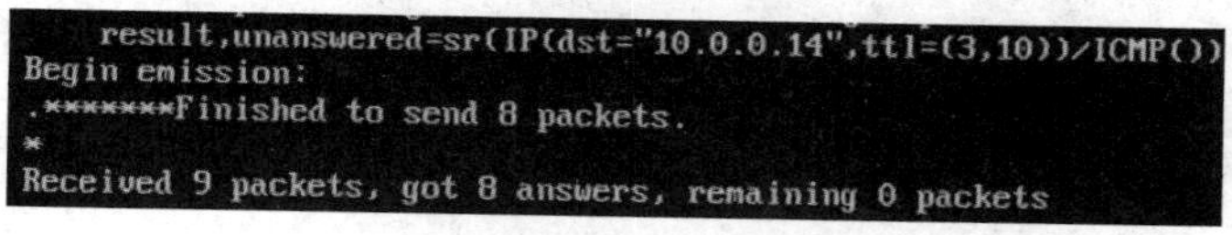

```
    result,unanswered=sr(IP(dst="10.0.0.14",ttl=(3,10))/ICMP())
Begin emission:
.*******Finished to send 8 packets.
*
Received 9 packets, got 8 answers, remaining 0 packets
```

图 3-65　测试主机间的连接性

由上可知，主机 1 与主机 3 之间是连通的，新下发的流表没有发挥作用。原因是数据包在 table 0 中能够匹配到相应流表而不会被转发到 table 2，想要 table 2 的流表项发挥作用就需要向 table 0 增加一条流表，将源 IP 地址为 10.0.0.9、目的 IP 地址为 10.0.0.14 的数据包转发到 table 2 中处理。

17）选 config→nodes→node{id}→table{id}→flow{id}。node {id}参见之前查询到的 node {id}，table {id}设为 0，flow {id}设为 1。

18）展开 flow list→match→ethernet-match→ethernet -type，填写 type 为 0x0800。

19）展开 layer-3-match，匹配参数保持不变，以主机 1 的 IP 为源 IP 地址，以主机 3 的 IP 为目的 IP 地址，如图 3-66 所示。

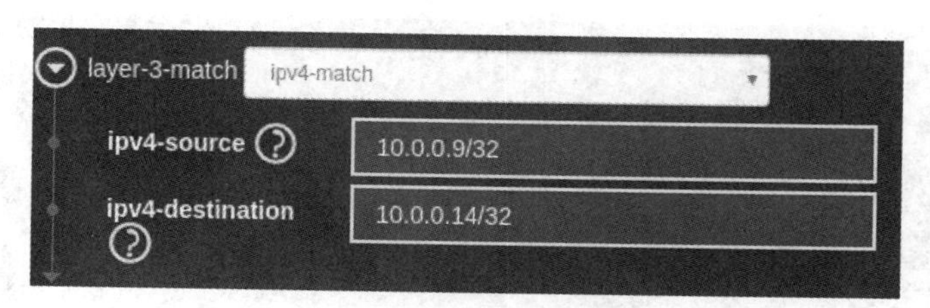

图 3-66　填写源 IP 地址和目的 IP 地址

20）展开 instructions，并单击 instruction list 后面的“+”按钮，在 instruction 后面的下拉框中选择 go-to-table-case 选项，如图 3-67 所示。

21）展开 go-to-table，填写 table_id 为 2，即将符合匹配条件的数据包根据 table 2 中的流表项处理。instruction order 依旧设为 0，如图 3-68 所示。

22）设置 priority 为 23，idle-timeout 为 0，hard-timeout 为 0，cookie 为 1000000000，table_id 为 0，如图 3-69 所示。

23）向右滚动 Actions 栏，选择 PUT 动作，然后单击 Send 按钮下发流表。

24）切换到交换机，查看新下发的流表项，如图 3-70 所示。

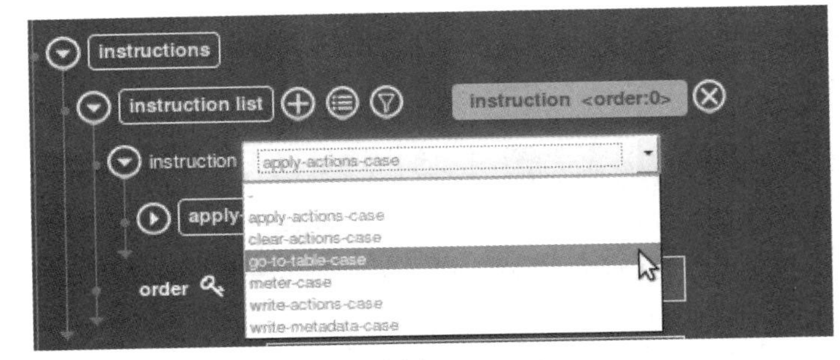

图 3-67　选择 go-to-table-case

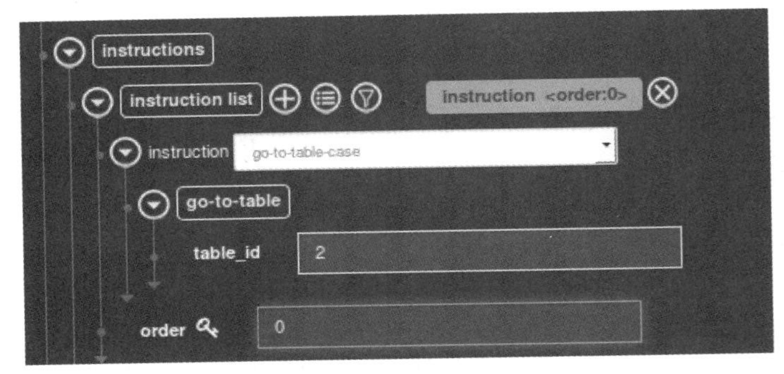

图 3-68　设置 go-to-table

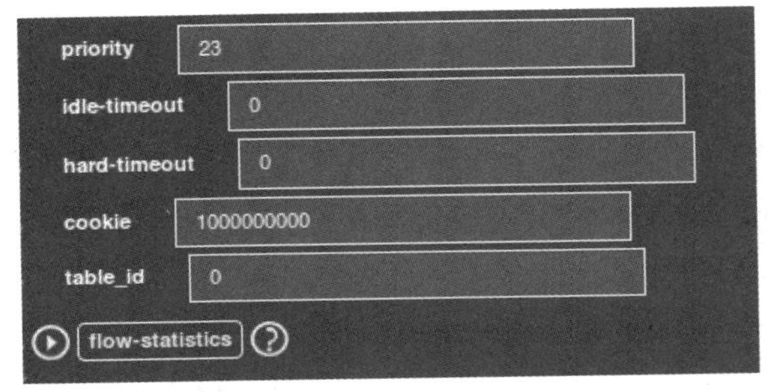

图 3-69　设置 priority 等

```
root@openlab:~# ovs-vsctl set bridge br-sw protocols=OpenFlow13
root@openlab:~# ovs-ofctl -O OpenFlow13 dump-flows br-sw
OFPST_FLOW reply (OF1.3) (xid=0x2):
 cookie=0x2b0000000000000a, duration=666.155s, table=0, n_packets=0, n_bytes=0, priority=2,in_port=7 actions=output:6,output:1,o
utput:4,output:2,output:5,output:3,output:8,CONTROLLER:65535
 cookie=0x2b0000000000000e, duration=666.149s, table=0, n_packets=16, n_bytes=1872, priority=2,in_port=3 actions=output:6,output
:1,output:7,output:4,output:2,output:5,output:8,CONTROLLER:65535
 cookie=0x2b0000000000000f, duration=666.148s, table=0, n_packets=0, n_bytes=0, priority=2,in_port=8 actions=output:6,output:1,o
utput:7,output:4,output:2,output:5,output:3,CONTROLLER:65535
 cookie=0x2b00000000000009, duration=666.156s, table=0, n_packets=16, n_bytes=1872, priority=2,in_port=1 actions=output:6,output
:7,output:4,output:2,output:5,output:3,output:8,CONTROLLER:65535
 cookie=0x2b00000000000008, duration=666.156s, table=0, n_packets=0, n_bytes=0, priority=2,in_port=6 actions=output:1,output:7,o
utput:4,output:2,output:5,output:3,output:8,CONTROLLER:65535
 cookie=0x2b0000000000000d, duration=666.151s, table=0, n_packets=18, n_bytes=4786, priority=2,in_port=5 actions=output:6,output
:1,output:7,output:4,output:2,output:3,output:8,CONTROLLER:65535
 cookie=0x2b0000000000000b, duration=666.155s, table=0, n_packets=0, n_bytes=0, priority=2,in_port=4 actions=output:6,output:1,o
utput:7,output:2,output:5,output:3,output:8,CONTROLLER:65535
 cookie=0x2b0000000000000c, duration=666.153s, table=0, n_packets=6, n_bytes=1452, priority=2,in_port=2 actions=output:6,output:
1,output:7,output:4,output:5,output:3,output:8,CONTROLLER:65535
 cookie=0x5f5e100, duration=19.800s, table=0, n_packets=0, n_bytes=0, priority=23,ip,nw_src=10.0.0.9,nw_dst=10.0.0.14 actions=go
to_table:2
 cookie=0x2b00000000000003, duration=670.150s, table=0, n_packets=0, n_bytes=0, priority=100,dl_type=0x88cc actions=CONTROLLER:6
5535
 cookie=0x5f5e100, duration=362.407s, table=2, n_packets=0, n_bytes=0, priority=25,ip,nw_src=10.0.0.9,nw_dst=10.0.0.14 actions=d
rop
root@openlab:~#
```

图 3-70　查看下发的流表项

25）切换到主机 1，发送数据包，测试主机之间的连通性，其命令如下：

```
>>> result,unanswered=sr(IP(dst="10.0.0.10",ttl=(3,10))/ICMP())
>>> result,unanswered=sr(IP(dst="10.0.0.14",ttl=(3,10))/ICMP())
```

测试主机之间的连通性的查询结果如图 3-71 所示。

```
    result,unanswered=sr(IP(dst="10.0.0.10",ttl=(3,10))/ICMP())
Begin emission:
.*******Finished to send 8 packets.
*
Received 9 packets, got 8 answers, remaining 0 packets
    result,unanswered=sr(IP(dst="10.0.0.14",ttl=(3,10))/ICMP())
Begin emission:
.Finished to send 8 packets.
.^^C
Received 3 packets, got 0 answers, remaining 8 packets
```

图 3-71　测试主机之间的连通性的查询结果

由图 3-71 可知，主机 1 与主机 3 之间不通，而主机 1 与主机 2 之间连通，流表发挥作用。

3.3　本章小结

本章介绍了 SDN 控制器，详细介绍了主流的开源控制器和商用控制器，并通过实验对相关知识进行串联。本章重点介绍了开源控制器 OpenDaylight 的版本、项目、安装、管理和如何使用界面下发流表。

3.4　本章练习

一、选择题

1．OpenDaylight 的版本命名策略是（　　）。

A．元素周期表顺序　　B．英文 26 个字母顺序
C．不同城市名称　　D．没有具体策略

2．以下 OpenDaylight 的项目中，不属于核心项目的是（　　）。

A．Yang Tools　　B．MD-SAL
C．Topology Processing Framework　　D．Controller

3．使用 OpenDaylight 界面下发流表时使用的操作类型是（　　）。

A．GET　　B．PUT　　C．POST　　D．DELETE

二、判断题

1．SDN 通过控制器对网络实现集中控制。
2．OpenDaylight 默认启动的监听端口号是 6634。

三、简答题

1．主流的 SDN 控制器有哪些？哪些控制器在产业界使用得比较多？
2．OpenDaylight 有哪些项目？Controller 项目的主要作用是什么？
3．如何部署 OpenDaylight 控制器？如何安装 feature？
4．SDN 下发流表的方式有哪些？

第 4 章　SDN 南向接口协议 OpenFlow

学习目标

- 了解南向接口协议的基本概念。
- 了解 OpenFlow 的发展历史。
- 熟悉 OpenFlow 的基本概念。
- 掌握流表匹配的流程。
- 掌握多级流表、组表、计量表的原理和应用场景。

4.1　SDN 南向接口协议概述

SDN 南向接口协议是控制平面和数据转发平面之间的通信标准。它作为 SDN 控制器和转发设备之间的桥梁，在 SDN 体系结构中有举足轻重的作用。通过南向接口协议，SDN 控制器既可以对底层设备进行统一监控和管理，也可以对网络拓扑信息和链路资源数据进行收集、存储和管理，还可以实时监控、采集和反馈数据转发设备的工作状态及转发链路状态信息，完成网络拓扑视图的更新。南向接口协议是实现 SDN 体系下网络地址学习、虚拟局域网、路由转发等网络功能的必要前提和基础。

当前 SDN 体系结构中存在多种南向接口协议，它们分别拥有不同的成熟度和应用范围，大致可以分为如下两类：

- 由开源组织 ONF（Open Networking Foundation，开放网络基金会）制定的 OpenFlow 协议。
- 由标准组织 IETF（the Internet Engineering Task Force，国际互联网工程任务组）主导的 OVSDB、NetConf、XMPP 和 PCEP 等其他协议。

其中，OpenFlow 协议在业界具有较高的热度，IETF 主导的其他各类接口也有各自的支持者。随着 SDN 技术的不断发展和完善，南向接口协议逐渐形成了事实标准和标准组织制定的标准相互补充的局面。

4.1.1　OpenFlow 协议

OpenFlow 协议是 ONF 制定的 SDN 控制平面与数据转发平面之间的通信协议。它的目的是通过定义底层网络设备的转发行为实现软件定义网络。OpenFlow 协议可以用于实现对交换机、路由器和光网络等转发设备的控制。支持 OpenFlow 协议规范的交换机通常被称为 OpenFlow 交换机。OpenFlow 在 SDN 网络中的位置如图 4-1 所示。

OpenFlow 的工作原理很简单，转发设备通常维护 1 个或若干个流表（Flow Table），数据流的转发只受控于这些流表，流表本身的生成和维护完全由集中部署的控制器完成。每个流表包含若干个流表项，流表项是由一些关键匹配字段和执行动作组成的灵活规则，其中每个关键字段都是可以通配的。在实际应用中，网络管理人员可以通过配置流表项中的具体匹配字段决定如何对数据包进行转发。例如，如果只需要根据目的 IP 地址进行路由，那么在下发流表项时，匹配字段只需要设置匹配目的 IP 地址字段，其他匹配字段全通配，这样就可以实现常规基于 IP 地址的路由转发。

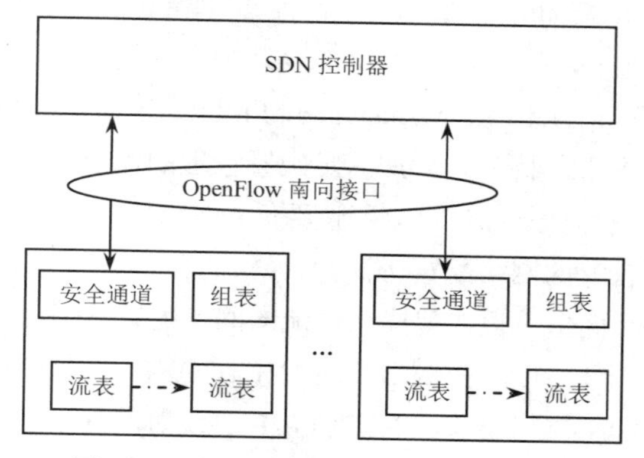

图 4-1　OpenFlow 在 SDN 网络中的位置

4.1.2　OVSDB 管理协议

OVSDB（Open vSwitch Database，开放虚拟交换机数据库）是 Open vSwitch 中保存各种配置信息（如网桥、端口）的数据库，是针对 Open vSwitch 开发的轻量级数据库。OVSDB 管理协议（Open vSwitch Database Management Protocol）是用于管理 Open vSwitch 数据库的一种协议。

OVSDB 主要由 ovsdb-server 和 ovsdb-client 两个部分组成，ovsdb-server 是 OVS 的数据库服务器端，位于 Open vSwitch 本地。ovsdb-client 则为 OVSDB 客户端，它通过 OVSDB 管理协议向 ovsdb-server 端发送数据库配置和查询命令。因此 ovsdb-client 被称为管理者。ovsdb-client 通常和 ovsdb-server 统一部署，管理员可以在 Open vSwitch 本地以 ovsdb-client 命令行的方式配置和查询 OVSDB。当然，ovsdb-client 也可以部署在远端，实现对 ovsdb-server 的远程配置。目前，在 OpenDaylight 控制器中也有一个单独的子项目实现此管理协议，通过该子项目，ODL 可以实现对远端 OVSDB 的配置和管理。

OVSDB 管理协议在 SDN 中的位置如图 4-2 所示。OVSDB 管理协议和 OpenFlow 配合使用，可以实现控制器灵活配置和控制数据网络的能力。

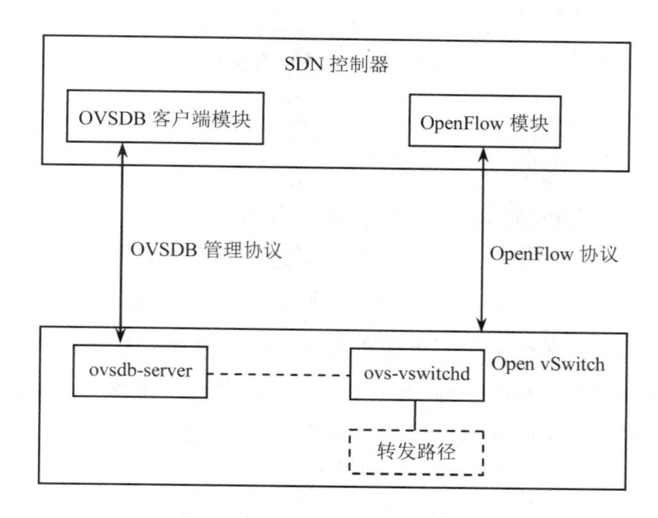

图 4-2　OVSDB 管理协议在 SDN 中的位置

4.1.3 NETCONF 协议

NETCONF（Network Configuration，网络配置）协议诞生较早，它用于对网络设备进行统一管理。随着网络规模不断扩大，网络的复杂性和异构性也随之增加，传统的网络管理协议，如 SNMP（Simple Network Management Protocol，简单网络管理协议），已经无法适应大规模网络的管理需求，特别是无法满足配置管理的需求。因此，IETF 在 2003 年 5 月成立了 NETCONF 工作组，该工作组主要负责制定基于 XML（eXtensible Markup Language，扩展标记语言）的网络配置协议。

NETCONF 协议一经面世，很快就成为主流的网络配置管理协议，它采用客户端/服务端架构。在 SDN 架构中，SDN 控制器作为 NETCONF 的客户端，网络转发设备作为 NETCONF 的服务端。SDN 控制器通过 NETCONF 协议对网络设备进行配置、管理等操作。

NETCONF 协议结构如图 4-3 所示。与大多数协议一样，NETCONF 协议也采用了分层结构，具体包括内容层、操作层、RPC（Remote Procedure Call，远程过程调用）层和安全传输层，每层分别实现协议的某一模块，并为上层提供相关服务。

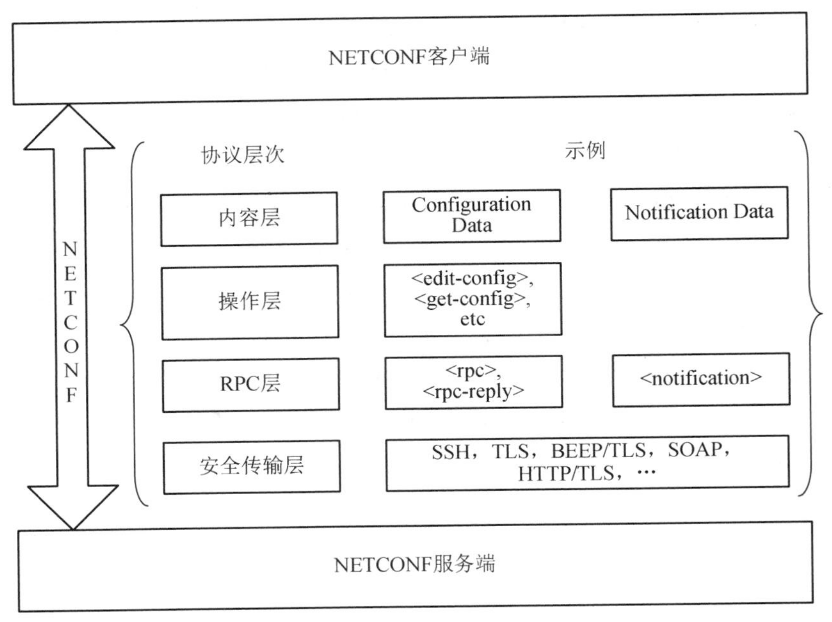

图 4-3 NETCONF 协议结构

4.1.4 XMPP 协议

XMPP（Extensible Messaging and Presence Protocol，可扩展的通信和存在协议）是基于 XML 的开放式即时通信协议。XMPP 的前身是 Jabber，Jabber 是一个开源的即时通信系统，该系统实现了一个基于 XML 流的网络实时通信协议。IETF 将 Jabber 的核心 XML 流协议封装成 XMPP，并定义在 RFC 3920 和 RFC 3921 中。XMPP 提供准实时的消息传递、在线状态请求/响应服务。XMPP 使用客户端/服务器模式，多服务器之间也能够相互连接。XMPP 通信建立在面向连接的协议上，底层通常采用 TCP。XMPP 网络结构示意图如图 4-4 所示。

XMPP 具有很好的兼容性、扩展性和开放性。XMPP 不允许客户端之间直接建立相互连接，它是一个严格的客户端/服务器模型。XMPP 系统可以通过网关接入异构网络系统，这里的异构网络系统是指没有应用 XMPP 的网络，如 MSN、SMTP 等网络系统。

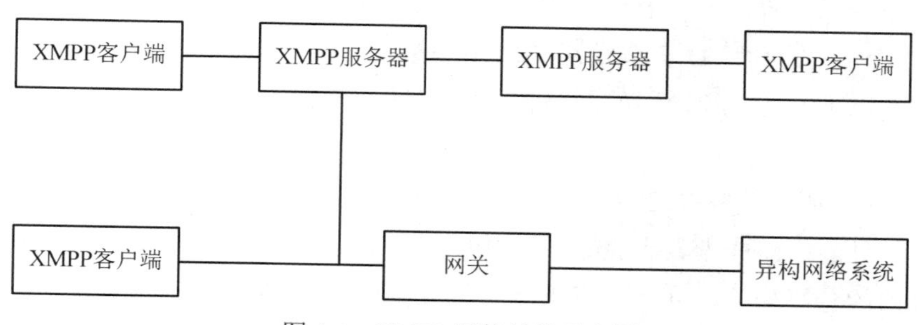

图 4-4　XMPP 网络结构示意图

XMPP 应用于 SDN 网络中，可以作为 OpenFlow 的一种替代方案工作于控制器和转发设备间。是早期 SDN 南向接口方案中的一个重要研究方向。

4.1.5　PCEP 协议

PCEP（Path Computation Element Communication Protocol，路径计算单元协议）是由 IETF 的 PCE（路径计算单元）工作组于 2006 年为 MPLS（Multi-Protocol Label Switching，多协议标签交换）网络域间流量工程等应用提出的通信协议。

PCE 是一个集中或分布式控制平面的跨域路径计算模型，其核心思想是把网络路由功能从控制平面中独立出来，承载于专用实体上，完成指定网络路径的选择和计算。PCE 在光网络中应用较早，它是 ASON（Automatically Switched Optical Network，自动交换光网络）标准中定义的一个组件，主要用于端到端路径的集中计算。

PCE 架构体系包括 PCE 和 PCC（路径计算客户端）两个核心功能模块。PCE 是一个网络功能实体，它可以基于特定的网络拓扑结构和相关约束条件计算出一条网络路径。PCE 可位于某个网络节点上，也可位于一个分离的服务器上。PCC 作为 PCE 的客户端，可以向 PCE 请求进行网络路径计算。PCEP 位于 PCE 与 PCC 间，是实现 PCE 和 PCC 的通信协议。PCEP 在 SDN 中的位置如图 4-5 所示。

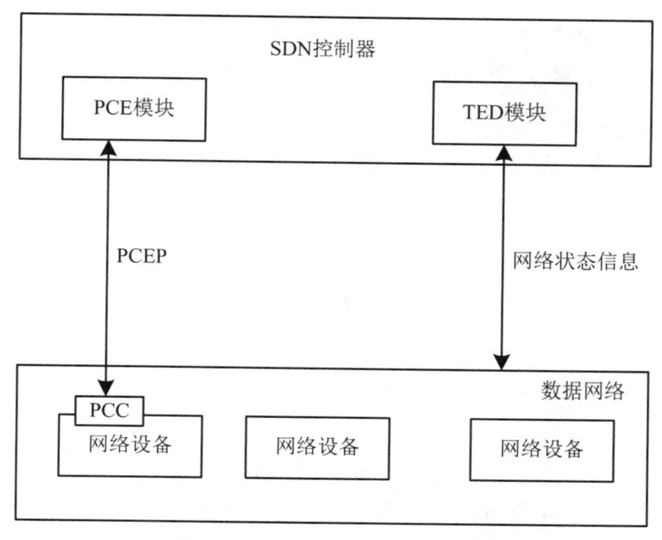

图 4-5　PCEP 在 SDN 中的位置

PCEP 用于 PCE 和 PCC 之间的通信，其本身并不涉及数据平面的信息收集，为了支持网络路径的集中计算，控制平面上还需要部署 TED（流量工程数据库）功能模块，该模块负责收集网络拓扑、带宽和资源利用率等网络信息。当 PCE 收到 PCC 客户端的路径计算请求时，PCE 先从 TED 获取链路和网络参数，然后计算出一条满足 PCC 要求的最佳路径。因此，PCEP 是一种通用的网络协议，它并非专门为 SDN 设计，而是一种广义的 SDN 协议。

IETF 考虑扩展现有的 PCE 功能来支持 SDN 应用场景，从而使 PCE 不仅具有网络路径计算能力，而且能扩展成为具有完整控制功能的 SDN 控制器。IETF 定义了 PCE 分层模型以支持控制器的分层架构，并且定义了基于 PCE 的传输网虚拟化架构和北向接口等。

4.1.6 SDN 南向接口协议小结

在 SDN 南向接口协议中，除 OpenFlow 外，其他都是在 IETF 的主导下制定的。设备厂商主导了很多 IETF 的相关工作。为了实现现网设备向 SDN 的平滑过渡，在南向接口协议的实现上，主要采用在已有协议基础上进行修改和扩充的策略，以较低的代价实现 SDN 设备与现网设备对接。但在实践过程中，设备厂商往往会因为各种利益考虑而在标准接口上做相关的个性化扩展，这就使运营商不得不花费一定代价进行不同厂商设备的互通测试，或通过试点部署的方式来验证不同设备间的兼容性。

从技术角度看，我们通常认为 OpenFlow 协议可以胜任数据中心或企业网中的应用场景。但是在运营商级的 SDN 或 SDN 广域网场景中，这种通过控制器为每条数据流下发流表来实现网络功能的细粒度管理将会给控制器带来很大的性能压力，从业务角度看，也未必需要这样做。因此，可以将 PCEP、XMPP 等粗粒度的网络协议与 OpenFlow 这种细粒度的流表操作相结合，来完成控制平面和数据转发平面间的信息交互，或者将这二者的组合用于 SDN 与传统网络混合组网的管理，这不失为一种更容易落地的技术方案。

目前，NETCONF 协议是运营商网络的 SDN 方案中应用最广泛的一个南向接口协议。NETCONF 协议具有良好的扩展性，可以根据用户需求灵活定义控制器与底层设备间的管理内容，进而实现快速交付，满足用户需求。

由于现网设备厂家和设备类型很多，涉及的南向接口也非常多，最终哪种标准或哪几种标准的组合将会统一 SDN 南向接口协议还未可知。随着南向接口协议的扩展和计算机技术的发展，SDN 控制器的能力会逐渐增强，它不仅可以管理网络业务，还可以提供传统的网络运维功能，届时现网网管的功能会逐渐弱化，最后将全部融入到 SDN 控制器中。但是从 SDN 设备与传统设备共存阶段演进到 SDN 控制器还需要相当长的时间，因此多种南向接口协议并存的局面也会长期存在。

4.2 OpenFlow 规范

4.2.1 OpenFlow 起源

随着互联网业务的快速发展，上层业务对网络的传输质量要求越来越高，为满足各种业务对网络性能的需求，人们不得不把一些复杂的功能加入到网络传输设备的体系结构中，如 OSPF、BGP、NAT、MPLS、组播、流量工程和防火墙等，这就使得网络交换设备变得更加复杂，大大压缩了网络设备性能提升的空间。有研究者认为，未来网络发展必然是底层的数据设备（如交换机、路由器）只专注于数据包的转发，不参与网络决策。通过设置单独的控制网元来决策全网转发行为和管理控制整个网络。那么如何实现这样的转发与控制分离的网络结构呢？OpenFlow 技术的出现解决了这个问题。

OpenFlow 最早起源于斯坦福大学的 Clean Slate 项目组。该项目组成员认为，当前网络架构从设计上大大制约了上层网络业务的发展。它旨在设计一种新型的网络结构，来满足日益多样化的网络需求。在 2006 年，斯坦福大学的学生 Martin Casado 领导了一个关于网络安全与管理的项目 Ethane，该项目试图通过一个集中部署的控制器，让网络管理员可以方便地定义基于数据流的安全控制策略，然后将这些安全策略应用到各种网络设备中，从而实现对整个网络通信的安全控制。Ethane 项目定义的网络模型如图 4-6 所示。

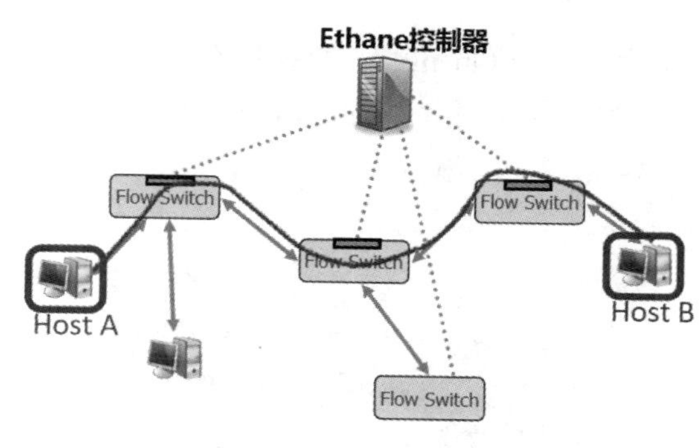

图 4-6　Ethane 项目定义的网络模型

受 Ethane 项目（及 Ethane 的前续项目 Sane）启发，Martin 和他的导师 Nick McKeown 教授（时任 Clean Slate 项目的学术主任）发现，如果将 Ethane 的设计扩展开来，将传统网络设备的数据转发和路由控制两个功能模块进行分离，利用集中部署的控制器通过标准接口对各种网络设备进行管理和配置，那么这将为网络资源的设计、管理和使用提供更多的可能性，从而更容易推动网络架构的革新与发展。于是，他们便提出了 OpenFlow 的概念。Nick McKeown 等人于 2008 年在 ACM SIGCOMM 发表了论文 *OpenFlow: Enabling Innovation in Campus Networks*，首次详细地介绍了 OpenFlow 的概念。该论文除了阐述 OpenFlow 的工作原理外，还列举了 OpenFlow 几大应用场景，具体如下：

- 校园网络中对实验性通讯协议的支持。
- 网络管理和访问控制。
- 网络隔离和 VLAN。
- 基于 Wi-Fi 的移动网络。
- 非 IP 网络。
- 基于网络包的处理。

当然，目前关于 OpenFlow 的研究已经远远超出了这些领域。

OpenFlow 一经问世，就对学术界产生了巨大的影响。基于 OpenFlow 为网络带来的可编程的特性，Nick 和他的团队进一步提出了 SDN 的设想。在该设想中，如果将网络中所有的网络设备都视为需要被管理的资源，那么参考操作系统的原理，就可以抽象出一个网络操作系统（Network OS）的概念，这个网络操作系统一方面对底层网络设备的具体细节进行了抽象，另一方面还为上层应用提供了统一的管理视图和编程接口。这样，基于网络操作系统，用户就可以开发各种网络应用程序，通过软件来定义逻辑上的网络拓扑，以满足不同应用对网络资源的差异化需求，而无需关心底层网络具体的物理拓扑结构。

虽然 OpenFlow 和基于 OpenFlow 的 SDN 原理很简单，从严格意义上讲，甚至很难算是具有革命意义的创新。然而 OpenFlow 和基于 OpenFlow 的 SDN 的出现却引来了业界极为广泛的关注，成为近年来名副其实的热门技术。目前，包括 HP、IBM、Cisco、NEC，以及国内的华为和中兴等传统网络设备制造商都已纷纷加入到了 OpenFlow 的阵营。同时，很多支持 OpenFlow 协议的网络硬件设备也已上市并获得应用。2011 年，ONF 在 Nick 等人的推动下成立，专门负责 OpenFlow 标准和规范的维护和发展。自 2010 年初发布 OpenFlow 1.0 以来，OpenFlow 规范已经经历了 1.1、1.2、1.3 以及 1.5 等版本。

4.2.2 OpenFlow 1.0

在 OpenFlow 1.0 规范中，每个 OpenFlow 交换机都有一张流表，交换机在流表的指导下进行包的处理和转发。外部控制器通过 OpenFlow 协议经过一个安全通道连接到交换机，对流表进行查询和管理。OpenFlow 交换机模型如图 4-7 所示。

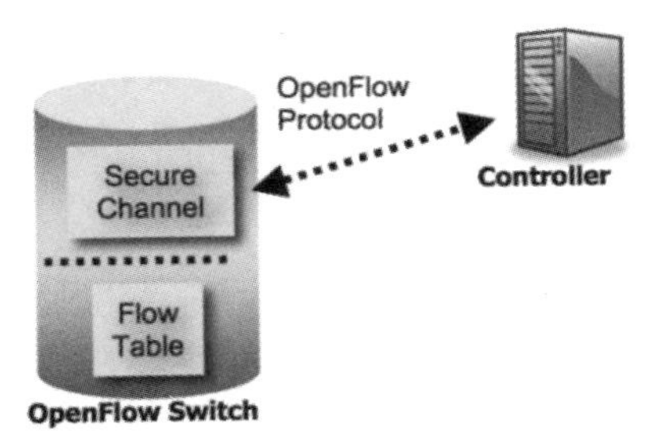

图 4-7 OpenFlow 交换机模型

流表包括包头域（Header Fields）、活动计数器（Counters）和执行行动（Actions）。OpenFlow 交换机对每一个包进行查找，如果匹配，则执行相关策略，否则通过安全通道将包转发到控制器，由控制器来决策相关行为。流表项可以将包转发到一个或者多个端口。交换机需要支持物理端口、逻辑端口和保留端口三种 OpenFlow 端口。

物理端口指的是交换机定义的端口。逻辑端口也是交换机定义的端口，和物理端口不同的是，逻辑端口并不和交换机的硬件接口一一对应，逻辑端口是交换机定义的更高层的抽象概念，可能使用到非 OpenFlow 协议中定义的转发方式（如环回、隧道、链路汇聚组等）。保留端口指定了通用的转发操作，如发给控制器、泛洪或者使用非 OpenFlow 定义的转发方式等。交换机并不需要支持所有的保留端口，但必须支持 ALL、Controller、TABLE、INPORT、ANY 等保留端口，可选支持端口为 LOCAL、NORMAL、FLOOD 等。

OpenFlow 1.0 协议具体包括如下内容。

1. 流表

流表是交换机进行转发策略控制的核心数据结构。交换芯片通过查找流表项来决定数据包的转发行为，其结构如图 4-8 所示。

Head Fields	Counters	Actions

图 4-8 OpenFlow 1.0 流表结构

其中，包头域用于数据包匹配，计数器用于统计当前流表项匹配到的数据包个数，行动字段用于决定如何处理或转发匹配到的数据包。

（1）包头域。OpenFlow 1.0 包头域包括 12 个匹配字段，涵盖了从物理层到应用层常用的匹配信息。每一个字段包括一个确定值或者所有值。当不指定某个字段的值时，该字段默认值为 any，此时所有数据包的该字段均可匹配通过。包头域结构如图 4-9 所示。

Ingress Port	Ether Src	Ether Dst	Ether Type	Vlan id	Vlan Priority	IP src	IP dst	IP proto	IP ToS bits	TCP/UDP Src Port	TCP/UDP Dst Port

图 4-9　包头域结构

OpenFlow 1.0 匹配字段说明见表 4-1。

表 4-1　OpenFlow 1.0 匹配字段说明

字段名	字段长度/bit	字段说明
Ingress Port	-	输入端口
Ethernet source address	48	源以太网地址
Ethernet destination address	48	目的以太网地址
Ether Type	16	以太网帧类型
Vlan ID	12	VLAN 标签的 ID
Vlan Priority	3	802.1Q 的 PCP
IP source address	32	IPv4 头中的源 IP 地址
IP destination address	32	IPv4 头中的目的 IP 地址
IP protocol	8	IPv4 头中的协议字段
IP ToS bits	6	IPv4 中的 TOS 字段
Transport source port/ICMP Type	16	TCP 或 UDP 数据包的发送源端口号 /ICMP 类型
Transport destination port/ ICMP Code	16	TCP 或 UDP 的发送目的端口号/ICMP 代码

（2）计数器。计数器可以针对每张表、每个流、每个端口、每个队列来进行细粒度的数据统计。通常用来统计数据流量的一些具体信息，如活动表项、查找次数和发送包数等。

OpenFlow 1.0 中定义了流表的 Per Table 计数器、端口的 Per Port 计数器、流表项的 Per Flow 计数器和队列的 Per Queue 计数器，其说明见表 4-2。

表 4-2　OpenFlow 1.0 计数器说明

计数器类型	计数器名	计数器长度/bit
Per Table	Active Entries	32
	Packet Lookups	64
	Packet Matches	64
Per Flow	Received Packets	64
	Received Bytes	64

续表

计数器类型	计数器名	计数器长度/bit
Per Flow	Duration（seconds）	32
	Duration（nanoseconds）	32
Per Port	Received Packets	64
	Transmitted Packets	64
	Received Bytes	64
	Transmitted Bytes	64
	Receive Drops	64
	Transmit Drops	64
	Receive Errors	64
	Transmit Errors	64
	Receive Frame Alignment Errors	64
	Receive Overrun Errors	64
	Receive CRC Errors	64
	Collisions	64
Per Queue	Transmit Packets	64
	Transmit Bytes	64
	Transmit Overrun Errors	64

（3）行动。行动规定了流表项对匹配到的数据流的处理方法，OpenFlow 1.0 规定每个表项对应 0 个或者多个行动，如果没有转发行动，则默认丢弃。如果有多个行动则需要按照优先级顺序依次进行，但对包的发送不保证顺序。当交换机收到控制器下发的流表中包含当前交换机不支持的行动时，交换机可以返回错误提示。

行动分为两种类型：必备行动（Required Actions）和可选行动（Optional Actions）。必备行动交换机是默认支持的，交换机支持的可选行动则需要通过特定的消息告知控制器。

1）必备行动。OpenFlow 1.0 规定了转发（Forward）和丢弃（Drop）两种必备行动。

- OpenFlow 1.0 必备转发行动说明见表 4-3。

表 4-3　OpenFlow 1.0 必备转发行动说明

动作名称	动作说明
-	Forward 的基本功能，向指定端口发送数据包
ALL	向除接收端口之外的所有物理端口发送数据包
CONTROLLER	将 OpenFlow 的数据包封装，发送至控制器
LOCAL	将数据包发送至交换机本地的网络栈
TABLE	执行流表中的行动（仅在 Pack-out 消息中使用）
IN_PORT	从数据包输入端口发出数据

- OpenFlow 1.0 必备丢弃行动用于将匹配到的数据包进行丢弃处理。

2）可选行动。OpenFlow 1.0 规定的可选行动有 NORMAL、FLOOD、Enqueue 和 Modify-Field。其中 NORMAL 是指将匹配到的数据按照传统交换机的 2 层或 3 层方式进行转发处理；FLOOD 行动又称为泛洪行动，是指沿最小生成树发送匹配到的数据包，发送时不包括该数据包的入端口；Enqueue 是指将数据包发送至某个端口的队列中；Modify-Field 是指修改匹配到的数据包包头内容，OpenFlow 1.0 Modify-Field 行动说明见表 4-4。

表 4-4　OpenFlow 1.0 Modify-Field 行动说明

动作名称	动作说明
Set VLAN ID	当存在 VLAN ID 时，使用指定的 VLAN ID 进行覆盖。当不存在 VLAN ID 时，按照优先级为 0 进行添加
Set VLAN priority	当存在 VLAN ID 时，使用指定的数值覆盖优先级。当不存在 VLAN ID 时，按照指定的优先级数值添加 VLAN ID
Strip VLAN header	当存在 VLAN 头时，将其删除
Modify Ethernet source MACaddress	使用新的 MAC 地址覆盖源 MAC 地址
Modify Ethernet destination MACaddress	使用新的 MAC 地址覆盖目的 MAC 地址
Modify IPv4 source address	使用新的 IP 地址覆盖源 IP 地址
Modify IPv4 destination address	使用新的 IP 地址覆盖目的 IP 地址
Modify IPv4 ToS bits	使用新数值覆盖 TOS
Modify transport source port	覆盖 TCP/UDP 源端口
Modify transport destination port	覆盖 TCP/UDP 目的端口

（4）匹配流程。OpenFlow 1.0 数据包总体匹配流程如图 4-10 所示。

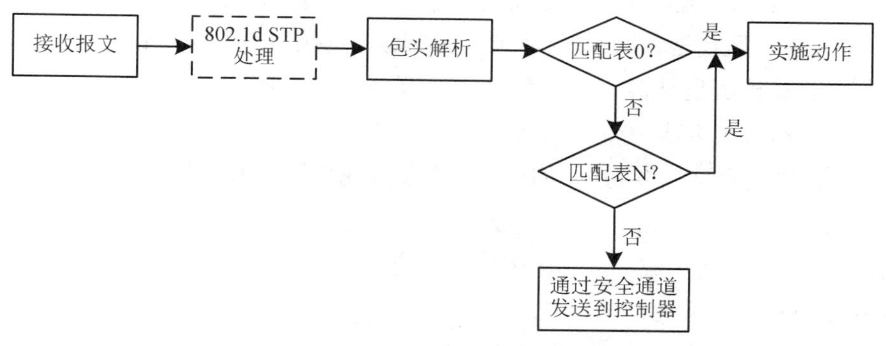

图 4-10　OpenFlow 1.0 数据包总体匹配流程

1）交换机接收到数据包后开始处理。

2）对数据包进行生成树处理，该步骤是可选的。

3）解析数据包头部。

4）根据数据包头内容和流表项优先级进行流表匹配，如果某条流表项匹配成功，则执行该流表项指定的动作；如果匹配不成功，则按优先级匹配下一条流表项。

5）如果所有流表项都匹配失败，则将数据包封装成协议规定的格式，通过安全通道发送给控制器。

OpenFlow 1.0 包头域解析匹配流程如图 4-11 所示。

1）初始化包头域，并设置包头域中的入端口、源目的 MAC 地址以及类型字段，同时将其他所有字段设置为 0。

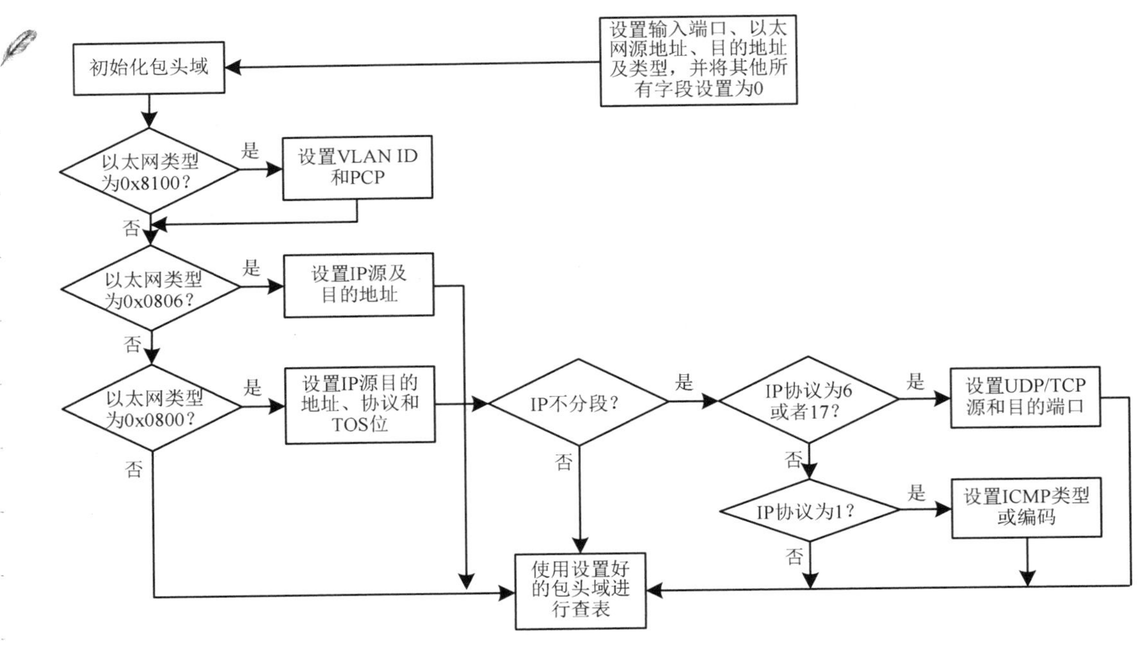

图 4-11 OpenFlow 1.0 包头域解析流程

2）判断以太网类型是否为 0x8100，即是否为 VLAN 数据包，如果是，则设置包头域的 VLAN ID 和优先权代码 PCP，然后进行下一步。

3）判断以太网类型是否为 0x0806，即是否为 ARP 数据包，如果是，则设置包头域的源和目的 IP 地址，然后执行第 8 步。

4）判断以太网类型是否为 0x0800，即是否为 IP 数据包，如果是，则设置包头域的源和目的 IP 地址、协议号及 TOS 位，然后进行下一步，否则执行第 8 步。

5）判断当前数据包是否为 IP 分片包，如果是，则执行第 8 步，否则执行下一步。

6）判断 IP 协议类型是否为 6 或者 17，如果是，则设置包头域的 TCP/UDP 源端口和目的端口，然后执行第 8 步，否则执行下一步。

7）判断 IP 协议类型是否为 1，如果是，则设置包头域的 ICMP 类型和编码，然后执行下一步。

8）使用设置好的包头域，遍历流表中的所有表项进行查询匹配。

2. OpenFlow 安全通道

为了保证交换机和控制器间流量的安全传输，OpenFlow 1.0 约定，在 TCP 连接之上，采用 TLS 加密方式将两者间的流量进行加密，这就是安全通道。

OpenFlow 安全通道用于承载交换机和控制器间的 OpenFlow 消息，无论是流表的下发、修改还是其他控制消息，都要通过这条通道进行传递。安全通道上的流量有别于数据转发面的数据流量，该部分流量属于 OpenFlow 网络的控制信令。

（1）OpenFlow 安全通道。控制器启动后，开启本端 TCP 的 6633 端口等待交换机的连接。当交换机启动时，会尝试连接到指定控制器的 6633 端口。为了保证安全性，双方需要交换证书进行安全认证。因此每个交换机需要配置两个证书，一个用来认证控制器，另一个用来向控制器发出认证。

当通过认证后，两边互相发送握手消息给对方，该消息携带本端支持的 OpenFlow 协议最高版本号，双方协商后即采用彼此都支持的最高 OpenFlow 版本建立安全通道并进行后续的交互。如果协议版本协商失败，则向对端发送错误消息，描述失败原因并终止连接。连接建立以后，交换机和控制器通过消息协商一些其他参数，从而保证后续的业务正常进行。

OpenFlow 1.0 的连接建立过程如图 4-12 所示。

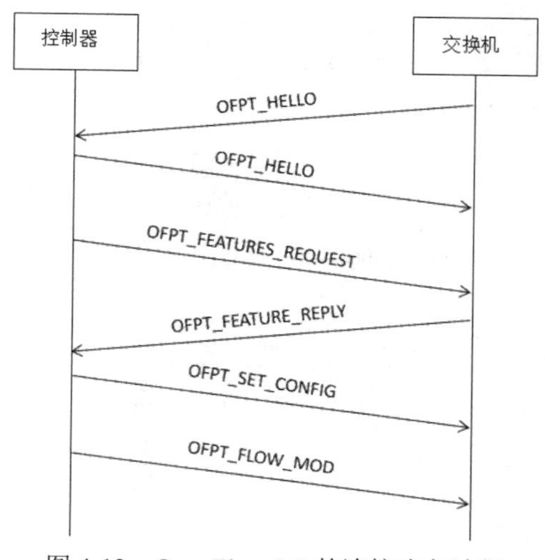

图 4-12　OpenFlow 1.0 的连接建立过程

1）交换机或控制器首先发送 OFPT_HELLO 报文，并告诉对方本端支持的 OpenFlow 协议版本。

2）控制器或交换机收到 OFPT_HELLO 报文后，回复一个 Hello 报文，完成 OpenFlow 版本协商。

3）控制器发送 OFPT_FEATURE_REQUEST 报文，查询交换机具体信息。

4）交换机收到 OFPT_FEATURE_REQUEST 报文后，回复 OFPT_FEATURE_REPLY，报告自己的详细信息给控制器。

5）控制器收到交换机的详细信息后，向交换机发送 OFPT_SET_CONFIG 消息，配置交换机各端口的 MTU 值以及报文分片处理等能力。

6）最后控制器会向交换机发送 OFPT_FLOW_MOD 消息，下发初始流表。

（2）OpenFlow 业务交互。交换机和控制器会定时通过安全通道向对方发送心跳消息来维持连接。如果在约定的时间内没有收到对方的心跳消息，交换机将进入紧急模式，并重置 TCP 连接。此时所有数据面流量将匹配指定的紧急模式表项，其他所有正常表项将从流表中删除。

在安全通道上，除了有上述连接维护消息外，还会有其他业务消息。通过这些消息，控制器可以对交换机进行管理、配置，交换机也可以向控制器请求数据处理策略。

OpenFlow 1.0 业务交互流程如图 4-13 所示。

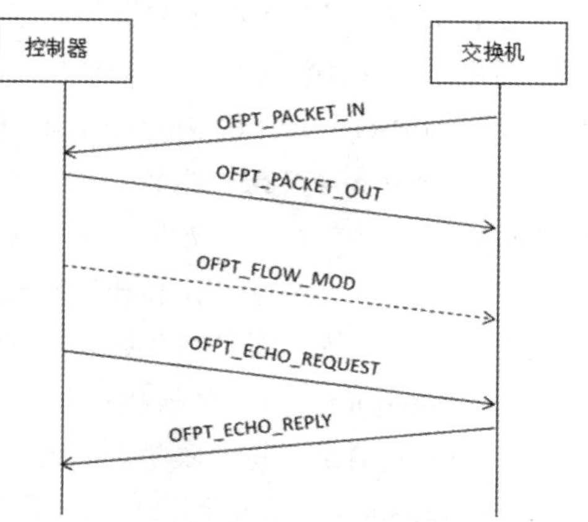

图 4-13　OpenFlow 1.0 业务交互流程

1）当交换机收到一个不知如何处理的数据包时，向控制器发送 Packet_in 消息，其中携带全部或部分待转发数据包。

2）控制器根据 Packet_in 消息携带的数据内容，判断该数据包的处理方式，并将处理方法通过 Packet_out 消息告知交换机。交换机根据 Packet_out 消息中的指示对当前数据包进行处理。

3）控制器根据网络情况决定是否需要通过 Flow_mod 消息向交换机添加新的流表。该步骤可选。

4）控制器和交换机互发 Echo 心跳消息，确定对端工作状态。该步骤顺序随机，可以出现在业务交互的任意过程中。

3. OpenFlow 消息分类

OpenFlow 安全通道用于连接交换机和控制器，该安全通道上的所有消息必须遵守 OpenFlow 协议。通过该安全通道，控制器可以配置、管理交换机和接收交换机的消息，并通过交换机发送数据包等。

OpenFlow 协议支持 3 种消息类型，分别是 controller-to-switch（控制器到交换机消息）、asynchronous（异步消息）和 symmetric（对称消息），而每一类消息又有多个子消息类型。controller-to-switch 消息由控制器发起，用来管理或获取交换机状态；asynchronous 消息由交换机发起，用来将网络事件或交换机状态变化更新到控制器；symmetric 消息可由交换机或控制器发起。

（1）controller-to-switch 消息。这类消息由控制器发起，包括 Features、Configuration、Modify-state、Read-state、Send-packet 和 Barrier 等，控制器通过发送这些消息来请求交换机的相关属性和状态，交换机收到消息后需要向控制器回复响应消息。

1）Features。在建立传输层安全会话的时候，控制器发送 Feature 请求消息给交换机，交换机需要应答自身支持的功能。

2）Configuration。控制器设置或查询交换机上的配置信息，交换机仅需要应答查询消息。

3）Modify-state。控制器管理交换机流表项和端口状态等。

4）Read-state。控制器向交换机请求如流、数据包等统计信息。

5）Send-packet。控制器通过交换机指定端口发出数据包。

6）Barrier。用于控制交换机收到的控制器请求消息的处理顺序。

（2）asynchronous 消息。这类消息用来将网络事件或交换机状态的变化通知并更新到控制器。asynchronous 是“异步”的意思，也就是说这类消息的触发不是由于控制器请求，而是由交换机主动发起的，控制器也不知道交换机什么时候会发送这类消息。SDN 是集中式管控的架构，当交换机不知道该怎样处理流量，或者它的状态发生了改变又或者发生了一些异常时，交换机会通过这类消息将相应情况上报控制器，由控制器完成决策。这类消息主要包括 Packet-in、Flow-removed、Port-status 和 Error 四种子类型。

1）Packet-in。交换机收到一个数据包，若它在流表中没有匹配到任何流表项，则发送 Packet-in 消息给控制器。如果交换机缓存足够多，则数据包被临时放在缓存中，数据包的部分内容（默认 128 字节）和在交换机缓存中的序号也一同发给控制器；如果交换机缓存不足以存储数据包，则将整个数据包作为消息的附带内容发给控制器。

2）Flow-removed。交换机中的流表项因为超时或修改等原因被删除掉，就会触发 Flow-removed 消息，将流表状态的变化告知控制器。

3）Port-status。当交换机端口状态发生变化时（如 down 掉），触发 Port-status 消息，将端口状态的变化告知控制器。

4）Error。当交换机发生其他异常或错误时，交换机会通过 Error 消息来通知控制器。

（3）symmetric 消息。与前两类消息不同的是，symmetric 类的消息可以由控制器或者交换机中的任意一侧发起，这类消息包括 Hello、Echo 和 Vendor 这 3 种子类型。

1）Hello。交换机和控制器用来建立连接的消息。

2）Echo。交换机和控制器均可以向对方发出 Echo 消息，接收者则需要回复 Echo reply。该消息用于测量延迟和是否连接保持等。

3）Vendor。交换机提供额外的附加信息功能，为未来版本预留。

4.2.3　OpenFlow 1.3

OpenFlow 1.0 是 ONF 推出的第一个 OpenFlow 正式版本，它为网络带来的可编程性引起了业界的广泛关注，促进了 SDN 技术的快速发展。然而在技术落地的过程中人们逐渐发现，OpenFlow 1.0 协议本身还有着很多不足，在应对比较复杂的网络应用上显得很薄弱，于是在 1.0 版本诞生后，OpenFlow 协议就开始不断地演进。

OpenFlow 1.0 只有一张流表，OpenFlow 1.1 版本开始支持多级流表，并将流表的匹配过程分解成了多个步骤，形成流水线的处理方式，这样就可以灵活有效地利用硬件内部固有的多表特性提高处理效率。同时，把数据包处理流程分解到不同的流表中，也可以避免流表项过多时单流表过度膨胀。此外，OpenFlow 1.1 还增加了对 VLAN 和 MPLS 标签的处理，并且增加了 Group 表，通过在不同流表项的动作中引用相同的组表来实现对不同数据包执行相同的动作，简化了流表的维护。OpenFlow 1.1 版本是 OpenFlow 协议版本发展的一个重要分水岭，从这个版本开始，后续 OpenFlow 版本和 1.0 版本不再兼容。

为了更好地支持协议的可扩展性，从 OpenFlow 1.2 版本开始，下发流表规则的匹配字段不再通过固定长度的数据结构来定义，而是采用了 TLV 结构定义匹配字段，称为 OXM（OpenFlow Extensible Match），这样用户可以灵活使用不同匹配字段下发自己需要的流策略，在增加更多匹配字段的同时也节省了流表空间。同时，OpenFlow 1.2 规定可以使用多个控制器和同一台交换机进行连接以增加可靠性，控制器可以通过发送消息来变换自己的角色。另外，OpenFlow 1.2 版本加入了对 IPv6 的支持，在 IPv6 迅速普及的今天大大扩大了 OpenFlow 协议的应用范围。

经过 1.1 和 1.2 版本的演变和积累，2012 年 4 月发布的 OpenFlow 1.3 版本成为长期支持的稳定版本。OpenFlow 1.3 流表支持的匹配字段已经增加到 40 个，足以满足绝大多数现有网络应用的需要。OpenFlow 1.3 还增加了 Meter 表，用于控制关联流表的数据包的传送速率，实现特定场景的 QoS 业务。OpenFlow 1.3 改进了版本协商过程，允许交换机和控制器根据自己的能力协商支持的 OpenFlow 版本。同时，增加了辅助连接以提高交换机的处理效率和实现应用的并行性。其他还有 IPv6 扩展头和 Table-miss 表项的支持。

OpenFlow 1.3 规定每个 OpenFlow 交换机都包含多张流表、一张 Meter 表和一张 Group 表，其结构如图 4-14 所示。

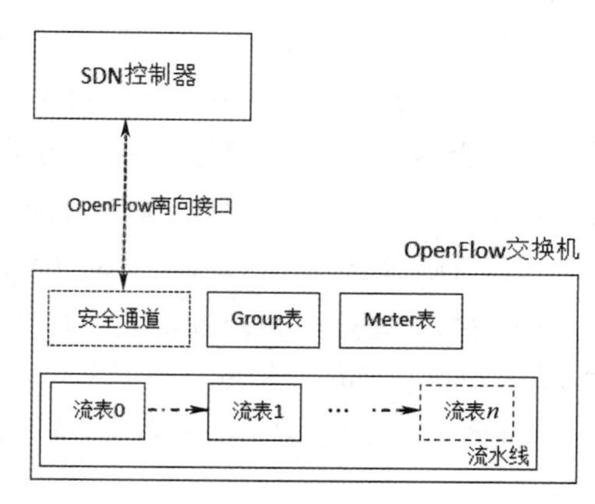

图 4-14　OpenFlow 1.3 交换机结构

本节主要针对 OpenFlow 1.3 中区别于 OpenFlow 1.0 的相关协议内容进行介绍。

1. 流表

（1）多级流表。从 OpenFlow 1.1 开始引入了多级流表的概念，每个 OpenFlow 交换机都包含多个流表，每个流表包含多个流表项，采用流水线方式处理。多级流表处理过程如图 4-15 所示。

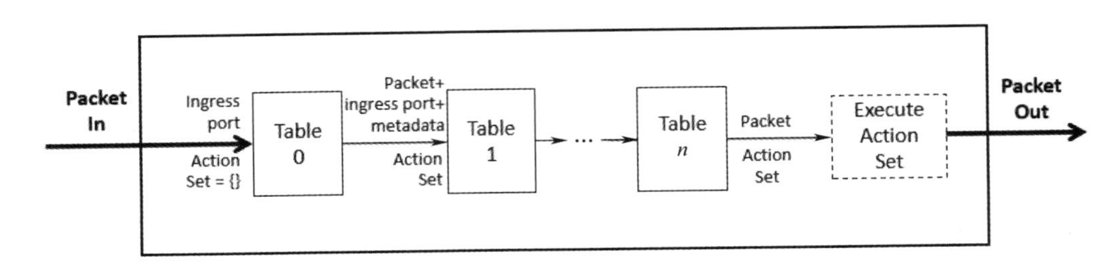

图 4-15　多级流表处理过程

OpenFlow 交换机的流表是从 0 开始按顺序编号的。流水线处理总是从第一个流表开始。数据包首先与流表 0 中的流表项进行匹配。如果某流表项匹配成功，则执行该流表项里的指令。

流表项的指令可以明确指定将数据包转至另一个流表处理（GOTO 指令）。一个流表项只能将数据包转到大于自己流表号的流表，也就是说流水线处理是单向的，只能前进而不准后退。流水线的最后一个流表项不包括 GOTO 指令。

如果匹配的流表项中不包含 GOTO 指令，那么流水线处理将在该流表中停止。数据包会被与之相关的行动集处理，这里的处理通常是指转发。

（2）Table-miss。若数据包在一个流表中的所有流表项都没有匹配成功，则称为漏表行为（Table-miss）。每张流表可以包含一条 Table-miss 表项，该流表项的优先级为 0 且通配所有匹配项。Table-miss 表项的动作通常是将数据包转发给控制器、丢弃或转交给后面的流表进行处理。

在默认情况下，流表中并不存在 Table-miss 表项，用户可以通过控制器在需要的时候添加或删除它。它也具有超时字段，超时后会被自动从流表中删除。Table-miss 具有可以通配的匹配字段，可以匹配到所有数据包。当数据包与 Table-miss 表项匹配时，就会对该数据包执行 Table-miss 的行为字段。如果该行为字段是直接将数据包通过安全通道发送到控制器，那么在 Packet-in 消息的原因字段必须标识出 Table-miss。

如果某流表中没有 Table-miss 表项，则在默认情况下，流表项无法匹配的数据包将会被丢弃。当然也可以通过配置交换机的属性，指定在没有 Table-miss 表项时，无法成功匹配流表项的数据包采用其他处理方式进行处理。

（3）流表结构。OpenFlow 1.3 的流表结构如图 4-16 所示。

1）匹配项。OpenFlow 1.2 定义了一种新的匹配域结构，这种结构被称为 OXM，它采用 Type-length-value 结构进行数据编码，所以也被称为 OXM TLV。当控制器下发消息时，只需要包含需要的匹配项，不需要的匹配项则无需包含在消息体中。这样就省去了不必要的网络开销。

OpenFlow 1.3 支持的匹配项说明见表 4-5。

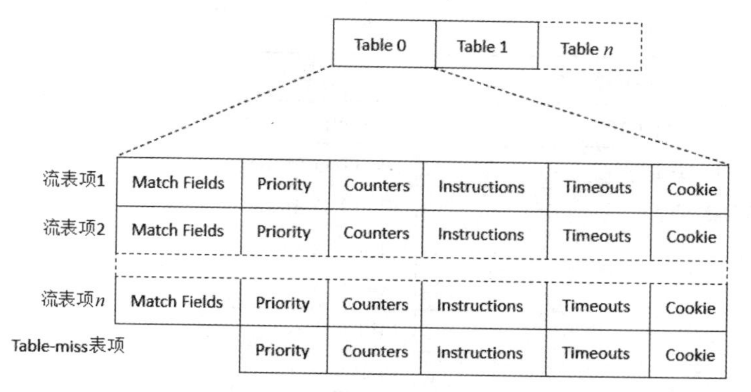

图 4-16　OpenFlow 1.3 的流表结构

表 4-5　OpenFlow 1.3 支持的匹配项说明

字段名	字段说明
IN_PORT	交换机入端口
IN_PHY_PORT	物理交换机入端口
METADATA	表间传递的 Metadata
ETH_DST	目的 MAC 地址
ETH_SRC	源 MAC 地址
ETH_TYPE	Ethernet 帧类型
VLAN_VID	Vlan ID
VLAN_PCP	Vlan 优先级
IP_DSCP	IP DSCP 值
IP_ECN	IP ECN 值
IP_PROTO	IP 协议值
IPV4_SRC	源 IPv4 地址
IPV4_DST	目的 IPv4 地址
TCP_SRC	源 TCP 端口
TCP_DST	目的 TCP 端口
UDP_SRC	源 UDP 端口
UDP_DST	目的 UDP 端口
SCTP_SRC	源 SCTP 端口
SCTP_DST	目的 SCTP 端口
ICMPV4_TYPE	ICMP 类型
ICMPV4_CODE	ICMP 编码
ARP_OP	ARP 操作码
ARP_TPA	ARP 目的 IPv4 地址
ARP_SHA	ARP 源 IPv4 地址
ARP_THA	ARP 目的物理地址
IPV6_SRC	源 IPv6 地址
IPV6_DST	目的 IPv6 地址
IPV6_FLABEL	IPv6 流标签
ICMPV6_TYPE	ICMPv6 类型
ICMPV6_CODE	ICMPv6 编码

续表

字段名	字段说明
IPV6_ND_TARGET	IPv6 ND 目的地址
IPV6_ND_SLL	IPv6 ND 链路层源地址
IPV6_ND_TLL	IPv6 ND 链路层目的地址
MPLS_LABEL	MPLS 标签
MPLS_TC	MPLS TC
MPLS_BOS	MPLS BoS 位
PBB_ISID	PBB I-SID
TUNNEL_ID	隧道 ID
IPV6_EXTHDR	IPv6 pseudo 扩展头

2）优先级。流表项匹配的优先次序，该字段值越大表示优先级越高。

3）计数器。OpenFlow 1.3 相比 1.0 版本，增加了 Per Group、Per Group Bucket、Per Meter 和 Per Meter Band 计数器。OpenFlow 1.3 新增的计数器信息见表 4-6。

表 4-6　OpenFlow 1.3 新增的计数器信息

计数器类型	计数器名	计数器长度/bit
Per Group	Reference Count（flow entries）	32
	Packet Count	64
	Byte Count	64
	Duration（Seconds）	32
	Duration（nanoseconds）	32
Per Group Bucket	Packet Count	64
	Byte Count	64
Per Meter	Flow Count	32
	Input Packet Count	64
	Input Byte Count	64
	Duration（Seconds）	32
	Duration（nanoseconds）	32
Per Meter Band	In Band Packet Count	64
	In Band Byte Count	64

4）指令。

a. 指令类型。每一个流表项都包含一些指令，当有数据包匹配到流表项的时候就会执行流表项中的这些指令。通过这些指令修改数据包相关信息或改变流水线执行状态。OpenFlow 1.3 的指令类型说明见表 4-7。

表 4-7　OpenFlow 1.3 的指令类型说明

指令类型	说明
Meter meter_id	将数据包导入到一个指定的计量表，根据计量表的速率规则来处理该数据包
Apply-Actions action(s)	立即应用指定的 action(s)，对 Action set 不做任何改变。这个指令可以用于在两个表之间修改数据包，或者执行多个同种类型的动作

续表

指令类型	说明
Clear-Actions action(s)	立即清除 action set 中的所有动作
*Write-Actions action(s)	把指定的动作添加到当前的 action set 中。如果此动作已经存在于当前动作集中，则将其重写，否则就在动作集中添加这个动作
Write-Metadata metadata/mask	metadata 是一个 64 bits 的数据，是跟每个数据包绑定的，可以作为匹配域，跟随原先的 IP、MAC 等一起参与流表的匹配过程。该指令可以将掩码的元数据值写入元数据字段。这个掩码指示元数据寄存器的哪些位需要被修改
*Goto-table next-table-id	指示流水线处理流程的下一个表。table-id 必须比当前的 table-id 值大，最后一个流表的流表项不可以包含此指令

OpenFlow 并不要求交换机支持以上所有指令类型，但是要求交换机必须支持 Write-Actions action(s)和 Goto-table 指令。控制器也可以通过安全通道查询交换机支持的指令集。

一个流表项的指令集所能包含的指令最大数量为所有指令类型的数量。指令集中指令的执行按照表 4-7 中指定的顺序进行。在实际使用中，通常 Meter 指令在 Apply-Actions 指令之前执行，Clear-Actions 指令在 Write-Actions 指令之前执行，Goto-Table 指令最后执行。

当控制器向交换机添加流表时，如果交换机不支持流表中的某些指令，则交换机可以拒绝本次流表添加请求，但需要在响应消息中携带 unsupported flow error 信息。

b. 动作集。动作集与数据包关联，当收到一条数据包时，交换机就会对该数据包生成一个动作集，这个集合默认情况下是空的。流表项可以通过使用 Write-Action 指令或者 Clear-Action 指令来修改该动作集。当 OpenFlow 流水线处理流程结束时，就会执行此数据包的“动作集”里的“动作”。

在一个“动作集”中，每一种“动作类型”最多包含一个“动作”。set-field 动作由它们的字段类型标识，因此，动作集所能包含的 set-field 动作的数量与字段类型的数量有关。

动作集中的动作默认是按照指定的顺序执行的，与它们被添加到动作集中的先后时间无关。动作集在流水线的最后才会被执行。在流水线的中间阶段如果想执行某些动作，可以通过 Apply-Actions 指令来执行“动作列表”中的动作。Apply-Actions 执行顺序见表 4-8。

表 4-8　Apply-Actions 执行顺序

执行顺序	动作名	动作说明
01	copy TTL inwards	对数据包执行 copy TTL inward 动作
02	pop	对数据包执行所有的 tag pop 动作
03	push-MPLS	对数据包执行 MPLS tag push 动作
04	push-PBB	对数据包执行 PBB tag push 动作
05	push-VLAN	对数据包执行 VLAN tag push 动作
06	copy TTL outwards	对数据包执行 copy TTL outwards 动作
07	decrement TTL	对数据包执行 decrement TTL 动作
08	set	对数据包应用所有的 set-field 动作

续表

执行顺序	动作名	动作说明
09	qos	对数据包应用所有的 QoS 动作，如 set_queue
10	group	如果指定了组动作，相应“组桶”中的动作也应该按这个顺序执行
11	output	如果没有指定组动作，对数据包执行 output 动作，转发数据包

动作集中的 output 动作最后执行。如果一个动作集指定了 output 动作和 group 动作，则 output 动作就会被忽略。如果动作集中既没有 output 动作，又没有 group 动作，则数据包就会被删除。

c. 动作列表。Apply-Actions 指令和 Packet-out 消息均包含 action list。在动作列表中，动作的执行顺序与列表中动作的先后顺序一致，这些动作执行的结果会被直接应用在数据包上。

动作列表从第一个 action 开始顺序执行。多个动作的执行结果具有叠加效果，如动作列表中包含两个 Push VLAN 动作，则执行完毕后会有两个 VLAN 头部被添加到数据包上。如果动作列表中包含一个 output 动作，则复制当前数据包，并将它发送到 output 指定的端口。如果动作列表中包含 group 动作，则复制当前数据包，并对其执行相应的 group buckets。

执行完所有 Apply-Actions 指令列表中的动作后，流水线操作将在此修改过的数据包上继续执行。此数据包的“动作集”并没有因为 Apply-Actions 而发生改变。

d. 动作。OpenFlow 1.3 规定的动作包括必选动作和可选动作，控制器可以通过安全通道查询交换机支持的动作有哪些。OpenFlow 1.3 的动作说明见表 4-9。

表 4-9 OpenFlow 1.3 的动作说明

动作名	是否必选	动作说明
Output	必选	Output action 转发数据包到一个指定的 OpenFlow 端口，包括物理端口、逻辑端口和保留端口
Set-Queue	可选	为数据包设置 queue ID。使用 Output action 让数据包转发到一个端口时，queue id 决定将数据包加入该端口的哪个队列，这样可以提供服务质量（QoS）功能
Drop	必选	当动作集中不含有 Output 指令时，报文会被丢弃。通常空指令集、空动作集或者执行清空动作集后，报文都会被丢弃
Group	必选	将报文转交给指定的 Group 表处理，该动作的确切含义由 Group 的类型定义
Push-Tag/ Pop-Tag	可选	向数据包头加入或者弹出 VLAN/MPLS/PBB 标签，新插入的标签应该总是插入到最外层的合法位置。当一个新的 VLAN 标签被插入，其位置应该是在紧接 Ethernet 头部之后，其他标签之前。同样的，当一个新的 MPLS 标签被插入时，它也应该是在紧接 Ethernet 头部之后，其他标签之前的位置
Set-Field	可选	Set-Field actions 通过它们的字段类型来标识，用来修改数据包中相应的头部字段值。该动作大大提高了数据包处理的灵活性，可以使 OpenFlow 满足大多数应用场景
Change-TTL	可选	用来修改数据包中的 IPv4 TTL、IPv6 Hop Limit 或者 MPLS TTL 字段，该动作大大增强了 OpenFlow 在路由方面的功能

5）超时时间。流表超时时间包括 idle time 和 hard time。

- idle time。在 idle time 时间内，如果没有报文匹配到该流表项，则此流表项会被自动删除。
- hard time。在 hard time 时间超时后，无论是否有报文匹配到该流表项，此流表项都会被自动删除。

6）cookie。它是由控制器选择的不透明数据值，控制器用来过滤流统计数据、流修改和流删除，但处理数据包时不能使用。

2. 组表（Group Table）

（1）组表概述。OpenFlow 1.1 引入了组表的概念，并一直延续到后续版本。组表是一组泛洪的指令集，以及更复杂的转发（如多路径、快速重路由和链路聚合）。每个 OpenFlow 交换机中都包含一个组表。组表包含若干组表项，每个组表项包含一系列依赖于组类型的特定含义动作桶。在流表中可以通过 Group 行动来引用指定的组表项。

（2）组表结构。组表包含标识、类型、计数器和动作桶几个部分，如图 4-17 所示。

Group ID	Group Type	Counters	Action Buckets

图 4-17　组表结构

组表字段说明见表 4-10。

表 4-10　组表字段说明

指令类型	说明
组表标识（Group ID）	用于表示组的识别符，根据该识别符使用各组
组类型（Group Type）	指定组的动作，分为 all、select、indirect、fast failover
计数器（Counters）	记录通过该组表项处理的数据包数
动作桶（Action Buckets）	多个动作桶，各动作桶存储了多个执行动作和其对应的参数

组表的概念比流表要抽象得多，下面用一个简单的示例直观地说明一下在 OVS 交换机上如何添加一个组表。

在 OVS 交换机上添加一条组 ID 为 1、类型为 all，动作桶中包含一个 output 动作的组表，其命令如下：

```
# sh ovs-ofctl -O OpenFlow13 add-group s1 \
group_id=1,type=all,bucket=output:1,bucket=output:2
```

对于组类型，除了 all 之外还有其他几种类型，对组类型的具体说明如下：

1）all。Group Table 中所有的 Action Buckets 都会被执行，这种类型的 Group Table 主要用于数据包的多播或者广播。每一个 Action Bucket 都会将数据包克隆一份然后对克隆的数据包执行相应的动作。如果一个 Action Bucket 将数据包发回其 ingress port，那么该数据包的克隆体就会被丢弃；但是，如果确实需要将数据包的一个克隆体发送回其 ingress port，那么该 Group Table 里就需要一个额外的 Action Bucket，它包含了一个 output action 将数据包发送到 port LOCAL 端口。

2）select。仅仅执行 Group Table 中的某一个 Action Bucket，基于 OpenFlow Switch 的调度算法，如基于用户某个配置项的 hash 或者简单的轮询。当将数据包发往一个当前 down 掉的 port 时，Switch 将该数据包替代地发送给一个预留集合（将数据包转发到当前 live 的

ports 上），而不是毫无顾忌地继续将数据包发送给这个 down 掉的 port，这或许可以降低 link 或者 switch down 掉造成的危害。

3）indirect。执行 Group Table 中已经定义好的 Action Bucket，这种类型的 Group Table 只支持一个 Action Bucket，允许多个 Flow Entries 或者 Groups 指向同一个通用的 Group Identifier，支持更快更高效的聚合。这种类型的 Group Table 与那些仅有一个 Action Bucket 的 Group Table 是一样的。

4）fast failover。执行第一个 live 的 Action Bucket，每一个 Action Bucket 都关联了一个指定的 port 或者 group 来控制它的存活状态。Buckets 会依照 Group 的顺序依次被评估，并且第一个关联了一个 live 的 port 或者 group 的 Action Bucket 会被筛选出来。这种 Group 类型能够自行改变 Switch 的转发行为而不用事先请求 Remote Controller。如果当前没有 Buckets 是 live 的，那么数据包就被丢弃。因此，这种 Group 必须要实现一个管理存活状态的机制。

（3）组表应用。组表的特性使得它在某些场景下有重要的应用价值，如在链路负载均衡和链路容灾备份应用场景中，就可以通过组表来实现这种需求，组表应用拓扑如图 4-18 所示。

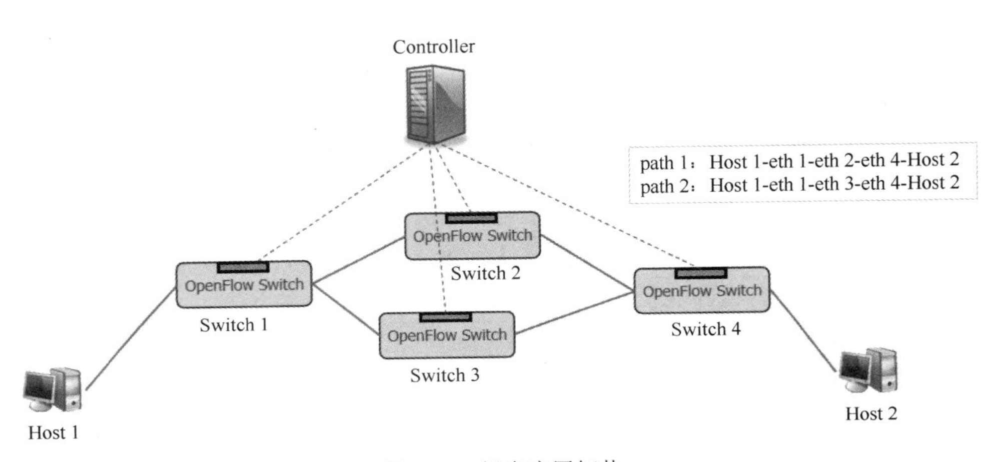

图 4-18 组表应用拓扑

该拓扑中 Host 1 和 Host 2 之间有两条路径。下面对链路负载均衡和链路容灾备份场景的实现方法分别进行说明。

1）链路负载均衡。如果将 Host 1 和 Host 2 之间的流量按照一定比例分摊到 path 1 和 path 2 上，以实现链路的负载均衡，则可以通过组表的 select 类型来实现。

在 Switch 1 上下发 select 类型的组表，该组表具有两个 Bucket，每个 Bucket 中都有一个转发动作，分别将流量转发到 Switch 2 和 Switch 3，转发算法可以根据每条路径的处理能力采用轮询或权重的方式。然后在 Switch 1 上下发流表，该流表匹配 Host 1 进入的流量，指令字段引用刚下发的组表。这样 Host 1 过来的流量就会以一定的比例分别发往 Switch 2 和 Switch 3。

同样，在 Switch 4 上下发 select 类型的组表，该组表具有两个 Bucket，每个 Bucket 中都有一个转发动作，分别将流量转发到 Switch 2 和 Switch 3，转发算法同样可以根据每条路径的处理能力采用轮询或权重的方式。然后在 Switch 4 上下发流表，该流表匹配 Host 2 进入的流量，指令字段引用刚下发的组表。这样 Host 2 过来的流量就会以一定的比例分别发往 Switch 2 和 Switch 3。从而实现了简单的 path 1 和 path 2 的负载均衡应用。

2）链路容灾备份。假如将要将 path 1 设置为主路径，path 2 设置为备用路径，当系统正常时，Host 1 和 Host 2 之间的流量走主路径；当主路径出现故障时，自动将流量切换到备用路径上，以实现链路的容灾备份。可以通过组表的 fast failover 类型来实现。

在 Switch 1 上下发 fast failover 类型的组表，该组表具有两个 Bucket，每个 Bucket 中都有一个转发动作，分别将流量转发到 Switch 2 和 Switch 3。然后在 Switch 1 上下发流表，该流表匹配 Host 1 进入的流量，指令字段引用刚下发的组表。这样当 Switch 1 收到 Host 1 过来的流量时，会首先检查和 Switch 2 之间的链路状态，如果链路正常则将数据转发至 Switch 2，走主路径到达 Host 2；如果到 Switch 2 的链路状态异常，则将数据转发至 Switch 3，走备用路径到达 Host 2。

同样，在 Switch 4 上下发 fast failover 类型的组表，该组表具有两个 Bucket，每个 Bucket 中都有一个转发动作，分别将流量转发到 Switch 2 和 Switch 3。然后在 Switch 4 上下发流表，该流表匹配 Host 2 进入的流量，指令字段引用刚下发的组表。这样当 Switch 4 收到 Host 2 过来的流量时，会首先检查和 Switch 2 之间的链路状态，如果链路正常则将数据转发至 Switch 2，走主路径到达 Host 1；如果到 Switch 2 的链路状态异常，则将数据转发至 Switch 3，走备用路径到达 Host 1。从而实现了简单的 path 1 和 path 2 的容灾备份功能。

利用 OpenFlow 的组表特性还可以实现更加复杂的网络功能，满足更加丰富的网络应用场景，此处不再一一陈述。

3. 计量表（Meter Table）

（1）计量表概述。OpenFlow 1.3 引入了 Meter 表的概念，Meter 表即计量表，OpenFlow 1.3 规定每个 OpenFlow 交换机中都包含一个计量表，其中可以包括多个计量表项。

任意流表项可以在它的指令集中引用一个计量表项，测量和控制相关流的速率，从而实现一些简单的 QoS。计量表结合端口队列可以实现更加复杂的 QoS 框架。

每个计量表划分为多个连续的计量带，流的实时速率落在哪个计量带中，就会采取该计量带指定的处理策略。

（2）计量表结构。计量表结构如图 4-19 所示。

Meter Identifier	Meter Bands	Counters

图 4-19　计量表结构

1）Meter Identifier。一个 32 位无符号整数，是 Meter 表项的唯一标识。

2）Counters。统计被该 Meter Entry 处理过的数据包。

3）Meter Bands。一个无序的 Meter Band 集合，每个 Meter Band 指明了带宽速率以及处理数据包的行为；每一个计量表项都可能有一个或者多个 Meter Bands。数据包基于其当前的速率会被其中一个 Meter Band 处理，其筛选策略是选择带宽速率略低于当前数据包的测量速率的 Meter Band，假若当前数据包的速率低于任何一个 Meter Band 定义的带宽速率，那么不会筛选任何一个 Meter Band。计量带结构如图 4-20 所示。

Band Type	Rate	Counters	Type specific arguments

图 4-20　计量带结构

- Band Type。定义了数据包的处理行为。Band Type 有如下两种可选类型：
  - drop。丢包，可以被用来实现一个限速器。
  - dscp remark。增加数据包 IP 头 DSCP 域的丢弃优先级，可以被用来实现一个 DiffServ 仲裁器。
- Rate。Meter Band 的唯一标识，定义了 Band 可以应用的最低速率。
- Counters。统计被该 Meter Band 处理过的数据包。
- Type specific arguments。某些 Meter Band 有一些额外的参数。

（3）计量表应用。计量表的重要应用是用于差异化服务场景，通过在流表上引用计量表项来实现对特定流速率的限制或保证，计量表应用拓扑如图 4-21 所示。

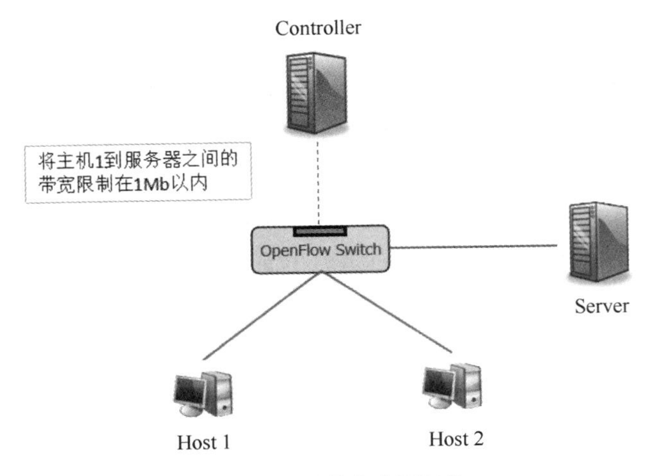

图 4-21　计量表应用拓扑

该拓扑中 Host 1、Host 2 和 Server 分别连接 OpenFlow 交换机的 eth 1、eth 2 和 eth 3 端口，因为特定需求，需要限制 Host 1 到服务器之间的数据带宽，实现方法如下：

首先在交换机上下发计量表项，指定该计量表项的 BandType 为 drop，计量类型为 kbps，速率设置为 1024。然后在交换机上下发流表，匹配 Host 1 到服务器间的流量，引用上述计量表项，当 Host 1 和服务器间的流量大于 1Mbps 的时候就丢弃，从而实现一个简单的 QoS 应用场景。

4.2.4　OpenFlow 的未来

SDN 实现了网络控制平面和数据平面的分离，使得网络的可编程性越来越高。OpenFlow 是 SDN 中最早的实现技术，OpenFlow 将数据平面设备的行为抽象为“匹配+动作”的处理模式，并基于该抽象设计了与控制平面的协议接口。

然而，目前 OpenFlow 的数据平面采用协议依赖的设计方式，仍旧限制了网络的可编程性。近年来，随着互联网应用的不断发展，新协议新业务不断出现，协议无关转发（PIF）技术的研究得到了越来越多的人的关注。可以预见，基于 PIF 的协议无感知转发为代表的转发面灵活可编程技术将是对承载网络业务的数据平面的一次深度变革。OpenFlow 未来有望成为基于协议无感知转发理念的开放 SDN 标准，帮助 SDN 实现软、硬件的完全解耦。

4.3　OpenFlow 实战

4.3.1　OpenFlow 协议连接过程分析

OpenFlow 协议连接过程分析

1. OpenFlow 连接建立交互流程

OpenFlow 交换机和控制器之间建立连接需要遵循协议规定的流程，如图 4-22 所示。

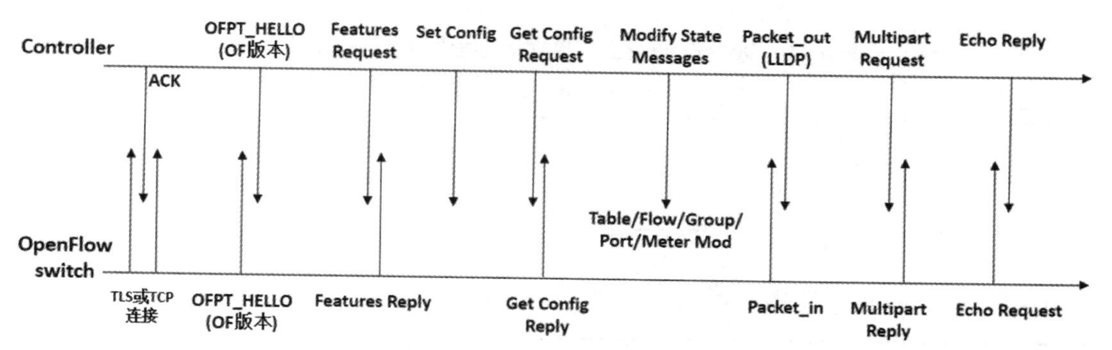

图 4-22　OpenFlow 交换机和控制器之间建立连接

在 OpenFlow 1.3 协议的情况下，控制器与 OpenFlow 交换机完整的消息交互流程如下：

（1）控制器与 OpenFlow 交换机通过 TCP“三次握手”，建立有效的连接。其中，控制器端的端口号为 6633。

（2）控制器与 OpenFlow 交换机之间相互发送 Hello 消息，用于协商双方的 OpenFlow 版本号。在双方支持的最高版本号不一致的情况下，协商的结果将以较低的 OpenFlow 版本为准。如果双方协商不一致，还会产生 Error 消息。

（3）控制器向 OpenFlow 交换机发送 Features Request 消息，请求 OpenFlow 交换机上传自己的详细参数。OpenFlow 交换机收到请求后，向控制器发送 Features Reply 消息，详细汇报自身参数，包括支持的 buffer 数目、流表数以及 Actions 等。

（4）控制器通过 Set Config 消息下发配置参数，然后通过 Get config Request 消息请求 OpenFlow 交换机上传修改后的配置信息。OpenFlow 交换机通过 Get config Reply 消息向控制器发送当前的配置信息。

（5）控制器与 OpenFlow 交换机之间发送 Packet_out、Packet_in 消息，通过 Packet_out 中内置的 LLDP 包，进行网络拓扑的探测。

（6）控制器与 OpenFlow 交换机之间通过发送 Multipart Request、Mutipart Reply 消息来获取 OpenFlow 交换机的状态信息，包括流的信息、端口信息等。

（7）控制器与 OpenFlow 交换机之间通过发送 Echo Request、Echo Reply 消息来保证二者之间存在有效连接，避免失联。

说明：以上为控制器与 OpenFlow 交换机之间的标准交互流程，在具体实验过程中某些阶段可能会缺失。

2. 实验环境

OpenFlow 建立连接交互流程学习实验的拓扑如图 4-23 所示。

OpenFlow 建立连接交互流程学习实验的环境信息见表 4-11。

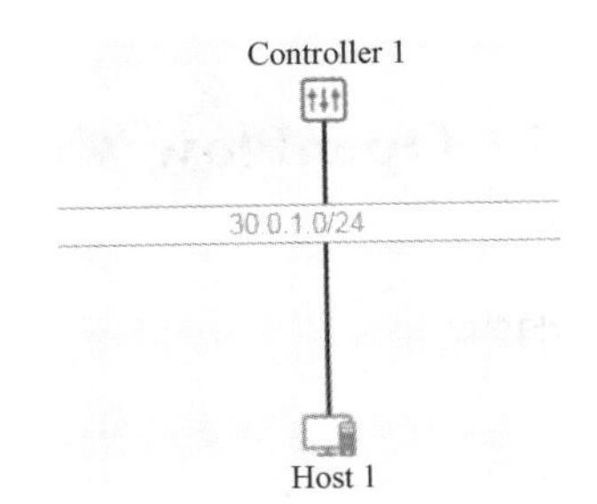

图 4-23　OpenFlow 建立连接交互流程学习实验的拓扑

表 4-11　OpenFlow 建立连接交互流程学习实验的环境信息

设备名称	软件环境	硬件环境
控制器	Floodlight 1.0 桌面版	CPU：1 核 内存：2GB 磁盘：20GB
主机	Mininet 2.2.0 桌面版	CPU：1 核 内存：2GB 磁盘：20GB

注：系统默认的账户为 root/root@openlab、openlab/user@openlab。

3．操作过程演示

（1）环境检查。

1）登录控制器，打开终端，执行 ifconfig 命令，查看控制器所在主机的 IP 地址，如图 4-24 所示。

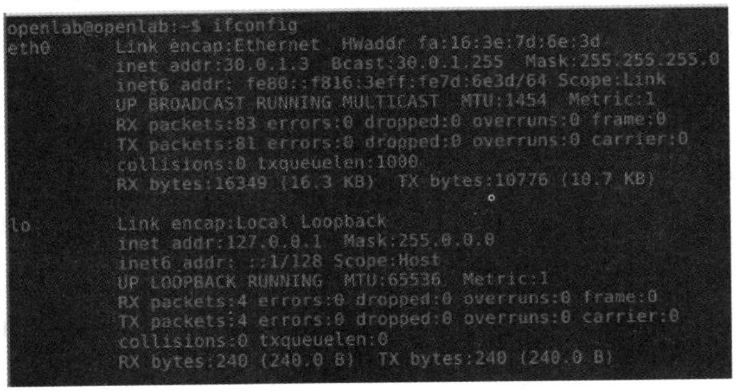

```
openlab@openlab:~$ ifconfig
eth0      Link encap:Ethernet  HWaddr fa:16:3e:7d:6e:3d
          inet addr:30.0.1.3  Bcast:30.0.1.255  Mask:255.255.255.0
          inet6 addr: fe80::f816:3eff:fe7d:6e3d/64 Scope:Link
          UP BROADCAST RUNNING MULTICAST  MTU:1454  Metric:1
          RX packets:83 errors:0 dropped:0 overruns:0 frame:0
          TX packets:81 errors:0 dropped:0 overruns:0 carrier:0
          collisions:0 txqueuelen:1000
          RX bytes:16349 (16.3 KB)  TX bytes:10776 (10.7 KB)

lo        Link encap:Local Loopback
          inet addr:127.0.0.1  Mask:255.0.0.0
          inet6 addr: ::1/128 Scope:Host
          UP LOOPBACK RUNNING  MTU:65536  Metric:1
          RX packets:4 errors:0 dropped:0 overruns:0 frame:0
          TX packets:4 errors:0 dropped:0 overruns:0 carrier:0
          collisions:0 txqueuelen:0
          RX bytes:240 (240.0 B)  TX bytes:240 (240.0 B)
```

图 4-24　查看控制器所在主机的 IP 地址

2）登录主机 1，执行 ifconfig 命令，查看 Mininet 所在主机的 IP 地址，如图 4-25 所示。

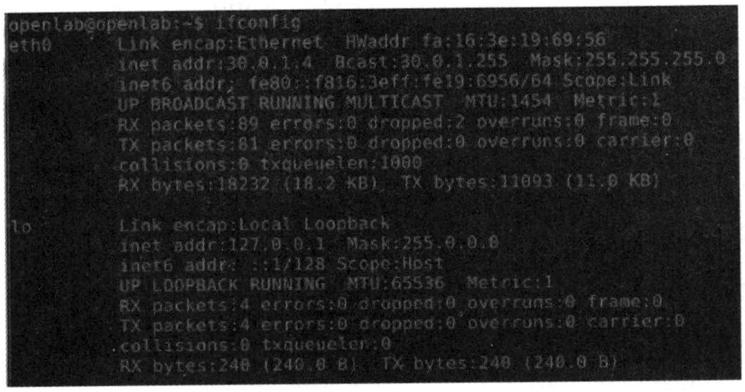

```
openlab@openlab:~$ ifconfig
eth0      Link encap:Ethernet  HWaddr fa:16:3e:19:69:56
          inet addr:30.0.1.4  Bcast:30.0.1.255  Mask:255.255.255.0
          inet6 addr: fe80::f816:3eff:fe19:6956/64 Scope:Link
          UP BROADCAST RUNNING MULTICAST  MTU:1454  Metric:1
          RX packets:89 errors:0 dropped:2 overruns:0 frame:0
          TX packets:81 errors:0 dropped:0 overruns:0 carrier:0
          collisions:0 txqueuelen:1000
          RX bytes:18232 (18.2 KB)  TX bytes:11093 (11.0 KB)

lo        Link encap:Local Loopback
          inet addr:127.0.0.1  Mask:255.0.0.0
          inet6 addr: ::1/128 Scope:Host
          UP LOOPBACK RUNNING  MTU:65536  Metric:1
          RX packets:4 errors:0 dropped:0 overruns:0 frame:0
          TX packets:4 errors:0 dropped:0 overruns:0 carrier:0
          collisions:0 txqueuelen:0
          RX bytes:240 (240.0 B)  TX bytes:240 (240.0 B)
```

图 4-25　查看 Mininet 所在主机的 IP 地址

（2）捕获数据包。登录 Floodlight 控制器，执行 sudo wireshark 命令启动抓包工具 Wireshark，捕获控制器与交换机建立连接过程中的数据包，通过分析这些数据包了解控制器与交换机基于 OpenFlow 协议进行交互的流程。

1）双击 eth0 网卡，查看 eth0 网卡上数据包收发情况，如图 4-26 所示。

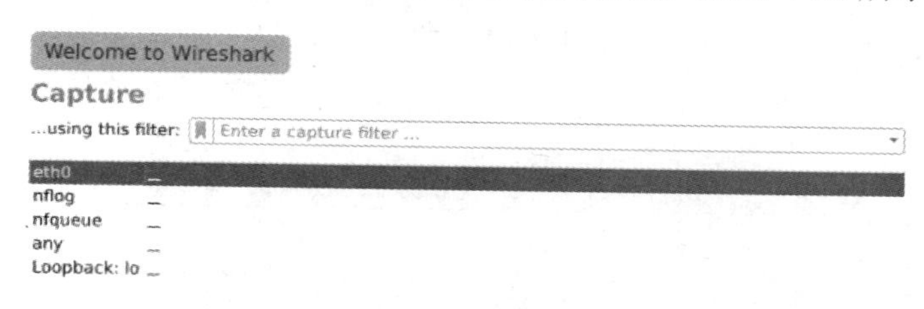

图 4-26　Wireshark 启动界面

2）登录 Mininet 虚拟机，启动 Mininet。通过“--controller”参数设置 Mininet 连接远程控制器，并指定控制器的 IP 和端口号，其命令如下：

```
$ sudo mn --controller=remote,ip=30.0.1.3,port=6633 --switch=ovsk,protocols=OpenFlow13
```

设置 Mininet 连接远程控制器并指定控制器的 IP 和端口号，如图 4-27 所示。

```
openlab@openlab:~$ sudo mn --controller=remote,ip=30.0.1.3,port=6633 --switch=ov
sk,protocols=OpenFlow13
[sudo] password for openlab:
*** Creating network
*** Adding controller
*** Adding hosts:
h1 h2
*** Adding switches:
s1
*** Adding links:
(h1, s1) (h2, s1)
*** Configuring hosts
h1 h2
*** Starting controller
c0
*** Starting 1 switches
s1
*** Starting CLI:
openlab>
```

图 4-27　设置 Mininet 连接远程控制器并指定控制器的 IP 和端口号

其中，--controller=remote,ip=30.0.1.3,port=6633 表示连接远程控制器，IP 地址为 30.0.1.3，端口号为 6633，实际操作中以实际 IP 地址为准。--switch=ovsk,protocols=OpenFlow13 表示交换机型号为 ovsk，采用 OpenFlow 1.3 协议。

3）登录 Floodlight 控制器，停止 Wireshark，观察数据包列表，可以看出控制器与交换机的基本交互流程，如图 4-28 所示。

No.	Time	Source	Destination	Protocol	Lengtl	Info
1	0.000000000	fa:16:3e:e4:10:14	Broadcast	ARP	42	Who has 30.0.1.3? Tell 30.0.1.4
2	0.000044416	fa:16:3e:ec:b8:46	fa:16:3e:e4:10:14	ARP	42	30.0.1.3 is at fa:16:3e:ec:b8:46
3	0.001090320	30.0.1.4	30.0.1.3	TCP	74	54127 → 6633 [SYN] Seq=0 Win=28280 Len=0 MSS
4	0.001128682	30.0.1.3	30.0.1.4	TCP	74	6633 → 54127 [SYN, ACK] Seq=0 Ack=1 Win=2804
5	0.001699494	30.0.1.4	30.0.1.3	TCP	66	54127 → 6633 [ACK] Seq=1 Ack=1 Win=28672 Len
6	0.001917984	30.0.1.4	30.0.1.3	TCP	66	54127 → 6633 [FIN, ACK] Seq=1 Ack=1 Win=2867
7	0.002925965	30.0.1.3	30.0.1.4	TCP	66	6633 → 54127 [ACK] Seq=1 Ack=2 Win=28160 Len
8	0.200654182	30.0.1.3	30.0.1.4	TCP	74	6633 → 54127 [PSH, ACK] Seq=1 Ack=2 Win=2816
9	0.200979137	30.0.1.4	30.0.1.3	TCP	54	54127 → 6633 [RST] Seq=2 Win=0 Len=0
10	0.389780821	30.0.1.4	30.0.1.3	TCP	74	54128 → 6633 [SYN] Seq=0 Win=28280 Len=0 MSS
11	0.389831069	30.0.1.3	30.0.1.4	TCP	74	6633 → 54128 [SYN, ACK] Seq=0 Ack=1 Win=2804
12	0.390311849	30.0.1.4	30.0.1.3	TCP	66	54128 → 6633 [ACK] Seq=1 Ack=1 Win=28672 Len
13	0.403992330	30.0.1.4	30.0.1.3	OpenFlow	82	Type: OFPT_HELLO
14	0.404015280	30.0.1.3	30.0.1.4	TCP	66	6633 → 54128 [ACK] Seq=1 Ack=17 Win=28160 Le
15	0.749604589	30.0.1.3	30.0.1.4	OpenFlow	74	Type: OFPT_HELLO
16	0.750150266	30.0.1.4	30.0.1.3	TCP	66	54128 → 6633 [ACK] Seq=17 Ack=9 Win=28672 Le
17	0.766287895	30.0.1.3	30.0.1.4	OpenFlow	74	Type: OFPT_FEATURES_REQUEST
18	0.766743122	30.0.1.4	30.0.1.3	TCP	66	54128 → 6633 [ACK] Seq=17 Ack=17 Win=28672 L
19	0.766847470	30.0.1.4	30.0.1.3	OpenFlow	98	Type: OFPT_FEATURES_REPLY
20	0.766859025	30.0.1.3	30.0.1.4	TCP	66	6633 → 54128 [ACK] Seq=17 Ack=49 Win=28160 L
21	0.824592521	30.0.1.4	30.0.1.3	OpenFlow	198	Type: OFPT_PACKET_IN
22	0.824619468	30.0.1.3	30.0.1.4	TCP	66	6633 → 54128 [ACK] Seq=17 Ack=181 Win=29184
23	0.849357260	30.0.1.3	30.0.1.4	OpenFlow	82	Type: OFPT_MULTIPART_REQUEST, OFPMP_PORT_DES

图 4-28　Wireshark 抓包界面

（3）OpenFlow 1.3 交互流程分析。

1）交换机连接控制器的 6633 端口，经过 3 次握手后双方建立 TCP 连接。查看捕获到的数据包，分析交换机与控制器建立 TCP 连接的流程。分析 TCP 连接建立过程，TCP 的状态位主要包括 SYN、FIN、ACK、PSH、RST 和 URG。SYN 表示建立连接，FIN 表示关闭连接，ACK 表示响应，PSH 表示有 DATA 数据传输，RST 表示连接重置。可以看出交换机与控制器经历一次连接重置后，成功完成三次握手，建立 TCP 连接，如图 4-29 所示。

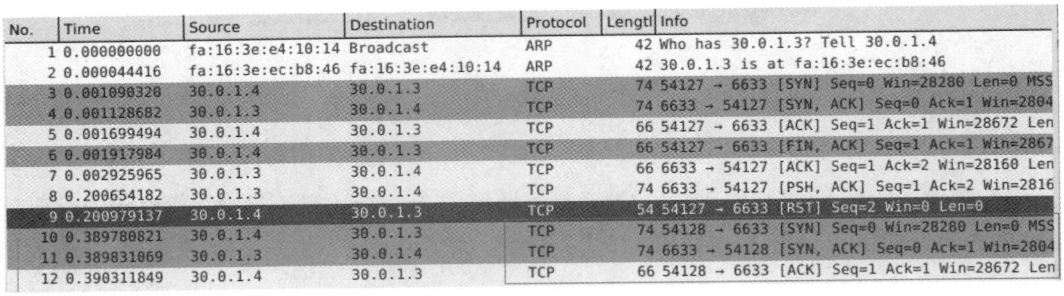

No.	Time	Source	Destination	Protocol	Lengtl	Info
1	0.000000000	fa:16:3e:e4:10:14	Broadcast	ARP	42	Who has 30.0.1.3? Tell 30.0.1.4
2	0.000044416	fa:16:3e:ec:b8:46	fa:16:3e:e4:10:14	ARP	42	30.0.1.3 is at fa:16:3e:ec:b8:46
3	0.001090320	30.0.1.4	30.0.1.3	TCP	74	54127 → 6633 [SYN] Seq=0 Win=28280 Len=0 MSS
4	0.001128682	30.0.1.3	30.0.1.4	TCP	74	6633 → 54127 [SYN, ACK] Seq=0 Ack=1 Win=2804
5	0.001699494	30.0.1.4	30.0.1.3	TCP	66	54127 → 6633 [ACK] Seq=1 Ack=1 Win=28672 Len
6	0.001917984	30.0.1.4	30.0.1.3	TCP	66	54127 → 6633 [FIN, ACK] Seq=1 Ack=1 Win=2867
7	0.002925965	30.0.1.3	30.0.1.4	TCP	66	6633 → 54127 [ACK] Seq=1 Ack=2 Win=28160 Len
8	0.200654182	30.0.1.3	30.0.1.4	TCP	74	6633 → 54127 [PSH, ACK] Seq=1 Ack=2 Win=2816
9	0.200979137	30.0.1.4	30.0.1.3	TCP	54	54127 → 6633 [RST] Seq=2 Win=0 Len=0
10	0.389780821	30.0.1.4	30.0.1.3	TCP	74	54128 → 6633 [SYN] Seq=0 Win=28280 Len=0 MSS
11	0.389831069	30.0.1.3	30.0.1.4	TCP	74	6633 → 54128 [SYN, ACK] Seq=0 Ack=1 Win=2804
12	0.390311849	30.0.1.4	30.0.1.3	TCP	66	54128 → 6633 [ACK] Seq=1 Ack=1 Win=28672 Len

图 4-29　TCP 三次握手报文

2）当控制器与交换机建立 TCP 连接后，由其中某一方发起 Hello 消息，双方协调 OpenFlow 协议版本号。控制器和交换机都会向对方发送一条 Hello 消息，消息中附上自己支持的 OpenFlow 的最高版本。接收到对方 Hello 消息后，判断自己能否支持对方发送的版本，能支持则版本协商成功，不能支持则回复一条 OFPT_ERROR 消息。查看 Hello 消息详情，本实验中由于交换机和控制器都能支持 OpenFlow 1.3 版本，所以版本协商为 1.3，如图 4-30 所示。

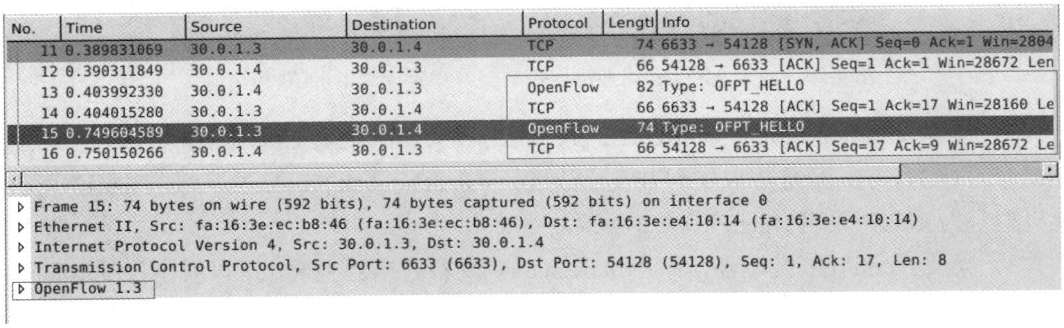

No.	Time	Source	Destination	Protocol	Lengtl	Info
11	0.389831069	30.0.1.3	30.0.1.4	TCP	74	6633 → 54128 [SYN, ACK] Seq=0 Ack=1 Win=2804
12	0.390311849	30.0.1.4	30.0.1.3	TCP	66	54128 → 6633 [ACK] Seq=1 Ack=1 Win=28672 Len
13	0.403992330	30.0.1.4	30.0.1.3	OpenFlow	82	Type: OFPT_HELLO
14	0.404015280	30.0.1.3	30.0.1.4	TCP	66	6633 → 54128 [ACK] Seq=1 Ack=17 Win=28160 Le
15	0.749604589	30.0.1.3	30.0.1.4	OpenFlow	74	Type: OFPT_HELLO
16	0.750150266	30.0.1.4	30.0.1.3	TCP	66	54128 → 6633 [ACK] Seq=17 Ack=9 Win=28672 Le

▷ Frame 15: 74 bytes on wire (592 bits), 74 bytes captured (592 bits) on interface 0
▷ Ethernet II, Src: fa:16:3e:ec:b8:46 (fa:16:3e:ec:b8:46), Dst: fa:16:3e:e4:10:14 (fa:16:3e:e4:10:14)
▷ Internet Protocol Version 4, Src: 30.0.1.3, Dst: 30.0.1.4
▷ Transmission Control Protocol, Src Port: 6633 (6633), Dst Port: 54128 (54128), Seq: 1, Ack: 17, Len: 8
▷ OpenFlow 1.3

图 4-30　OpenFlow Hello 报文

3）OpenFlow 版本协商完成后，控制器发送一条 features_request 消息获取交换机的特性信息，包括交换机的 DPID、缓冲区数量、端口及端口属性等。相应地，交换机回复 features_reply 消息，如图 4-31 所示。

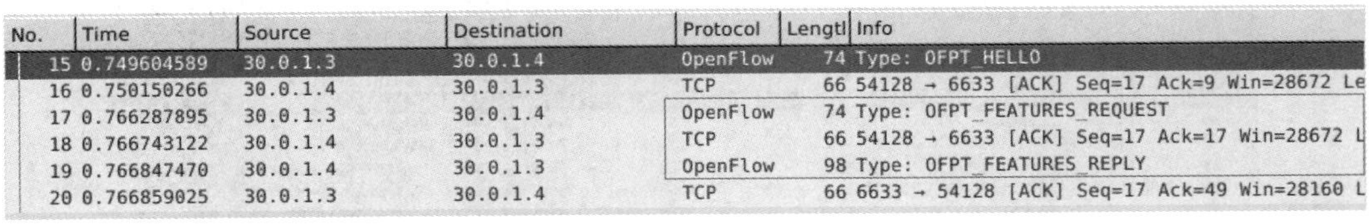

No.	Time	Source	Destination	Protocol	Lengtl	Info
15	0.749604589	30.0.1.3	30.0.1.4	OpenFlow	74	Type: OFPT_HELLO
16	0.750150266	30.0.1.4	30.0.1.3	TCP	66	54128 → 6633 [ACK] Seq=17 Ack=9 Win=28672 Le
17	0.766287895	30.0.1.3	30.0.1.4	OpenFlow	74	Type: OFPT_FEATURES_REQUEST
18	0.766743122	30.0.1.4	30.0.1.3	TCP	66	54128 → 6633 [ACK] Seq=17 Ack=17 Win=28672 L
19	0.766847470	30.0.1.4	30.0.1.3	OpenFlow	98	Type: OFPT_FEATURES_REPLY
20	0.766859025	30.0.1.3	30.0.1.4	TCP	66	6633 → 54128 [ACK] Seq=17 Ack=49 Win=28160 L

图 4-31　OpenFlow Features 消息

查看数据包详情，OFPT_FEATURES_REQUEST 消息只有包头，如图 4-32 所示。

```
▷ Frame 17: 74 bytes on wire (592 bits), 74 bytes captured (592 bits) on interface 0
▷ Ethernet II, Src: fa:16:3e:ec:b8:46 (fa:16:3e:ec:b8:46), Dst: fa:16:3e:e4:10:14 (fa:16:3e:e
▷ Internet Protocol Version 4, Src: 30.0.1.3, Dst: 30.0.1.4
▷ Transmission Control Protocol, Src Port: 6633 (6633), Dst Port: 54128 (54128), Seq: 9, Ack:
▽ OpenFlow 1.3
    Version: 1.3 (0x04)
    Type: OFPT_FEATURES_REQUEST (5)
    Length: 8
    Transaction ID: 4294967294
```

图 4-32　OpenFlow Features_request 报文

交换机的 DPID 是数据通道独一无二的标识符。本实验中交换机缓冲区数量（n_buffers）为 256，交换机支持的流表数量（n_tables）为 254，交换机所支持的功能，如图 4-33 所示。

```
▾ OpenFlow 1.3
    Version: 1.3 (0x04)
    Type: OFPT_FEATURES_REPLY (6)
    Length: 32
    Transaction ID: 4294967294
    datapath_id: 0x0000000000000001
    n_buffers: 256
    n_tables: 254
    auxiliary_id: 0
    Pad: 0
  ▽ capabilities: 0x00000047
      .... .... .... .... .... .... .... ...1 = OFPC_FLOW_STATS: True
      .... .... .... .... .... .... .... ..1. = OFPC_TABLE_STATS: True
      .... .... .... .... .... .... .... .1.. = OFPC_PORT_STATS: True
      .... .... .... .... .... .... .... 0... = OFPC_GROUP_STATS: False
      .... .... .... .... .... .... ..0. .... = OFPC_IP_REASM: False
      .... .... .... .... .... .... .1.. .... = OFPC_QUEUE_STATS: True
      .... .... .... .... .... ...0 .... .... = OFPC_PORT_BLOCKED: False
    Reserved: 0x00000000
```

图 4-33　OpenFlow Features_reply 报文

4）OpenFlow 1.0 协议中 feature_reply 消息还包含交换机端口信息，OpenFlow 1.3 协议将 stats 框架更名为 multipart 框架，并且将端口描述移植到 Multipart 消息中。其中 OPPT_PORT_DESC 类型的 Multipart 消息用于获取交换机端口信息，如图 4-34 所示。

Source	Destination	Protocol	Lengtl	Info
30.0.1.3	30.0.1.4	OpenFlow	74	Type: OFPT_FEATURES_REQUEST
30.0.1.4	30.0.1.3	TCP	66	54128 → 6633 [ACK] Seq=17 Ack=17 Win=28672 Len=0 TS
30.0.1.4	30.0.1.3	OpenFlow	98	Type: OFPT_FEATURES_REPLY
30.0.1.3	30.0.1.4	TCP	66	6633 → 54128 [ACK] Seq=17 Ack=49 Win=28160 Len=0 TS
30.0.1.4	30.0.1.3	OpenFlow	198	Type: OFPT_PACKET_IN
30.0.1.3	30.0.1.4	TCP	66	6633 → 54128 [ACK] Seq=17 Ack=181 Win=29184 Len=0 T
30.0.1.3	30.0.1.4	OpenFlow	82	Type: OFPT_MULTIPART_REQUEST, OFPMP_PORT_DESC
30.0.1.4	30.0.1.3	OpenFlow	274	Type: OFPT_MULTIPART_REPLY, OFPMP_PORT_DESC
30.0.1.3	30.0.1.4	TCP	66	6633 → 54128 [ACK] Seq=33 Ack=389 Win=30208 Len=0 T

图 4-34　OpenFlow Multipart 消息

查看 OPPT_PORT_DESC 类型的 Multipart_reply 消息，消息中列出了交换机的端口和每个端口的详细信息，包括端口名称和 MAC 地址等，如图 4-35 所示。

5）查看 OFPMP_DESC 类型的 Multipart_reply 消息，包含了交换机的其他信息，包括交换机厂商名称、交换机名称以及交换机版本等。本实验中使用的是 Mininet 仿真软件中自带的开源交换机 Open vSwitch（2.0.2），如图 4-36 所示。

6）在连接过程中，控制器不断地发送 Echo_request 消息给交换机，确认交换机与控制器之间的连接状态。相应地，交换机会回复 Echo_reply 消息，如图 4-37 所示。

```
▽ OpenFlow 1.3
    Version: 1.3 (0x04)
    Type: OFPT_MULTIPART_REPLY (19)
    Length: 208
    Transaction ID: 4
    Type: OFPMP_PORT_DESC (13)
  ▷ Flags: 0x0000
    Pad: 00000000
  ▽ Port
      Port no: 1
      Pad: 00000000
      Hw addr: 12:82:3e:3e:9c:ad (12:82:3e:3e:9c:ad)
      Pad: 0000
      Name: s1-eth1
    ▷ Config: 0x00000000
    ▷ State: 0x00000001
    ▷ Current: 0x00000840
    ▷ Advertised: 0x00000000
    ▷ Supported: 0x00000000
    ▷ Peer: 0x00000000
      Curr speed: 10000000
      Max speed: 0
  ▷ Port
  ▷ Port
```

图 4-35 PORT_DESC 类型的 Multipart_reply 报文

```
▽ OpenFlow 1.3
    Version: 1.3 (0x04)
    Type: OFPT_MULTIPART_REPLY (19)
    Length: 1072
    Transaction ID: 4294967292
    Type: OFPMP_DESC (0)
  ▷ Flags: 0x0000
    Pad: 00000000
    Manufacturer desc.: Nicira, Inc.
    Hardware desc.: Open vSwitch
    Software desc.: 2.0.2
    Serial no.: None
    Datapath desc.: None
```

图 4-36 OFPMP_DESC 类型的 Multipart_reply 报文

	Source	Destination	Protocol	Lengtl	Info
6683	30.0.1.4	30.0.1.3	TCP	66	54128 → 6633 [ACK] Seq=4025 Ack=2
7124	30.0.1.3	30.0.1.4	OpenFlow	74	Type: OFPT_ECHO_REQUEST
7362	30.0.1.4	30.0.1.3	TCP	66	54128 → 6633 [ACK] Seq=4025 Ack=2
7264	30.0.1.4	30.0.1.3	OpenFlow	74	Type: OFPT_ECHO_REPLY
9809	30.0.1.3	30.0.1.4	TCP	66	6633 → 54128 [ACK] Seq=22887 Ack=
3833	30.0.1.3	30.0.1.4	OpenFlow	74	Type: OFPT_ECHO_REQUEST
6981	30.0.1.4	30.0.1.3	OpenFlow	74	Type: OFPT_ECHO_REPLY
9636	30.0.1.3	30.0.1.4	TCP	66	6633 → 54128 [ACK] Seq=22895 Ack=
2461	30.0.1.3	30.0.1.4	OpenFlow	74	Type: OFPT_ECHO_REQUEST
1169	30.0.1.4	30.0.1.3	OpenFlow	74	Type: OFPT_ECHO_REPLY
3992	30.0.1.3	30.0.1.4	TCP	66	6633 → 54128 [ACK] Seq=22903 Ack=
6574	30.0.1.3	30.0.1.4	OpenFlow	74	Type: OFPT_ECHO_REQUEST
9800	30.0.1.4	30.0.1.3	OpenFlow	74	Type: OFPT_ECHO_REPLY
6200	30.0.1.3	30.0.1.4	TCP	66	6633 → 54128 [ACK] Seq=22911 Ack=

图 4-37 OpenFlow Echo 消息

OpenFlow Flow-Mod
消息分析

4.3.2 OpenFlow Flow-Mod 消息分析

1. Flow-Mod 消息

Modify-State 消息是 OpenFlow 消息中最为重要的消息类型，控制器通过 Port-mod 消息用来管理端口状态，通过 Flow-Mod 消息增删交换机的流表项，考虑到流表对 OpenFlow 的重要意义，在此针对 Flow-Mod 消息进行详细分析。

Flow-Mod 消息格式如图 4-38 所示。

1	8	16　　24　　32
version	type	length
xid		
wildcard		
in_port		dl_src
dl_src		
dl_dst		
dl_dst		dl_vlan
dl_vlan_pcp	pad	dl_type
nw_tos	nw_proto	pad
nw_src		
nw_dst		
tp_src		tp_dst
cookie		
cookie		
command		idle_time
hard_time		priority
buffer_id		
out_port		flags
actions[0]		

图 4-38　Flow-Mod 消息格式

分别说明如下：

- 前 4 个字段是 OpenFlow 消息的通用报头。
- wildcard 表示流表匹配时 12 元组的掩码位，被掩盖掉的元组不参加匹配。
- 中间部分从 in_port 到 tp_dst 字段说明了流表项 12 元组的信息，其中的 pad 负责对齐占位，不代表任何意义。
- cookie 字段在处理数据分组时不会用到，控制器通过 cookie 来过滤流的统计信息。
- command 字段表示对流表的操作，包括增加（Add）、删除（Delete）和修改（Modify）等。
- idle_time 和 hard_time 给出了该流表项的生存时间。其中，idle_time 表示如果这条流表项在这段时间内没有匹配到数据分组，则该流表项失效；hard_time 表示自流表项下发后只要过了这段时间即刻失效。当两者同时设置时，以先到的生存时间为准；当两者同时为 0 时，流表项不会自动失效。
- priority（优先级）字段的设置参考流表匹配那一小节，原则上优先级越高，所属的 Table 号就越小。
- buffer_id 表示对应 Packet-in 消息的 buffer_id。
- out_port 仅在 command 为 Delete 或者 Delete Strict 时有效，表明当某表项不仅匹配了 Flow-Mod 中给出的 12 元组，且转发动作中指定端口等于该 out_port 的动作时才予以删除，即对删除操作的一种额外限制。
- flags 字段为标志位，OpenFlow v1.0 中包括 OFPFF_SEND_FLOW_REM（流表失效时是否向控制器发送 Flow-removed 消息）、OFPFF_CHECK_OVERLAP（交换机是否检测流表冲突）和 OFPFF_EMERG（该流表项将被存于 Emergency Flow Cache 中，仅在交换机处于紧急模式时生效）。
- 消息中最后的 actions 数组是对动作表的描述，actions[0]即代表其中第一个动作。

2. 实验环境

OpenFlow Flow-Mod 消息分析实验的拓扑如图 4-39 所示。

Flow-Mod 消息分析实验的环境信息见表 4-12。

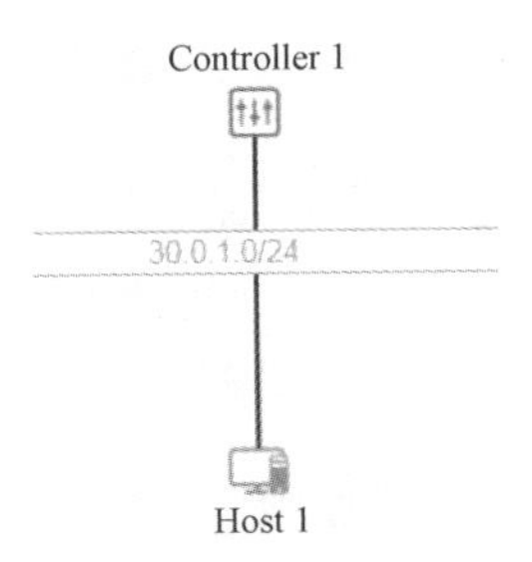

图 4-39　Flow-Mod 消息分析实验的拓扑

表 4-12　Flow-Mod 消息分析实验的环境信息

设备名称	软件环境	硬件环境
控制器	Floodlight 1.0 桌面版	CPU：1 核 内存：2GB 磁盘：20GB
主机	Mininet 2.2.0 桌面版	CPU：1 核 内存：2GB 磁盘：20GB

注：系统默认的账户为 root/root@openlab、openlab/user@openlab。

3. 操作过程演示

（1）环境检查。

1）登录控制器，执行 ifconfig 命令，查看控制器 IP 地址，如图 4-40 所示。

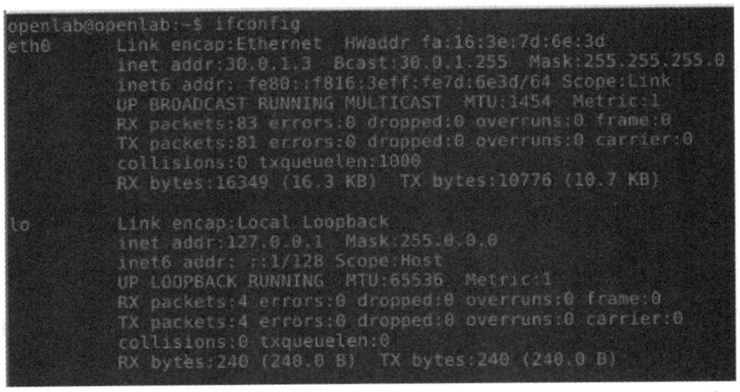

```
openlab@openlab:~$ ifconfig
eth0      Link encap:Ethernet  HWaddr fa:16:3e:7d:6e:3d
          inet addr:30.0.1.3  Bcast:30.0.1.255  Mask:255.255.255.0
          inet6 addr: fe80::f816:3eff:fe7d:6e3d/64 Scope:Link
          UP BROADCAST RUNNING MULTICAST  MTU:1454  Metric:1
          RX packets:83 errors:0 dropped:0 overruns:0 frame:0
          TX packets:81 errors:0 dropped:0 overruns:0 carrier:0
          collisions:0 txqueuelen:1000
          RX bytes:16349 (16.3 KB)  TX bytes:10776 (10.7 KB)

lo        Link encap:Local Loopback
          inet addr:127.0.0.1  Mask:255.0.0.0
          inet6 addr: ::1/128 Scope:Host
          UP LOOPBACK RUNNING  MTU:65536  Metric:1
          RX packets:4 errors:0 dropped:0 overruns:0 frame:0
          TX packets:4 errors:0 dropped:0 overruns:0 carrier:0
          collisions:0 txqueuelen:0
          RX bytes:240 (240.0 B)  TX bytes:240 (240.0 B)
```

图 4-40　查看控制器 IP 地址

2）登录 Mininet 所在主机，执行 ifconfig 命令，查看 Mininet 主机的 IP 地址，如图 4-41 所示。

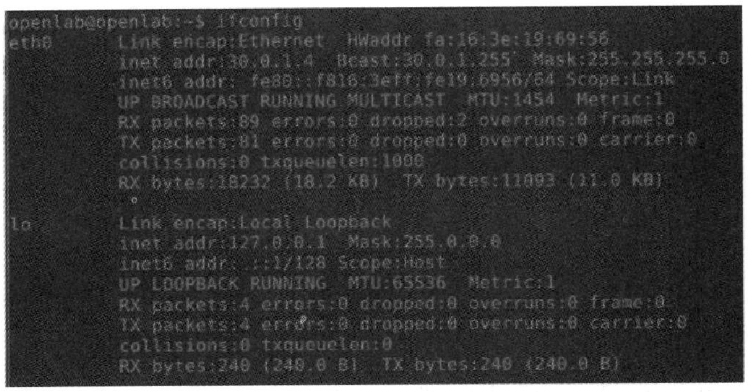

```
openlab@openlab:~$ ifconfig
eth0      Link encap:Ethernet  HWaddr fa:16:3e:19:69:56
          inet addr:30.0.1.4  Bcast:30.0.1.255  Mask:255.255.255.0
          inet6 addr: fe80::f816:3eff:fe19:6956/64 Scope:Link
          UP BROADCAST RUNNING MULTICAST  MTU:1454  Metric:1
          RX packets:89 errors:0 dropped:2 overruns:0 frame:0
          TX packets:81 errors:0 dropped:0 overruns:0 carrier:0
          collisions:0 txqueuelen:1000
          RX bytes:18232 (18.2 KB)  TX bytes:11093 (11.0 KB)

lo        Link encap:Local Loopback
          inet addr:127.0.0.1  Mask:255.0.0.0
          inet6 addr: ::1/128 Scope:Host
          UP LOOPBACK RUNNING  MTU:65536  Metric:1
          RX packets:4 errors:0 dropped:0 overruns:0 frame:0
          TX packets:4 errors:0 dropped:0 overruns:0 carrier:0
          collisions:0 txqueuelen:0
          RX bytes:240 (240.0 B)  TX bytes:240 (240.0 B)
```

图 4-41　查看 Mininet 主机的 IP 地址

（2）Flow-Mod 消息解析。

场景一　控制器自动下发流表

1）登录 Floodlight 控制器，执行 sudo wireshark 命令启动抓包工具 Wireshark。

2）双击 eth0 网卡，查看 eth0 网卡上数据包收发情况，如图 4-42 所示。

```
Welcome to Wireshark
Capture
...using this filter: Enter a capture filter ...
eth0
nflog
nfqueue
any
Loopback: lo
```

图 4-42　Wireshark 启动界面

3）登录 Mininet 虚拟机，启动 Mininet，其命令如下：

```
$ sudo mn --controller=remote,ip=30.0.1.3,port=6633 --switch=ovsk,protocols=OpenFlow13
```

启动 Mininet 如图 4-43 所示。

```
openlab@openlab:~$ sudo mn --controller=remote,ip=30.0.1.3,port=6633 --switch=ov
sk,protocols=OpenFlow13
[sudo] password for openlab:
*** Creating network
*** Adding controller
*** Adding hosts:
h1 h2
*** Adding switches:
s1
*** Adding links:
(h1, s1) (h2, s1)
*** Configuring hosts
h1 h2
*** Starting controller
c0
*** Starting 1 switches
s1
*** Starting CLI:
openlab>
```

图 4-43　启动 Mininet

4）登录 Floodlight 控制器，停止 Wireshark，观察数据包列表，查找控制器发送的第一条 Flow_mod 消息就是删除交换机中的流表项，（可在 Wireshark 中过滤 openflow_v4.flowmod.command 的数据包），单击捕获的数据包，如图 4-44 所示。

```
▽ OpenFlow 1.3
    Version: 1.3 (0x04)
    Type: OFPT_FLOW_MOD (14)
    Length: 56
    Transaction ID: 11
    Cookie: 0x0000000000000000
    Cookie mask: 0x0000000000000000
    Table ID: OFPTT_ALL (255)
    Command: OFPFC_DELETE (3)
    Idle timeout: 0
    Hard timeout: 0
    Priority: 0
    Buffer ID: OFP_NO_BUFFER (0xffffffff)
    Out port: OFPP_ANY (0xffffffff)
    Out group: OFPG_ANY (0xffffffff)
  ▷ Flags: 0x0000
    Pad: 0000
  ▷ Match
```

图 4-44　删除所有流表项的 Flow-Mod 报文

这条 Flow_mod 消息中 table-id 设为 OFPTT_ALL，表明匹配的流表项将都会被删除。Command 表示对流表进行的操作，具体包括 ADD、DELETE、DELETE - STRICT、MODIFY、MODIFY - STRICT，当 Command 为 DELETE 时，就代表删除所有符合一定条件的流表项。

5）查看第二条 Flow_mod 消息，如图 4-45 所示。

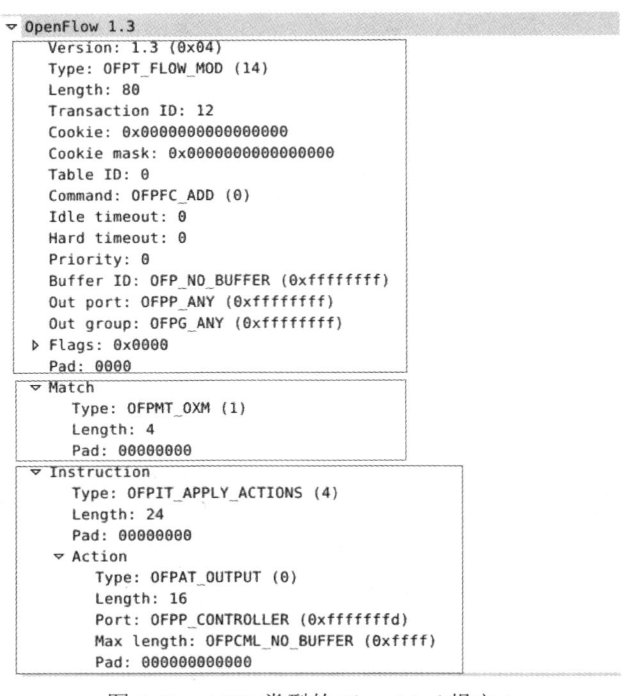

图 4-45 ADD 类型的 Flow-Mod 报文 1

发送完 DELETE 类型的消息后，控制器会发送 ADD 类型的 Flow_mod 消息来添加新的流表项，ADD 消息可以分为 OpenFlow 主体部分、match 部分和 instruction 部分。其中，instruction 部分可以省略。match 部分是匹配条件，instruction 部分是指令，当一个数据包满足匹配条件就会执行 instruction 中的指令。控制器发送的 ADD 消息中 action 为 output，而 output 的端口是 Controller，也就是说让交换机将符合匹配要求的数据包都转发给控制器。

场景二 手动下发流表。

1）登录 Floodlight 控制器，启动 Wireshark。

说明：控制器自动发送的 Flow_mod 消息通常就是以上两种，为了进一步了解 Flow_mod 消息，可以通过手动添加、删除流表项触发 Flow_mod 消息。

2）在控制器中再打开一个 Terminal 窗口，获取交换机 DPID，其命令如下：

```
$ curl http://127.0.0.1:8080/wm/core/controller/switches/json
```

其中，127.0.0.1 是控制器所在的 IP 地址，8080 是 Floodlight Rest Api 的端口，如图 4-46 所示。

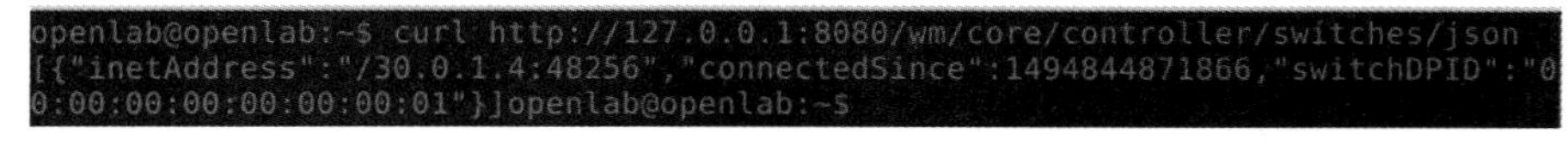

图 4-46 获取交换机 DPID

由图 4-46 可知，交换机的 DPID 为 00:00:00:00:00:00:00:01。

说明：Floodlight 控制器将自己的 API 通过 Rest Api 的形式向外暴露，用户可以通过 Floodlight 的 Rest Api 来向 Floodlight 请求交换机信息，以及添加、删除、查看流表项等。

3）添加两条流表项，其命令如下：

```
$ curl -X POST -d '{"switch":"00:00:00:00:00:00:00:01", "name":"ovs1", "cookie":"0",
"priority":"34","in_port":"2","active":"true","actions":"output=1"}' http://127.0.0.1:8080/wm/
staticflowpusher/json
$ curl -X POST -d '{"switch":"00:00:00:00:00:00:00:01", "name":"ovs2", "cookie":"0",
"priority":"35","in_port":"1","active":"true","actions":"output=2"}' http://127.0.0.1:8080/wm/
staticflowpusher/json
```

其中，switch 的值就是上面获取到的 DPID，name 是流表项的名称，需要注意 name 的值必须是唯一的。priority 是流表项的优先级，默认值是 32767，最大值也是 32767。以第二条命令为例，可以理解为“将交换机 port 1 端口接收到的数据包都从 port 2 转发出去”，如图 4-47 所示。

```
openlab@openlab:~$ curl -X POST -d '{"switch":"00:00:00:00:00:00:00:01", "name":
"ovs1", "cookie":"0", "priority":"34","in_port":"2","active":"true","actions":"o
utput=1"}' http://127.0.0.1:8080/wm/staticflowpusher/json
{"status" : "Entry pushed"}openlab@openlab:~$
```

```
openlab@openlab:~$ curl -X POST -d '{"switch":"00:00:00:00:00:00:00:01", "name":
"ovs2", "cookie":"0", "priority":"35","in_port":"1","active":"true","actions":"o
utput=2"}' http://127.0.0.1:8080/wm/staticflowpusher/json
{"status" : "Entry pushed"}openlab@openlab:~$
```

图 4-47　添加两条流表项

4）查看 Wireshark 中捕获到的 Flow_mod 消息，如图 4-48 所示。

```
▽ OpenFlow 1.3
    Version: 1.3 (0x04)
    Type: OFPT_FLOW_MOD (14)
    Length: 72
    Transaction ID: 611
    Cookie: 0x00a00000c427119e
    Cookie mask: 0x0000000000000000
    Table ID: 0
    Command: OFPFC_ADD (0)
    Idle timeout: 0
    Hard timeout: 0
    Priority: 35
    Buffer ID: OFP_NO_BUFFER (0xffffffff)
    Out port: OFPP_ANY (0xffffffff)
    Out group: OFPG_ANY (0xffffffff)
  ▷ Flags: 0x0000
    Pad: 0000
  ▷ Match
  ▷ Instruction
```

图 4-48　ADD 类型的 Flow-Mod 报文 2

其中，Match 字段详细信息如图 4-49 所示。

```
▾ Match
    Type: OFPMT_OXM (1)
    Length: 12
  ▽ OXM field
      Class: OFPXMC_OPENFLOW_BASIC (0x8000)
      0000 000. = Field: OFPXMT_OFB_IN_PORT (0)
      .... ...0 = Has mask: False
      Length: 4
      Value: 1
    Pad: 00000000
```

图 4-49　Flow-Mod 报文中的 Match 字段

其中，Instruction 字段详细信息如图 4-50 所示。

```
▽ Instruction
    Type: OFPIT_APPLY_ACTIONS (4)
    Length: 24
    Pad: 00000000
  ▽ Action
      Type: OFPAT_OUTPUT (0)
      Length: 16
      Port: 2
      Max length: OFPCML_NO_BUFFER (0xffff)
      Pad: 000000000000
```

图 4-50 Flow-Mod 报文中的 Instruction 字段

从 priority 可以看出这是下发的第二条流表项，Command 为 ADD，匹配条件是 in_port 为 1，对应的动作是 output 到端口 2。

5）删除流表项 ovs1，其命令如下：

```
$ curl -X DELETE -d '{"name":"ovs1"}' http://127.0.0.1:8080/wm/staticflowpusher/json
```

删除流表项 ovs1 如图 4-51 所示。

```
openlab@openlab:~$ curl -X DELETE -d '{"name":"ovs1",}' http://127.0.0.1:8080/wm
/staticflowpusher/json
{"status" : "Entry ovs1 deleted"}openlab@openlab:~$
```

图 4-51 删除流表项 ovs1

6）查看 Wireshark 中对应的 Flow_mod 消息，如图 4-52 所示。

```
▽ OpenFlow 1.3
    Version: 1.3 (0x04)
    Type: OFPT_FLOW_MOD (14)
    Length: 64
    Transaction ID: 51418
    Cookie: 0x00a00000c427119c
    Cookie mask: 0x0000000000000000
    Table ID: 0
    Command: OFPFC_DELETE_STRICT (4)
    Idle timeout: 0
    Hard timeout: 0
    Priority: 34
    Buffer ID: OFP_NO_BUFFER (0xffffffff)
    Out port: OFPP_ANY (0xffffffff)
    Out group: OFPG_ANY (0xffffffff)
  ▷ Flags: 0x0000
    Pad: 0000
  ▽ Match
      Type: OFPMT_OXM (1)
      Length: 12
    ▽ OXM field
        Class: OFPXMC_OPENFLOW_BASIC (0x8000)
        0000 000. = Field: OFPXMT_OFB_IN_PORT (0)
        .... ...0 = Has mask: False
        Length: 4
        Value: 2
      Pad: 00000000
```

图 4-52 删除指定流表项的 Flow-Mod 报文

Command 是 DELETE_STRICT，DELETE_STRICT 类型的消息表示删除某一条指定的流表项。该消息表明删除的流表项的 priority 是 34，匹配条件是 in_port 为 2。

7）修改流表项 ovs2，其命令如下：

```
$ curl -X POST -d '{"switch":"00:00:00:00:00:00:00:01", "name":"ovs2", "cookie":"0",
"priority":"35","in_port":"1","active":"true","actions":"output=3"}' http://127.0.0.1:8080/wm/
staticflowpusher/json
```

修改流表项 ovs2 如图 4-53 所示。

```
openlab@openlab:~$ curl -X POST -d '{"switch":"00:00:00:00:00:00:00:01", "name":
"ovs2", "cookie":"0", "priority":"35","in_port":"1","active":"true","actions":"o
utput=3"}' http://127.0.0.1:8080/wm/staticflowpusher/json
{"status" : "Entry pushed"}openlab@openlab:~$
```

图 4-53 修改流表项 ovs2

说明： 如果修改名称、优先级、匹配条件等字段，就会被认为是添加新的流表项。如果只是修改 actions，则是修改流表项。

8）在 Wireshark 中查看对应的 Flow_mod 消息，如图 4-54 所示。

```
▽ OpenFlow 1.3
    Version: 1.3 (0x04)
    Type: OFPT_FLOW_MOD (14)
    Length: 88
    Transaction ID: 252850
    Cookie: 0x00a00000c427119d
    Cookie mask: 0x0000000000000000
    Table ID: 0
    Command: OFPFC_MODIFY_STRICT (2)
    Idle timeout: 0
    Hard timeout: 0
    Priority: 35
    Buffer ID: OFP_NO_BUFFER (0xffffffff)
    Out port: OFPP_ANY (0xffffffff)
    Out group: OFPG_ANY (0xffffffff)
  ▷ Flags: 0x0000
    Pad: 0000
  ▽ Match
      Type: OFPMT_OXM (1)
      Length: 12
    ▽ OXM field
        Class: OFPXMC_OPENFLOW_BASIC (0x8000)
        0000 000. = Field: OFPXMT_OFB_IN_PORT (0)
        .... ...0 = Has mask: False
        Length: 4
        Value: 1
      Pad: 00000000
  ▽ Instruction
      Type: OFPIT_APPLY_ACTIONS (4)
      Length: 24
      Pad: 00000000
    ▽ Action
        Type: OFPAT_OUTPUT (0)
        Length: 16
        Port: 3
        Max length: OFPCML_NO_BUFFER (0xffff)
        Pad: 000000000000
```

图 4-54　修改流表项的 Flow-Mod 报文

Command 是 MODIFY_STRICT，MODIFY_STRICT 类型的消息用来修改某一条指定的流表项。从消息可以看出被修改的流表项的 priority 是 35，匹配条件是 in_port 为 1。

4.3.3　OpenFlow Packet-in/out 消息分析

OpenFlow Packet-in/out 消息分析

1. Packet-in/out 消息

使用 Packet-in 消息的目的是为了将到达 OpenFlow 交换机的数据包发送到 OpenFlow 控制器。以下 2 种情况即可触发 Packet-in 消息。

- 不存在与流表项一致的项目（OFPR_NO_MATCH）。
- 匹配的流表项中的行动为“发往控制器”（OFPR_ACTION）。

Packet-in 消息结构如图 4-55 所示。

version(8)	OFPT_PACKET_IN	length(16)
xid(32)		
buffer_id(32)		
total_len(16)		in_port(16)
reason(8)	pad(6)	
data（任意）		

图 4-55　Packet-in 消息结构

Packet-in 消息字段说明见表 4-13。

表 4-13 Packet-in 消息字段说明

字段	比特数	内容
buffer_id	32	表示 OpenFlow 交换机中保存的数据包的缓存 ID
total_len	16	帧的长度
in_port	16	接受帧的端口
reason	8	发送 Packet-in 消息的原因
pad	8	用于调整对齐的填充
data	任意	包含以太网帧的数据时使用的字段

Packet-out 消息可以用于指定某一个数据包的处理方法，也可以让交换机产生一个数据包并按照 action 列表处理。Packet-out 消息如图 4-56 所示。

<table>
<tr><td>version(8)</td><td>OFPT_PACKET_OUT</td><td colspan="2">length(16)</td></tr>
<tr><td colspan="4">xid(32)</td></tr>
<tr><td colspan="4">buffer_id(32)</td></tr>
<tr><td colspan="2">in_port(16)</td><td colspan="2">actions_len(16)</td></tr>
<tr><td colspan="4">行动的数组（长度可变）</td></tr>
<tr><td colspan="4">数据报数据（可选）</td></tr>
</table>

图 4-56 Packet-out 消息结构

Packet-out 消息字段说明见表 4-14。

表 4-14 Packet-out 消息字段说明

字段	比特数	内容
buffer_id	32	表示 OpenFlow 交换机中保存的数据包的缓存 ID
in_port	16	数据包的输入端口
actions_len	16	行动信息的长度

Packet-out 消息主要应用在链路发现中，结合任务“OpenFlow 协议连接过程分析”中学到的知识，控制器与 OpenFlow 交换机在连接建立过程中存在拓扑发现的环节，该环节会密集出现 Packet-in/out 消息，其交互流程如图 4-57 所示。

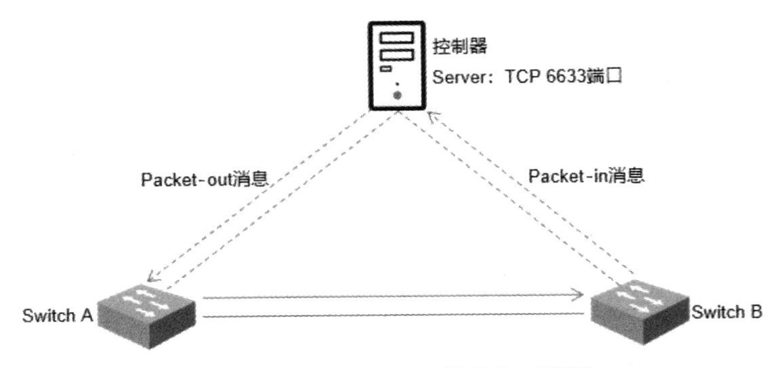

图 4-57 Packet-in/out 消息交互流程

（1）SDN 控制器通过构造 Packet-out 报文来封装 LLDP 包，并将数据包分别发送给每个交换机的每个数据端口，actions 字段指定报文从交换机的哪个端口转发。

（2）如果发出这个数据包的端口另一端也连接着一个 OpenFlow 交换机，对端的交换机会产生一个 Packet-in 消息将这个特殊的数据包上交给控制器。

（3）控制器探测到一条链路的存在。

2. 实验环境

OpenFlow Packet-in/out 消息学习实验的拓扑如图 4-58 所示。

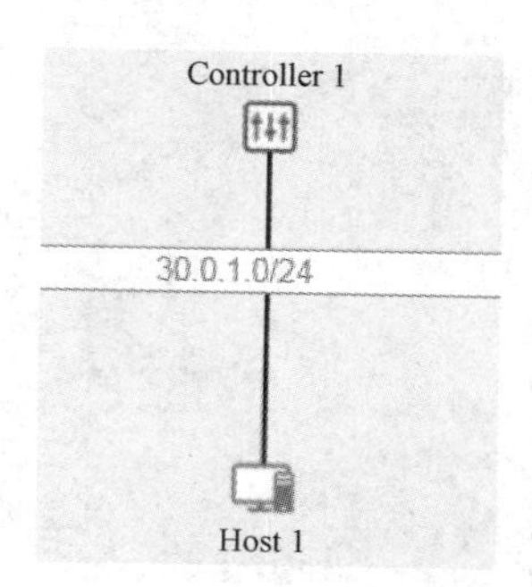

图 4-58　Packet-in/out 消息学习实验的拓扑

Packet-in/out 消息学习实验的环境信息见表 4-15。

表 4-15　Packet-in/out 消息学习实验的环境信息

设备名称	软件环境	硬件环境
控制器	OpenDaylight Lithium 桌面版	CPU：2 核 内存：4GB 磁盘：20GB
主机	Mininet 2.2.0 桌面版	CPU：1 核 内存：2GB 磁盘：20GB

注：系统默认的账户为 root/root@openlab、openlab/user@openlab。

3. 操作过程演示

（1）实验环境检查。

1）登录控制器，执行 ifconfig 命令，查看控制器 IP，如图 4-59 所示。

```
openlab@openlab:~$ ifconfig
eth0      Link encap:Ethernet  HWaddr fa:16:3e:16:68:88
          inet addr:30.0.1.3  Bcast:30.0.1.255  Mask:255.255.255.0
          inet6 addr: fe80::f816:3eff:fe16:6888/64 Scope:Link
          UP BROADCAST RUNNING MULTICAST  MTU:1450  Metric:1
          RX packets:27613 errors:0 dropped:0 overruns:0 frame:0
          TX packets:11159 errors:0 dropped:0 overruns:0 carrier:0
          collisions:0 txqueuelen:1000
          RX bytes:11627669 (11.6 MB)  TX bytes:9083154 (9.0 MB)

lo        Link encap:Local Loopback
          inet addr:127.0.0.1  Mask:255.0.0.0
          inet6 addr: ::1/128 Scope:Host
          UP LOOPBACK RUNNING  MTU:65536  Metric:1
          RX packets:5109 errors:0 dropped:0 overruns:0 frame:0
          TX packets:5109 errors:0 dropped:0 overruns:0 carrier:0
          collisions:0 txqueuelen:0
          RX bytes:277231 (277.2 KB)  TX bytes:277231 (277.2 KB)
```

图 4-59　查看控制器 IP

2）确保 OpenDaylight 服务已经启动成功，由于 OpenDaylight 组件过于庞大，所以启动比较慢，需等待一段时间，使用 netstat -an|grep 6633 命令，查看端口是否处于监听状态，如图 4-60 所示。

```
openlab@openlab:~$ netstat -an|grep 6633
tcp6       0      0 :::6633                 :::*                    LISTEN
```

图 4-60　查看端口是否处于监听状态

3）登录主机 1，执行 ifconfig 命令，查看 IP 地址，本实验中主机 1 的 IP 地址为 30.0.1.7，如图 4-61 所示。

```
openlab@openlab:~$ ifconfig
eth0      Link encap:Ethernet  HWaddr fa:16:3e:69:dd:12
          inet addr:30.0.1.7  Bcast:30.255.255.255  Mask:255.0.0.0
          inet6 addr: fe80::f816:3eff:fe69:dd12/64 Scope:Link
          UP BROADCAST RUNNING MULTICAST  MTU:1450  Metric:1
          RX packets:92 errors:0 dropped:1 overruns:0 frame:0
          TX packets:91 errors:0 dropped:0 overruns:0 carrier:0
          collisions:0 txqueuelen:1000
          RX bytes:17230 (17.2 KB)  TX bytes:12805 (12.8 KB)

lo        Link encap:Local Loopback
          inet addr:127.0.0.1  Mask:255.0.0.0
          inet6 addr: ::1/128 Scope:Host
          UP LOOPBACK RUNNING  MTU:65536  Metric:1
          RX packets:8 errors:0 dropped:0 overruns:0 frame:0
          TX packets:8 errors:0 dropped:0 overruns:0 carrier:0
          collisions:0 txqueuelen:0
          RX bytes:480 (480.0 B)  TX bytes:480 (480.0 B)
```

图 4-61　查看 IP 地址

（2）捕获数据包。

1）登录 OpenDaylight 控制器，执行 sudo wireshark 命令，启动抓包工具 Wireshark。

2）双击 eth0 网卡，抓取 eth0 网卡上数据包收发情况，如图 4-62 所示。

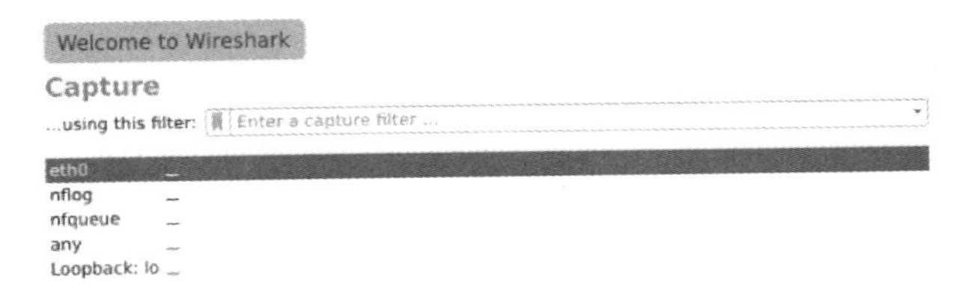

图 4-62　Wireshark 启动界面

3）登录主机 1，启动 Mininet，创建拓扑，其命令如下：

```
$ sudo mn --topo linear,2 --controller=remote,ip=30.0.1.3,port=6633 --switch=ovsk,protocols=OpenFlow13
```

其中，--topo linear,2 表示创建线形拓扑，两个 OpenFlow 交换机各连接一个主机。--controller=remote,ip=30.0.1.3,port=6633 表示连接远程控制器，IP 地址为 30.0.1.3，端口号为 6633，实验时以实际 IP 地址为准。--switch=ovsk,protocols=OpenFlow13 表示交换机型号为 ovsk，采用 OpenFlow 1.3 协议，如图 4-63 所示。

```
openlab@openlab:~$ sudo mn --topo linear,2 --controller=remote,ip=30.0.1.3,port=
6633 --switch=ovsk,protocols=OpenFlow13
[sudo] password for openlab:
*** Creating network
*** Adding controller
*** Adding hosts:
h1 h2
*** Adding switches:
s1 s2
*** Adding links:
(h1, s1) (h2, s2) (s2, s1)
*** Configuring hosts
h1 h2
*** Starting controller
c0
*** Starting 2 switches
s1 s2
*** Starting CLI:
openlab>
```

图 4-63　启动 Mininet 创建拓扑

4）执行 net 命令，查看 Mininet 模拟出的组网结构，如图 4-64 所示。

```
openlab> net
h1 h1-eth0:s1-eth1
h2 h2-eth0:s2-eth1
s1 lo:  s1-eth1:h1-eth0 s1-eth2:s2-eth2
s2 lo:  s2-eth1:h2-eth0 s2-eth2:s1-eth2
c0
```

图 4-64　查看 Mininet 模拟出的组网结构

5）执行 h1 ping h2 命令，主机 1 ping 主机 2，如图 4-65 所示。

```
openlab> h1 ping h2
PING 10.0.0.2 (10.0.0.2) 56(84) bytes of data.
64 bytes from 10.0.0.2: icmp_seq=1 ttl=64 time=999 ms
64 bytes from 10.0.0.2: icmp_seq=2 ttl=64 time=0.157 ms
64 bytes from 10.0.0.2: icmp_seq=3 ttl=64 time=0.310 ms
64 bytes from 10.0.0.2: icmp_seq=4 ttl=64 time=0.283 ms
64 bytes from 10.0.0.2: icmp_seq=5 ttl=64 time=0.391 ms
64 bytes from 10.0.0.2: icmp_seq=6 ttl=64 time=0.163 ms
```

图 4-65　主机 1 ping 主机 2

6）按“Ctrl+C”组合键停止主机 ping 操作。

7）登录 OpenDaylight 控制器，单击 Stop capturing packets 按钮停止 Wireshark 抓包，观察数据包列表，可以看出控制器与交换机的基本交互流程，如图 4-66 所示。

```
53 1.001387491  ::                 ff02::1:ff44:9465  OpenFl…  162 Type: OFPT_PACKET_IN
55 1.049790370  30.0.1.3           30.0.1.4           OpenFl…  226 Type: OFPT_FLOW_MOD
56 1.050107316  30.0.1.3           30.0.1.4           OpenFl…  226 Type: OFPT_FLOW_MOD
57 1.061591961  ::                 ff02::1:ffd5:91c4  OpenFl…  162 Type: OFPT_PACKET_IN
60 1.089442470  aa:3b:8b:c9:55:8e  CayeeCom_00:00:01  OpenFl…  175 Type: OFPT_PACKET_OUT
62 1.090706292  f2:a6:7b:1c:89:78  CayeeCom_00:00:01  OpenFl…  175 Type: OFPT_PACKET_OUT
63 1.090752004  aa:3b:8b:c9:55:8e  CayeeCom_00:00:01  OpenFl…  169 Type: OFPT_PACKET_IN
66 1.092716283  22:2f:b4:eb:fb:50  CayeeCom_00:00:01  OpenFl…  175 Type: OFPT_PACKET_OUT
67 1.094049915  22:2f:b4:eb:fb:50  CayeeCom_00:00:01  OpenFl…  169 Type: OFPT_PACKET_IN
70 1.173700732  ::                 ff02::1:ffeb:fb50  OpenFl…  162 Type: OFPT_PACKET_IN
72 1.269979970  30.0.1.4           30.0.1.3           OpenFl…  130 Type: OFPT_PORT_STATUS
```

图 4-66　Packet_in/out 消息流程

（3）Packet in/out 消息详解。

1）登录 Mininet 主机，查看交换机 S1 的流表信息（S2 同理），其命令如下：

```
> sh ovs-ofctl -O OpenFlow13 dump-flows s1
```

查看交换机 S1 的流表信息，如图 4-67 所示。

```
openlab> sh ovs-ofctl -O OpenFlow13 dump-flows s1
OFPST_FLOW reply (OF1.3) (xid=0x2):
 cookie=0x2b00000000000001, duration=667.028s, table=0, n_packets=134, n_bytes=11390, priority=100,dl_type=0x88cc actions=CONT
ROLLER:65535
 cookie=0x2b00000000000003, duration=663.251s, table=0, n_packets=2, n_bytes=140, priority=2,in_port=1 actions=output:2,CONTRO
LLER:65535
 cookie=0x2b00000000000002, duration=663.251s, table=0, n_packets=282, n_bytes=56662, priority=2,in_port=2 actions=output:1
```

图 4-67　查看交换机 S1 的流表信息

第一条流表项，dl_type=0x88cc 表示 LLDP 帧，actions=CONTROLLER 表示行动为发往控制器，意味着输入到交换机中的 LLDP 帧都会发送到控制器。

2）在控制器 Wireshark 软件中，筛选 lldp 包并单击第一条 Packet-out 消息，详细信息如图 4-68 所示。

由图 4-68 可知，该控制器与主机协商的 OpenFlow 版本为 1.3，消息类型为 PACKET_OUT。消息中包含 LLDP 帧，动作为从交换机的端口 1 发出（下一条 Packet-out 消息从交换机的端口 2 发出，实际实验时这两条消息捕获顺序可能不同），以此来检测网络拓扑结构。

3）在控制器 Wireshark 软件中，筛选 lldp 包并单击第一条 Packet-in 消息，详细信息如图 4-69 所示。

当 LLDP 帧被发送至相邻的交换机后，发现邻居交换机是一台 OpenFlow 交换机，该交换机通过 Packet-in 消息将数据包发送给控制器。而控制器在收到 Packet-in 消息后，会对数据包进行分析并在其保存的链路发现表中创建交换机之间的链接记录。

```
75 1.959450351  30.0.1.3   30.0.1.7   OpenFl…  191 Type: OFPT_PACKET_OUT
76 1.960703871  30.0.1.3   30.0.1.7   OpenFl…  191 Type: OFPT_PACKET_OUT
▷ Internet Protocol Version 4, Src: 30.0.1.3, Dst: 30.0.1.7
▷ Transmission Control Protocol, Src Port: 6633 (6633), Dst Port: 58177 (58177), Seq: 277, Ack: 2137, Len: 125
▽ OpenFlow 1.3
    Version: 1.3 (0x04)
    Type: OFPT_PACKET_OUT (13)
    Length: 125
    Transaction ID: 8
    Buffer ID: OFP_NO_BUFFER (0xffffffff)
    In port: OFPP_CONTROLLER (0xfffffffd)
    Actions length: 16
    Pad: 000000000000
  ▽ Action
      Type: OFPAT_OUTPUT (0)
      Length: 16
      Port: 1
      Max length: OFPCML_NO_BUFFER (0xffff)
      Pad: 000000000000
  ▽ Data
    ▷ Ethernet II, Src: 5e:53:9e:e3:f2:b4 (5e:53:9e:e3:f2:b4), Dst: CayeeCom_00:00:01 (01:23:00:00:00:01)
    ▷ Link Layer Discovery Protocol
```

图 4-68　封装 LLDP 消息的 Packet-out 报文

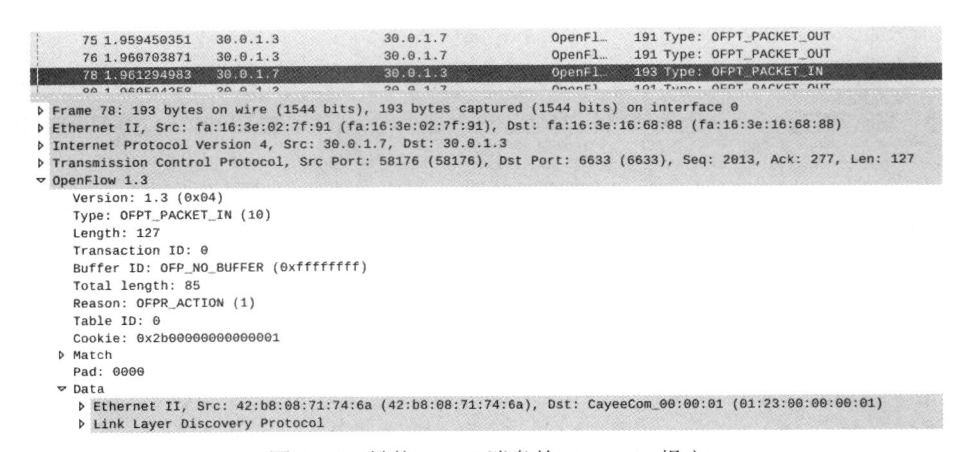

图 4-69　封装 LLDP 消息的 Packet-in 报文

4）在控制器的 Wireshark 中，过滤 icmp 包，如图 4-70 所示。

```
icmp
No.  Time          Source     Destination  Protocol Length Info
156  5.608462826   30.0.1.7   30.0.1.3     OpenFl…  206 Type: OFPT_PACKET_IN
160  5.608500459   30.0.1.7   30.0.1.3     OpenFl…  206 Type: OFPT_PACKET_IN
162  5.608821846   30.0.1.7   30.0.1.3     OpenFl…  206 Type: OFPT_PACKET_IN
▽ OpenFlow 1.3
    Version: 1.3 (0x04)
    Type: OFPT_PACKET_IN (10)
    Length: 140
    Transaction ID: 0
    Buffer ID: OFP_NO_BUFFER (0xffffffff)
    Total length: 98
    Reason: OFPR_ACTION (1)
    Table ID: 0
    Cookie: 0x2b00000000000008
  ▷ Match
    Pad: 0000
  ▽ Data
    ▷ Ethernet II, Src: fa:ce:8c:73:b4:c0 (fa:ce:8c:73:b4:c0), Dst: 92:e0:ab:db:72:05 (92:e0:ab:db:72:
    ▷ Internet Protocol Version 4, Src: 10.0.0.2, Dst: 10.0.0.1
    ▷ Internet Control Message Protocol
```

图 4-70　封装 ICMP 消息的 Packet-in 报文

由图 4-70 可知，icmp 包封装在 Packet-in 消息中，通过 Packet-in 消息封装并上传到控制器。

4.4　本章小结

本章介绍了南向接口协议的基本信息和 OpenFlow 协议的内容，包括消息类型、流表结构和交互过程等。本章重点介绍了组表、计量表的结构、作用和应用场景，并通过实验对上述知识点进行了更加深入的讲解。

4.5　本章练习

一、选择题

1．关于 OVSDB 协议描述不正确的是（　　）。

A．是一种管理配置协议，负责添加、删除、更新端口和隧道

B．具有灵活易懂、可扩展性强的特点

C．控制平面可以通过 OVSDB Mgmt 远程配置 OVS 的数据库 OVSDB

D．OVSDB 管理协议是目前为止唯一的 OpenFlow 配置协议

2．关于 OpenFlow 的发展史说法错误的是（　　）。

A．2006 年，斯坦福大学 Clean Slate 计划资助的 Ethane 项目开始部署，OpenFlow 协议的雏形就诞生于这个项目

B．2008 年，Nick McKeown 教授的论文 *OpenFlow：Enabling Innovation in Campus Networks* 使得 OpenFlow 正式进入人们的视野

C．OpenFlow 成为标准化组织 ONF 主推的北向接口协议

D．OpenFlow 协议还在不断地演进中

3．关于 Packet-in 消息描述不正确的是（　　）。

A．Packet-in 消息由 OpenFlow 交换机发出并发送到 OpenFlow 控制器

B．当交换机收到一个数据包后，会查找流表，如果流表中没有匹配条目，则交换机会将数据包封装在 Packet-in 消息中发送给控制器处理

C．匹配的流表项中的行动为“发往控制器”（OFPR_ACTION），此时数据包会被缓存在交换机中

D．可以通过 Packet-in/Packet-out 发现交换机之间的链路

4．以下不属于 Flow-Mod 消息中的数据匹配字段的是（　　）。

A．dl_src　　B．out_port　　C．nw_tos　　D．dl_vlan

5．关于组表结构描述不正确的是（　　）。

A．组 ID：用于表示组的识别符，根据该识别符使用各组

B．组类型：指定组的动作，分为 all、select、indirect、fast failover

C．计数器：记录通过该组表项处理的数据包数

D．行动桶：多个行动桶，一个行动桶存储了一个执行动作和其对应的参数

二、判断题

1．控制器与 OpenFlow 交换机之间相互发送 Hello 消息，用于协商双方的 OpenFlow

版本号。在双方支持的最高版本号不一致的情况下，协商的结果将以较高的 OpenFlow 版本为准。

2．用于 SDN 交换机链路发现的 LLDP 报文封装在 Packet-in/Packet-out 消息中。

3．idle_time 表示当这条流表项在规定的时间内没有匹配到数据分组，则该流表项失效。

4．OpenFlow 控制器通过下发流表来指导数据平面流量的转发。

5．OpenFlow 1.3 中每台 OpenFlow 交换机只有一张流表。

三、简答题

1．OpenFlow 定义了哪些消息？各自的作用是什么？

2．OpenFlow 1.0 流表匹配流程是什么？

3．OpenFlow 1.3 流表匹配流程是什么？

4．组表的原理是什么？有什么应用场景？

5．计量表的原理是什么？有什么应用场景？

第 5 章　SDN 北向接口协议

学习目标

- 了解 SDN 北向接口的概念。
- 了解常见的开源控制器的北向接口。
- 掌握使用 Postman 调用控制器北向接口下发、删除流表的方法。

5.1　SDN 北向接口协议概述

5.1.1　SDN 北向接口简介

SDN 控制层在 SDN 体系中就像 SDN 的大脑，负责集中控制底层的转发设备，同时还负责对上层业务提供开放的接口，使得业务应用能够方便地使用底层的网络资源。SDN 北向接口具有枢纽的作用，调用北向接口协议可以直接使用控制器实现网络功能。网络服务提供者可以在异构网络中提供自己的服务，无需根据细节来更改或删除自己的服务，从而节约了大量的时间，因此可以将主要的精力投入到自身网络服务的实现上。

北向接口的设计方案和协议制定依然是 SDN 领域研究的热点，尚未形成统一的标准。目前，SDN 市场上各种控制器，如 OpenDaylight、Floodlight、ONOS 等，都会对外提供各自的北向接口来支持上层应用开发和资源编排。这些北向接口的开放层次参差不齐，从不同用户、参与者和运营商的角度出发，提出了很多北向接口的方案，无法形成统一的、标准的北向接口，给上层应用开发带来了很大的困扰，学习成本也很高。一些传统厂商也在其现有设备上提供了编程接口供上层业务应用直接调用。例如 Cisco 提出的 OnePK（One Platform Kit）开发平台，基本不涉及原有网元设备的智能分离，仅在管理面编程开放了有限的功能。由于 OnePK 平台与硬件厂商捆绑，所以其兼容性较差。

总体而言，目前 SDN 北向接口的发展主要由两个方面展开。

一方面，通过各个开源平台进行推动，形成事实标准，其中比较常见的开源平台有 OpenStack、OpenDaylight 和 Floodlight 等。

- OpenStack 中的网络服务组件是 Neutron，OpenStack 通过 Neutron API 向用户和其他服务公开虚拟网络服务接口。
- OpenDaylight 的目的是打造一个统一的 SDN 平台，基于 YANG 来构建模型，定义 REST API，应用可以通过 OpenDaylight 的北向接口访问网络中的资源和信息。
- Floodlight 是 Big Switch 控制器的开源版本，其北向接口也是基于 REST API 开发的。

另一方面，通过各个标准化组织对北向接口的分类、框架、协议等进行标准化定义，如 ONF、IETF 和 MEF（Metro Ethernet Forum，城域以太网论坛）等。

5.1.2 北向接口标准化

开放的北向接口是 SDN 生态系统的核心。本小节重点介绍北向接口的标准化进展。

1. ONF 北向接口标准化

2011 年 3 月，ONF 成立，致力于推动 SDN 技术和标准的发展，当前有多个工作组制定北向接口。

（1）NBI（Northbound Interfaces，北向接口）是 ONF 最早定义北向接口的工作组。NBI 引入了北向接口“维度”的概念——底层抽象接口，面向网络资源及功能；上层抽象接口，面向应用，北向接口抽象维度如图 5-1 所示。

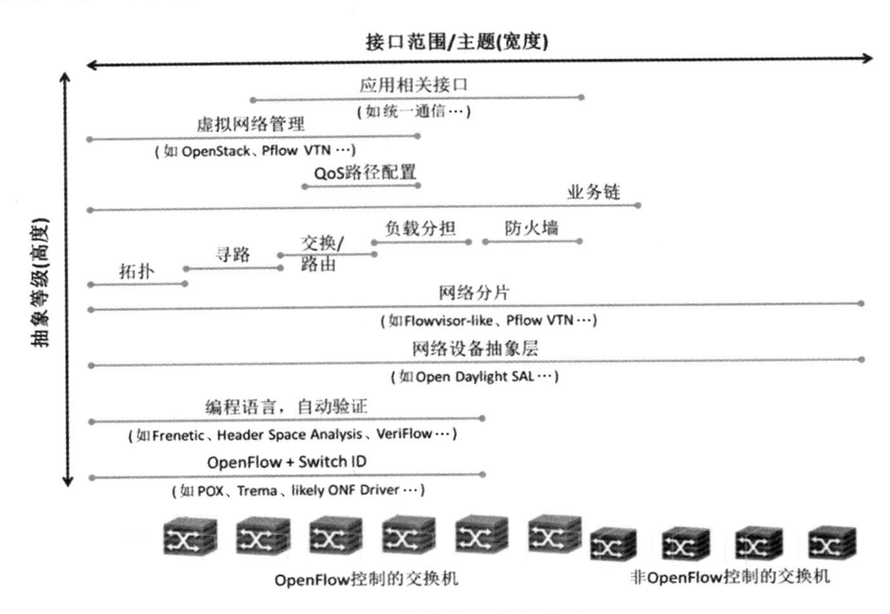

图 5-1 北向接口抽象维度

（2）OTWG（Optical Transport Working Group，光传送工作组）采纳 CIM（Common Information Model，通用信息模型），对 OTN、ETH 和 MPLS-TP 等传送技术建模，建模后的 TAPI 相关项目如图 5-2 所示。2016 年 6 月，OTWG 发布 TR527 版本 1.0（TAPI Function Requirement），描述了控制器间接口功能需求和控制器/协同器/应用层间功能需求，包括拓扑服务（Topology Service）、连接服务（Connectivity Service）、路径计算服务（Path Computation Service）、虚拟网络服务（Virtual Network Service for Transport）和通告服务（Notification Service）等。

（3）2015 年 9 月，华为在开源 SDN 社区推动成立 ENGLEWOOD 项目，提供平台无关的抽象层，屏蔽各种控制器实现的差异性，该项目软件架构如图 5-3 所示。

2. IETF 北向接口标准化

（1）IETF 负责互联网相关技术规范的制定，最初关注分布式路由及信令协议，并制定 SNMP 及 MIB、NETCONF 等南向接口。IETF 最早有两个 SDN 相关工作组，分别是分别是 ForCES（Forwarding and Control Element Separation，转发和控制元素分离）和 ALTO（Application-Layer Traffic Optimization，应用层流量优化）。随着 SDN 理念逐步被业界所追捧，出现了越来越多的工作组，包括 I2RS（Interface to the Routing System，路由系统接口）、Spring（Source Packet Routing in Networking，网络中的源包路由）、SFC（Service Function

Chaining，服务功能链接）、BIER（Bit Indexed Explicit Replication，位索引显示复制）、NetMod（NETCONF Data Modeling Language，NETCONF 数据建模语言）和 L3SM（L3VPN Service Model，网络层虚拟私有网络服务模型）等。

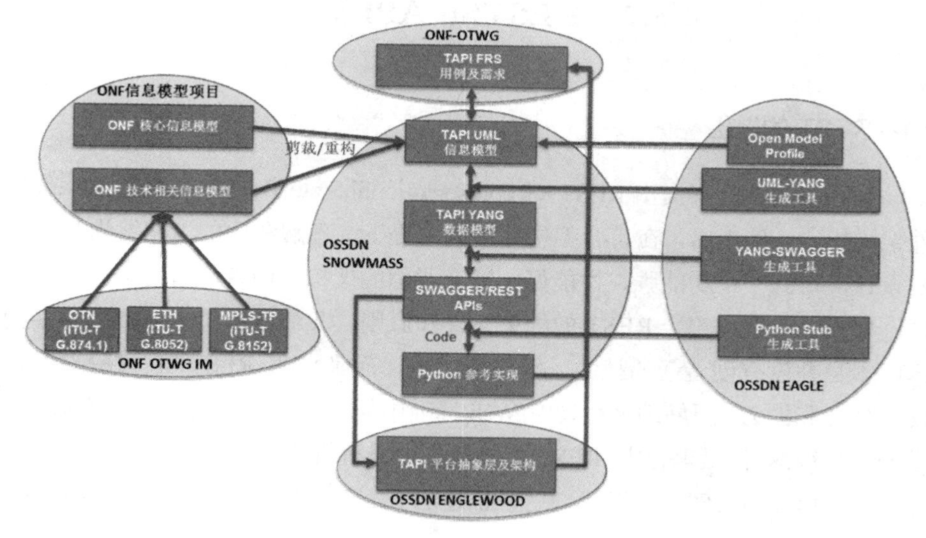

图 5-2　建模后的 TAPI 相关项目

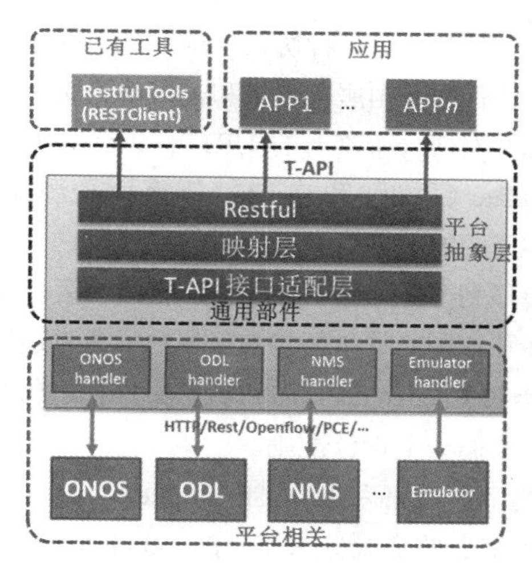

图 5-3　ENGLEWOOD 项目软件架构

（2）IETF 并没有独立的北向接口工作组，各个工作组都在制定网络功能相关的接口，并统一使用 YANG 数据模型进行接口描述。目前，TEAS 工作组开展了网络拓扑、业务隧道等北向接口 YANG 模型的标准制定，CCAMP 工作组开展与具体传送技术相关的北向接口 YANG 模型标准研究。

（3）2015 年，华为推动成立 SUPA（Simplified Use of Policy Abstractions，简化策略抽象使用）工作组，其主要目标是制定通用的 Policy 模型，并且将 Intent Policy 作为其中重要的研究内容。

3. MEF 北向接口标准化

MEF（Metro Ethernet Forum，城域以太网论坛）将以太网作为一种业务，定义业务的需求、属性和 OAM 等，所有能够提供这种业务的网络，都能够得到 MEF 的认证。MEF 当前定义的以太网服务接口，可以认为是一种基于意图的接口。

总的来说，SDN 应用的多样性使得北向接口的需求多变，进而导致北向接口面临标准化挑战。各标准组织逐渐倾向采用统一的信息模型，这项研究将十分艰难，任重而道远。

5.2 RESTful API 简介

5.2.1 REST 的提出

Roy Fielding 在 2000 年提出 REST（Representational State Transfer，表述性状态转移）风格的软件架构模式。他指出，在符合架构原理的前提下，理解和评估以网络为基础的应用软件的架构设计，得到一个功能强、性能好、适宜通信的架构。REST 指的是一组架构约束条件和原则。如果一个架构符合 REST 的约束条件和原则，我们就称它为 RESTful 架构。

REST 本身并没有创造新的技术、组件或服务，而隐藏在 RESTful 背后的理念就是以 Web 的现有特征和能力，更好地使用现有 Web 标准中的一些准则和约束。虽然 REST 本身受 Web 技术的影响很深，但是理论上，REST 架构风格并没有绑定在 HTTP 上，只不过目前 HTTP 是唯一与 REST 相关的实例，所以我们这里描述的 REST 也是通过 HTTP 实现的 REST。

5.2.2 REST 的定义

首先要再次明确的是，REST 不是一种协议，也不是一种标准，而是指一种软件架构风格。遵循 REST 模式设计的软件一般由服务器端和客户端组成，在服务器上保存的所有信息都被视为资源，每一个资源都对应一个唯一的 URL 标识，对资源的操作又可归结为 Create（创建）、Read（读取）、Update（更新）和 Delete（删除）。资源具有不同的表现形式和状态，当客户端执行读取操作时，资源的状态信息以合适的形式发送到客户端，当客户端执行更新操作时，资源的状态又被转移到服务器端，因此整个软件的运行过程可以视为资源的表示状态在服务器和客户端之间转移，因此这种架构被形象地称为表述性状态转移。

REST 架构是针对 Web 应用设计的，其目的是降低开发的复杂性，提高系统的可伸缩性。REST 架构的软件设计遵循如下设计准则。

- 网络上的所有事物都被抽象为资源（Resource）。
- 每个资源对应一个唯一的资源标识符（Resource Identifier）。
- 通过通用的连接器接口（Generic Connector Interface）对资源进行操作。
- 对资源的各种操作不会改变资源标识符。
- 所有的操作都是无状态的（Stateless）。

REST 是一种轻量级的 Web 服务架构风格，由于不需要支持 SOAP、UDDI 等协议，其实现和操作变得更为简洁，可以完全通过 HTTP 实现，还可以利用缓存来提高响应速度，在性能、效率和易用性上都优于基于 XML-RPC 的 JAX-WS Web 服务。

5.2.3 RESTful 风格的接口

RESTful 风格的 API 是一种软件架构风格，它提供了一组设计原则和约束条件，主要用于客户端和服务器交互类的软件。基于这个风格设计的软件可以更简洁，更有层次，更易于实现缓存等机制。

在 RESTful 风格中，用户的请求使用同一个 URL，而用 GET、POST、DELETE、PUT

等方式对请求的处理方法进行区分，这样可以在前后台分离式的开发中使得前端开发人员不会对请求的资源地址产生混淆，形成一个统一的接口。

下面将介绍 RESTful API 的一些设计细节，讨论如何设计 API 会更合理。

1. 协议

RESTful API 基于 HTTP 协议。

2. 域名

建议将 API 部署在专属域名下，如：

```
https://api.example.com
```

API 如果比较简单，确定不会再进一步扩展，也可以放在主域名下，如：

```
https://example.org/api/
```

3. 版本

API 的版本号应该放入 URL 中，或者放入 HTTP 头消息中，但是后者不如前者直观，如：

```
https://api.example.com/v1/
```

4. 路径

这里的路径又被称为“终点”（Endpoint），用来表示 API 的具体地址。在 RESTful 架构中，每一种资源（Resource）都由一个网址来表示，所以网址中不应该包含动词，只能存在名词，而名词通常与数据库的表格名相对应。同时，名词一般使用复数形式，来表示同种记录的“集合”。

例如，设计一个 API 来表示咖啡店的信息，其中包括了各种咖啡、订单和会员卡的信息，那么它的路径应该设计如下：

```
https://api.example.com/coffees/
https://api.example.com/orders/
https://api.example.com/cards/
```

5. HTTP 动词

对于资源的具体操作类型，由 HTTP 动词表示。常用的 HTTP 动词有下面 5 个（括号里是对应的 SQL 命令）。

- GET（SELECT）：从服务器上取出资源（一项或多项）。
- POST（CREATE）：在服务器上新建一个资源。
- PUT（UPDATE）：在服务器上更新资源（客户端提供改变后的完整资源）。
- PATCH（UPDATE）：在服务器上更新资源（客户端提供改变的属性）。
- DELETE（DELETE）：从服务器上删除资源。

还有两个不常用的 HTTP 动词。

- HEAD：获取资源的元数据。
- OPTIONS：获取信息，客户端可以改变资源的哪些属性。

下面是一些例子。

- GET /orders：列出所有订单。
- POST /orders：新建一个订单。
- GET /orders/ID：获取某个指定订单的信息。
- PUT /orders/ID：更新某个指定订单的信息（提供该订单的全部信息）。
- PATCH /orders/ID：更新某个指定订单的信息（提供该订单的部分信息）。

- DELETE /orders/ID：删除某个订单。
- GET /orders/ID/coffees：列出某个指定订单的所有咖啡。
- DELETE /orders/ID/coffees/ID：删除某个指定订单的指定的咖啡。

6. 筛选过滤

如果记录数量很多，服务器不可能都将它们返回给用户。API 应该提供参数，过滤返回结果。下面是一些常见的参数。

- limit=10：指定返回记录的数量。
- offset=10：指定返回记录的开始位置。
- page=2&per_page=100：指定第几页，以及每页的记录数。
- sortby=name&order=asc：指定返回结果按照哪个属性排序，以及排列顺序。
- coffee_type_id=1：指定筛选条件。

参数的设计允许存在冗余，即允许 API 路径和 URL 参数偶尔有重复，如 GET /orders/ID/coffee 与 GET /coffees?order_id=ID 的含义是相同的。

7. 状态

服务器向用户返回的状态码和提示信息，常见的如下（方括号中是该状态码对应的 HTTP 动词）：

- 200 OK - [GET]：服务器成功返回用户请求的数据，该操作是幂等的（Idempotent）。
- 201 CREATED - [POST/PUT/PATCH]：用户新建或修改数据成功。
- 202 Accepted - [*]：表示一个请求已经进入后台排队（异步任务）。
- 204 NO CONTENT - [DELETE]：用户删除数据成功。
- 400 INVALID REQUEST - [POST/PUT/PATCH]：用户发出的请求有错误，服务器没有进行新建或修改数据的操作，该操作是幂等的。
- 401 Unauthorized - [*]：表示用户没有权限（令牌、用户名、密码错误）。
- 403 Forbidden - [*]：表示用户得到授权（与 401 错误相对），但是访问是被禁止的。
- 404 NOT FOUND - [*]：用户发出的请求针对的是不存在的记录，服务器没有进行操作，该操作是幂等的。
- 406 Not Acceptable - [GET]：用户请求的格式不可得（如用户请求 JSON 格式，但是只有 XML 格式）。
- 410 Gone -[GET]：用户请求的资源被永久删除，且不会再得到。
- 422 Unprocesable entity - [POST/PUT/PATCH]：当创建一个对象时，发生一个验证错误。
- 500 INTERNAL SERVER ERROR - [*]：服务器发生错误，用户将无法判断发出的请求是否成功。

8. 错误结果

若返回的状态码是 4xx，此时便会向用户返回一些报错的信息。通常，返回的消息中将以 error 作为键名，以出错的信息作为键值，其报错信息如下：

```
{
    error: "Invalid API key"
}
```

9. 返回结果

对应不同的操作，服务器向用户返回的结果需要符合以下规范。

- GET /collection：返回资源对象的列表（数组）。
- GET /collection/resource：返回单个资源对象。
- POST /collection：返回新生成的资源对象。
- PUT /collection/resource：返回完整的资源对象。
- PATCH /collection/resource：返回完整的资源对象。
- DELETE /collection/resource：返回一个空文档。

接下来我们通过一个小例子来说明 RESTful API。

做后台开发的程序员小林实现了一套订单管理系统，可以为当前用户添加、删除订单，也可以查询用户的所有订单。他写了一套 API，包含 add_orders、delete_orders 和 get_orders 功能。前端人员想要调用他的 API，只需要访问不同的 URL，如想要添加订单，可以用 http://api.localhost.com/add_orders。如果用户单击了“查看订单列表”按钮，前端就会访问 http://api.localhost.com/get_orders，后台收到后，知道前端想调用“查询订单”的 API，就会把所有订单的数据返回给前端。这是一种“简单粗暴”的 API 设计风格。后台针对添加、删除和查询订单设计了 3 个 URL，然后根据前端访问的 URL 来判断其目的。人们一开始发明 HTTP、使用 URL 的时候就想到了根据 URL 来区分 API，这么做的后果是 URL 越来越长，到最后前端也不知道自己在用什么 URL 了。直到有一天，有人提出了 REST 的设计风格，才使得整个 API 的设计充满了美感。

REST 风格是如何满足小林的需求的呢？首先，它规定 URL 只能表示资源。也就是说，REST 是面向资源的，服务器上有什么东西，都会通过 URL 暴露出来。在这个例子里，服务器上有一个订单列表，那它对应的 URL 就是 http://api.localhost.com/orders。无论是添加、删除还是查询，只要是针对订单列表的操作，都只能用这个 URL。

那么，后台如何区分前端到底是想添加订单、删除订单还是查询订单？很简单，交给 HTTP 去做。HTTP 支持 4 个动词，分别是 GET、POST、PUT 和 DELETE。平时我们浏览网页的时候，浏览器会用 GET 动词去服务器上拉取资源，这个操作也可以理解为查询。当我们要登录某个网站的时候，我们填写的账号、密码之类的信息会通过 POST 请求上传到服务器。

针对订单列表的一系列操作，可以分别用 HTTP 的 4 个动词发起请求，如删除一个订单，就是用 DELETE 访问 http://api.localhost.com/orders。尽管服务器收到请求的 URL 都相同，但是它可以根据请求动词区分前端到底想调用哪个 API，这便是 REST 的精髓所在。它把访问服务器的过程看作操作数据库。数据库里的资源可以根据表名来定位，服务器上的资源也可以用 URL 定位。我们对数据库的操作主要是 CRUD（Creat Read Update Delete，增查改删），利用 REST，我们也可以对后台资源进行 CRUD。

接下来要介绍的 RESTCONF 协议就是一个 RESTful 风格的 API，使得维护和操作网络设备更加简洁。

5.3　RESTCONF 协议

5.3.1　RESTCONF 协议简介

RESTCONF 协议基于 REST 模式、用于网络配置与管理，其目的主要是为 Web 应用提供一个获取配置数据、状态数据、通知事件的标准机制。RESTCONF 以 HTTP 作为传输协议。RESTCONF 协议与其他 REST 协议类似，一个 RESTCONF 操作是由 HTTP 方法和被请求资源的 URI 构成。其 URL 结构如图 5-4 所示。

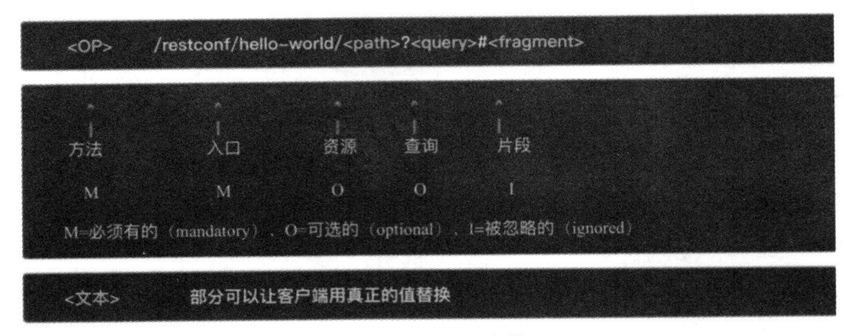

图 5-4 URL 结构

- 方法：客户端发送 HTTP 方法标识的 RESTCONF 操作，请求操作作用于被请求 URI 指定的目标资源上。
- 入口：hello-world 的 RESTCONF 入口端口（“/restconf/hello-world”）。
- 资源：标识将要被操作访问的资源的路径表达式。如果这个域没有被提供，那么目标资源就是 API 本身，以 application/vnd.yang.api 为媒体类型提供出来。
- 查询：跟 RESTCONF 消息相关联的参数集合，形式为“名称=值”。
- 片段：这个域并不会在 RESTCONF 协议中被使用到。

RESTCONF 消息被放置在 HTTP 消息体中，消息可以使用 XML 或 JSON 格式，在请求的 Content-Type header 处指明是 XML 格式还是 JSON 格式。如果消息是从客户端发出的，那么必须要指明这个域（默认是 XML）。响应的输出格式是由请求消息中的 accept header 指定的（如果没有指定则与请求的编码格式保持一致）。两种消息格式分别对应 YANG 模块的 XML-YANG 和 JSON-YANG。当数据库创建一个新资源时，会返回一个 Location 头，该头用于标识这个资源的路径。后续对该资源的所有操作，都需要通过这个路径来进行。除了 PATCH 方法可以操作多个数据存储外，RESTCONF 的每个操作都只能限定一个对象。在 RESTCONF 协议中，操作的对象实际上是层次化的资源，每个资源都代表设备内的一个可管理部件。资源的最高层是 API，其对应的 URI 为/restconf。

5.3.2 使用 Postman 查询网络拓扑

使用 Postman 查询网络拓扑

1. OpenDaylight 北向接口简介

OpenDaylight 提供了多个模块的北向接口，主要可以分为 3 大类，分别为网络服务类、平台服务类和拓展类，常用的有 Topology、Host Tracker、Flow programmer、Statistics、Switch Manager。主要模块及其对应功能见表 5-1。

表 5-1 主要模块及其对应功能

模块名称	主要功能
Topology	获取拓扑、用户配置链路
Host Tracker	探测所得的主机信息
Flow programmer	提供查看流的信息和流编程
Statistics	各种统计信息
Switch Manager	获取交换机管理信息

OpenDaylight 的拓扑 RESTful API 对应的子资源点有 2 个，分别为 CONFIG 和 OPERATIONAL，CONFIG 主要是拓扑的配置信息，OPERATIONAL 主要是运行时的拓扑信息。每种类型的拓扑中包含 2 个模块的拓扑信息，FLOW 模块和 OVSDB 模块。当 OpenDaylight 没有安装 OVSDB 模块时，OVSDB 拓扑是不展示的。

在 OPERATIONAL 类型中 FLOW 模块包含 NODE 信息和 LINK 信息。OVSDB 拓扑包含 OVSDB 的配置信息和端口的流量信息。OVSDB 的配置信息中包含当前连接的控制器信息、控制器通信的 OpenFlow 协议版本信息和 BRIDGE 配置信息等。

2. 实验环境

使用 Postman 查询网络拓扑实验的拓扑如图 5-5 所示。

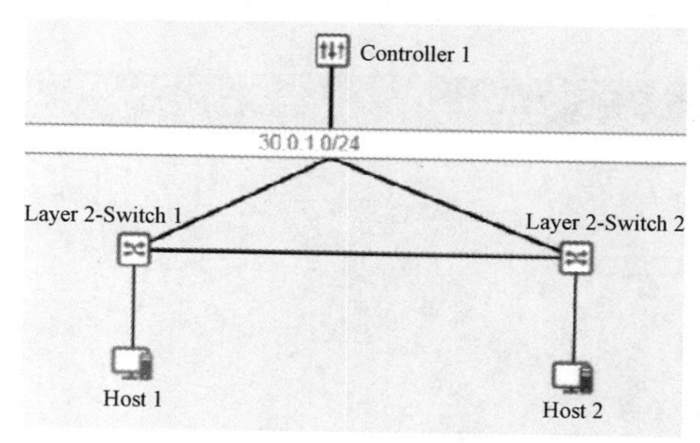

图 5-5 使用 Postman 查询网络拓扑实验的拓扑

使用 Postman 查询网络拓扑实验的环境信息见表 5-2。

表 5-2 使用 Postman 查询网络拓扑实验的环境信息

设备名称	软件环境	硬件环境
主机	Ubuntu 14.04 桌面版	CPU：1 核 内存：2GB 磁盘：20GB
控制器	OpenDaylight Carbon 桌面版	CPU：2 核 内存：4GB 磁盘：20GB
交换机	Open vSwitch 2.3.1 命令行版	CPU：1 核 内存：2GB 磁盘：20GB

注：系统默认的账户为 root/root@openlab、openlab/user@openlab。

3. 操作过程演示

使用 Postman 查询网络拓扑的具体操作步骤如下：

（1）实验环境检查。

1）以 root 用户登录两台交换机，初始化 OVS，其命令如下：

```
# cd /home/fnic
# ./ovs_init
```

2）登录控制器，执行 ifconfig 命令，查看控制器 IP 地址，如图 5-6 所示。

（2）查看拓扑。

1）登录控制器主机，单击桌面的 Applications Menu→Development→Postman 菜单，打开 Postman 应用，如图 5-7 所示。

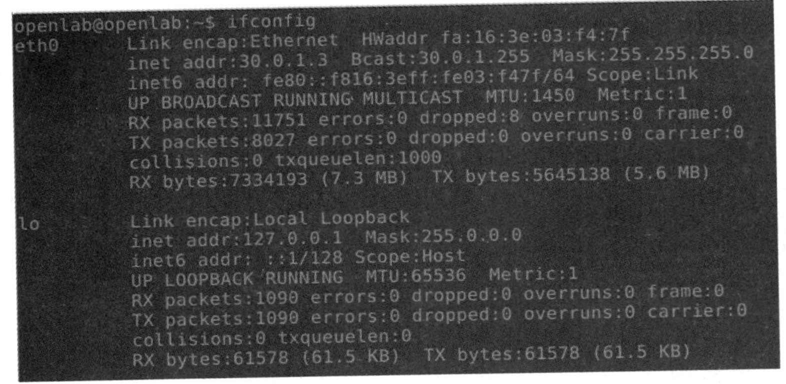

图 5-6 查看控制器 IP 地址

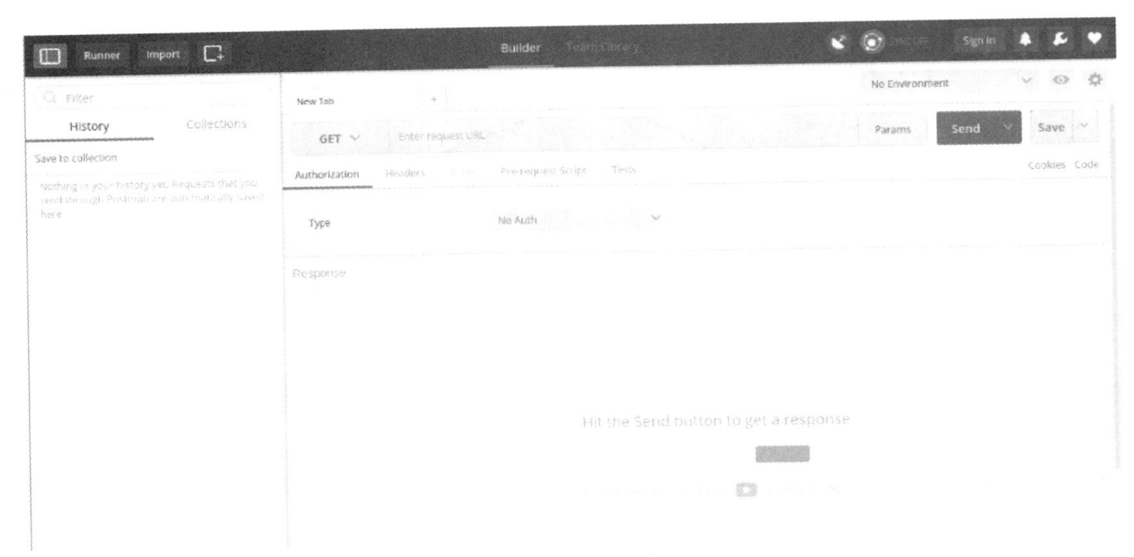

图 5-7 Postman 界面

2）输入 URL，即 http://[controller-ip]:8080/restconf/operational/network-topology:network-topology/，其中[controller-ip]为当前控制器数据层的 IP 地址。请求类型选择 GET。单击 Authorization 选项卡，Type 选择 Basic Auth。输入用户名和密码，用户名和密码都是 admin，如图 5-8 所示。

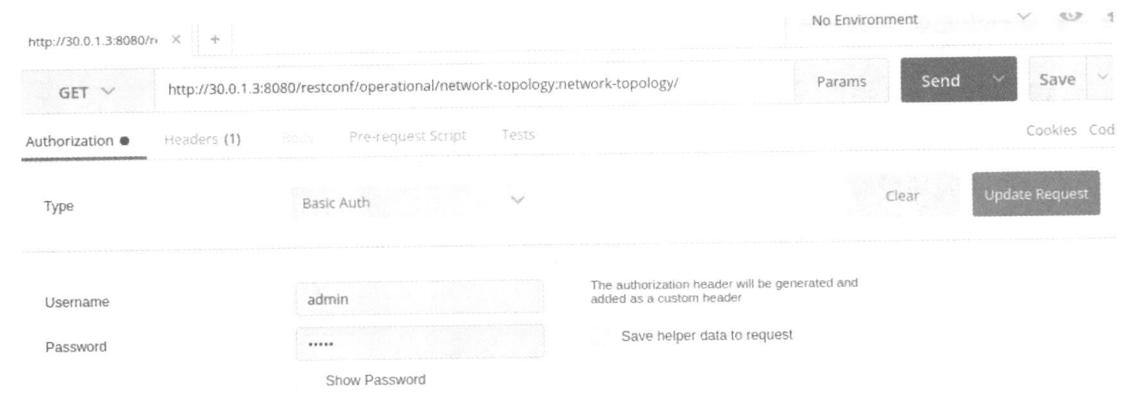

图 5-8 Authorization 认证方式

3）单击 Send 按钮查看结果，部分截图如图 5-9 所示。

```
{
  "network-topology": {
    "topology": [
      {
        "topology-id": "flow:1",
        "node": [
          {
            "node-id": "openflow:152594606067525",
            "termination-point": [
              {
                "tp-id": "openflow:152594606067525:5",
                "opendaylight-topology-inventory:inventory-node-connector-ref": "/opendaylight-inventory:n
                    /opendaylight-inventory:node[opendaylight-inventory:id='openflow:152594606067525']/ope
                    -inventory:node-connector[opendaylight-inventory:id='openflow:152594606067525:5']"
              }

          {
            "node-id": "openflow:148415615564871",
            "termination-point": [
              {
                "tp-id": "openflow:148415615564871:8",
                "opendaylight-topology-inventory:inventory-node-connector-ref": "/opendaylight-inventory:node
                    /opendaylight-inventory:node[opendaylight-inventory:id='openflow:148415615564871']/openda
                    -inventory:node-connector[opendaylight-inventory:id='openflow:148415615564871:8']"
              },

        "link": [
          {
            "link-id": "openflow:148415615564871:2",
            "source": {
              "source-node": "openflow:148415615564871",
              "source-tp": "openflow:148415615564871:2"
            },
            "destination": {
              "dest-tp": "openflow:152594606067525:2",
              "dest-node": "openflow:152594606067525"
            }
          },
          {
            "link-id": "openflow:152594606067525:2",
            "source": {
              "source-node": "openflow:152594606067525",
              "source-tp": "openflow:152594606067525:2"
            },
            "destination": {
              "dest-tp": "openflow:148415615564871:2",
              "dest-node": "openflow:148415615564871"
            }
          }
```


图 5-9 单击 Send 按钮查看结果

本次实验主要是查看 Flow 拓扑，查看当前拓扑中的 Node 节点、Node 节点的 Port 信息，以及 Node 节点之间的连接信息。可以看到，当前 Flow 拓扑中有两个 Node 节点，分别为 openflow:152594686067525 和 openflow:148415615564871。Link 信息一端为 openflow:148415615564871:2，另一端为 openflow:152594686067525:2。

4）单击“实验拓扑”按钮，查看交换机之间连接端口，可以验证上述结论，其中端口名称对应的端口号可在交换机中使用 ovs-ofctl show br-sw 命令查看，拓扑如图 5-10 所示。

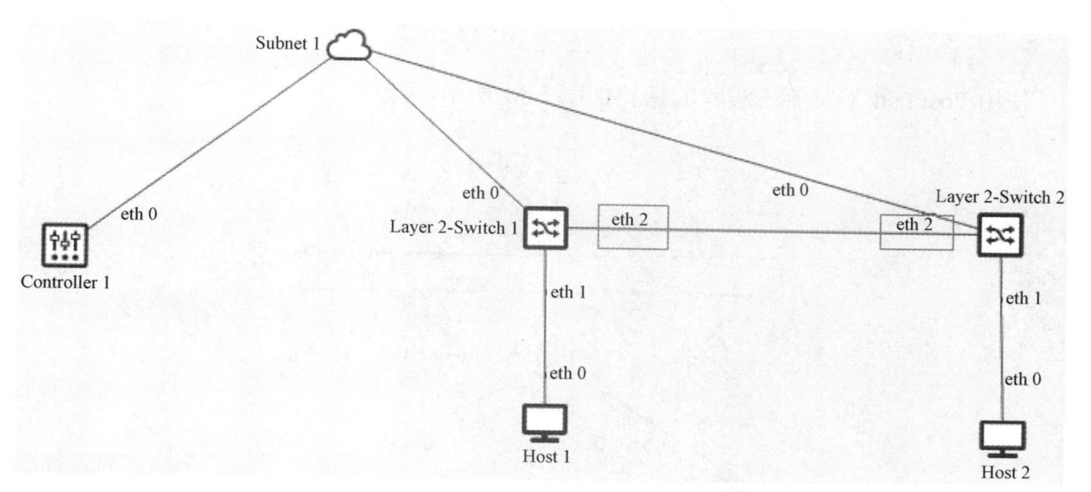

图 5-10 实验拓扑

5.3.3 使用 Postman 下发流表

使用 Postman 下发流表

1．流表与 BODY 体结构简介

流表是指可被视作 SDN 对网络设备的数据转发功能的一种抽象。在传统网络设备中，交换机和路由器的数据转发需要依赖设备中保存的二层 MAC 地址转发表或者三层的 IP 地址路由表，SDN 交换机中使用的流表也是如此，不过在它的表项中整合了网络中各个层次的网络配置信息，从而在进行数据转发时可以使用更丰富的规则。

当使用 RESTCONF 下发流表时，需要学习的是请求消息的 BODY 体结构，实例如下：

```
<?xml version="1.0" encoding="UTF-8" standalone="no"?>
<flow xmlns="urn:opendaylight:flow:inventory">
    <flow-name>add-flow</flow-name>
    <table_id>0</table_id>
    <id>100</id>
    <strict>false</strict>
  <priority>1</priority>
    <instructions>
        <instruction>
            <order>0</order>
            <apply-actions>
                <action>
                    <order>0</order>
                    <output-action>
<output-node-connector>FLOOD</output-node-connector>
                    </output-action>
                </action>
            </apply-actions>
        </instruction>
    </instructions>
    <match>
    </match>
</flow>
```

BODY 体结构中定义了流表名称（flowname）、Flow 所在的 Table（table_id）、Flow 的 ID（id）、是否严格匹配（strict）、匹配字段（match fields）、优先级（priority）、指令（instructions）、超时（timeouts）和 cookie 等值。

2．实验环境

使用 Postman 下发流表实验的拓扑如图 5-11 所示。

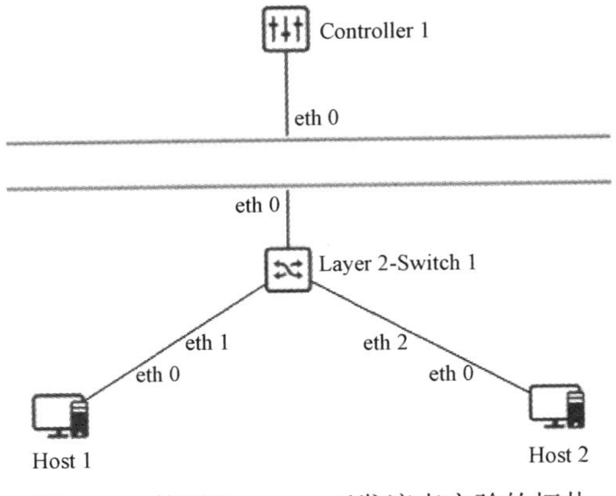

图 5-11 使用 Postman 下发流表实验的拓扑

使用 Postman 下发流表实验环境的信息见表 5-3。

表 5-3　使用 Postman 下发流表实验环境的信息

设备名称	软件环境	硬件环境
控制器	OpenDaylight Carbon 桌面版	CPU：2 核 内存：4GB 磁盘：20GB
交换机	Open vSwitch 2.3.1 命令行版	CPU：1 核 内存：2GB 磁盘：20GB
主机	Ubuntu 14.04 桌面版	CPU：1 核 内存：2GB 磁盘：20GB

注：系统默认的账户为 root/root@openlab、openlab/user@openlab。

3. 操作过程演示

使用 Postman 下发流表的具体操作步骤如下：

（1）实验环境检查。

1）以 root 用户登录两台交换机，初始化 OVS，其命令如下：

```
# cd /home/fnic
# ./ovs_init
```

2）执行 ovs-vsctl show 命令，查看网络连通性。由于 OpenDaylight 组件过于庞大，所以启动比较慢，容易导致控制器与交换机连接不成功，间接导致主机无法获取 IP 地址。因此，当使用 OpenDaylight 控制器时，需要先检查交换机与控制器连接情况，如图 5-12 所示。

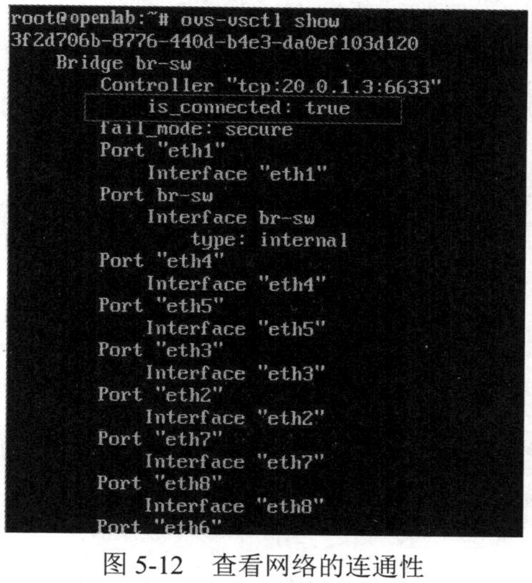

```
root@openlab:~# ovs-vsctl show
3f2d706b-8776-440d-b4e3-da0ef103d120
    Bridge br-sw
        Controller "tcp:20.0.1.3:6633"
            is_connected: true
        fail_mode: secure
        Port "eth1"
            Interface "eth1"
        Port br-sw
            Interface br-sw
                type: internal
        Port "eth4"
            Interface "eth4"
        Port "eth5"
            Interface "eth5"
        Port "eth3"
            Interface "eth3"
        Port "eth2"
            Interface "eth2"
        Port "eth7"
            Interface "eth7"
        Port "eth8"
            Interface "eth8"
        Port "eth6"
```

图 5-12　查看网络的连通性

当前控制器与交换机已经连接成功。

3）登录控制器，执行 ifconfig 命令，查看控制器 IP 地址，如图 5-13 所示。

4）登录交换机，执行 ovs-vsctl set-manager tcp:20.0.1.3:6640 命令，连接控制器。

原本控制器与交换机之间的连接通过 OpenFlow 协议，在此基于 OVSDB 管理协议创建一个新的连接，其中 20.0.1.3 是控制器 IP 地址，6640 是 OVSDB 管理协议对应的侦听端口，如图 5-14 所示。

```
openlab@openlab:~$ ifconfig
eth0      Link encap:Ethernet  HWaddr fa:16:3e:98:4b:fb
          inet addr:20.0.1.3  Bcast:20.0.1.255  Mask:255.255.255.0
          inet6 addr: fe80::f816:3eff:fe98:4bfb/64 Scope:Link
          UP BROADCAST RUNNING MULTICAST  MTU:1450  Metric:1
          RX packets:4850 errors:0 dropped:1 overruns:0 frame:0
          TX packets:30462 errors:0 dropped:0 overruns:0 carrier:0
          collisions:0 txqueuelen:1000
          RX bytes:8303859 (8.3 MB)  TX bytes:2194291 (2.1 MB)

lo        Link encap:Local Loopback
          inet addr:127.0.0.1  Mask:255.0.0.0
          inet6 addr: ::1/128 Scope:Host
          UP LOOPBACK RUNNING  MTU:65536  Metric:1
          RX packets:4721 errors:0 dropped:0 overruns:0 frame:0
          TX packets:4721 errors:0 dropped:0 overruns:0 carrier:0
          collisions:0 txqueuelen:0
          RX bytes:1562725 (1.5 MB)  TX bytes:1562725 (1.5 MB)
```

图 5-13　查看控制器 IP 地址

```
root@openlab:~# ovs-vsctl set-manager tcp:20.0.1.3:6640
root@openlab:~# ovs-vsctl show
3f2d706b-8776-440d-b4e3-da0ef103d120
    Manager "tcp:20.0.1.3:6640"
        is_connected: true
    Bridge br-sw
        Controller "tcp:20.0.1.3:6633"
            is_connected: true
        fail_mode: secure
        Port "eth5"
            Interface "eth5"
        Port "eth6"
            Interface "eth6"
        Port "eth4"
            Interface "eth4"
        Port "eth1"
            Interface "eth1"
        Port "eth8"
            Interface "eth8"
        Port br-sw
            Interface br-sw
                type: internal
        Port "eth7"
            Interface "eth7"
```

图 5-14　基于 OVSDB 管理协议连接控制器

（2）删除 ODL 自动下发的流表。

实验过程中需要验证 2 个原本不能通信的主机，通过 REST 北向接口下发流表，使得 2 个主机能够通信，所以需要删除原先的默认通信流表。

1）登录交换机，执行 ovs-ofctl del-flows -O OpenFlow13 br-sw 命令，删除流表，如图 5-15 所示。

```
root@openlab:~# ovs-ofctl del-flows -O OpenFlow13 br-sw
root@openlab:~#
```

图 5-15　删除流表

2）执行 ovs-ofctl dump-flows -O OpenFlow13 br-sw 命令，查看流表是否删除成功，如图 5-16 所示。

```
root@openlab:~# ovs-ofctl dump-flows -O OpenFlow13 br-sw
OFPST_FLOW reply (OF1.3) (xid=0x2):
```

图 5-16　查看流表是否删除成功

3）登录其中的一个主机，查看主机之间网络连通情况，此时主机之间无法进行通信，如图 5-17 所示。

```
openlab@openlab:~$ ping 10.0.0.5
PING 10.0.0.5 (10.0.0.5) 56(84) bytes of data.
From 10.0.0.4 icmp_seq=1 Destination Host Unreachable
From 10.0.0.4 icmp_seq=2 Destination Host Unreachable
From 10.0.0.4 icmp_seq=3 Destination Host Unreachable
^C
--- 10.0.0.5 ping statistics ---
4 packets transmitted, 0 received, +3 errors, 100% packet loss, time 3014ms
pipe 3
openlab@openlab:~$
```

图 5-17　查看主机之间网络连通情况

（3）下发通信流表。

1）登录控制器，打开浏览器，输入 URL，即 http://[controller_ip]:8181/index.html，输入有户名 admin，密码 admin，单击“登录”按钮。登录后，单击 Nodes 菜单，获取交换机 Node id，如图 5-18 所示。

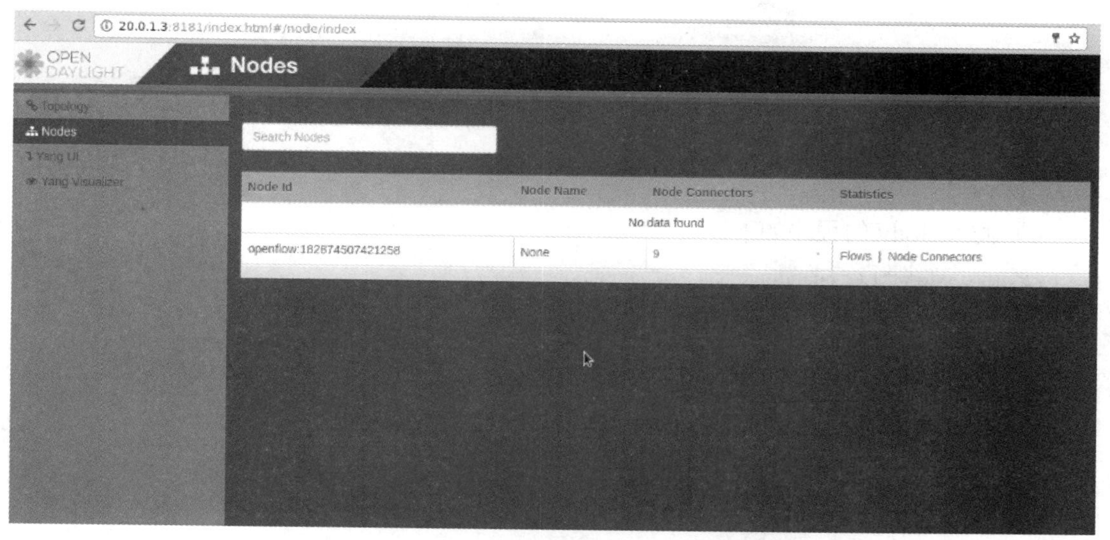

图 5-18　Node id 查询

2）单击 Applications Menu→Development→Postman 打开 Postman 应用，如图 5-19 所示。

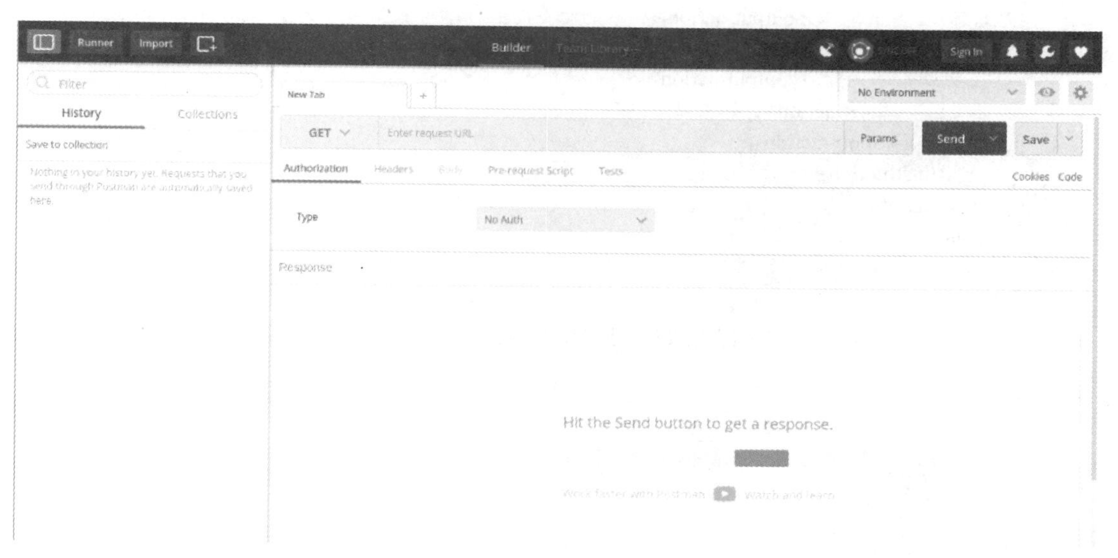

图 5-19　Postman 界面

3）输入 URL，即 http://[controller-ip]:8181/restconf/config/opendaylight-inventory:nodes/node/[node-id]/table/0/flow/100。其中，[controller-ip]为当前控制器数据层的 IP 地址，[node-id]即步骤 1 中获得的 Node id。请求类型选择 PUT 选项。单击 Authorization 选项卡，type 选择 basic auth。输入用户名和密码，用户名和密码都是 admin。选择 Body 的类型 raw→XML（application/xml），如图 5-20 所示。

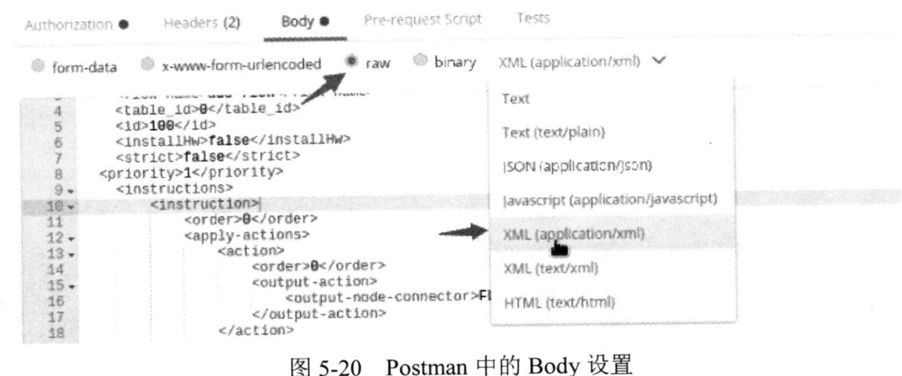

图 5-20　Postman 中的 Body 设置

4）输入 Body 的程序如下：

```
<?xml version="1.0" encoding="UTF-8" standalone="no"?>
<flow xmlns="urn:opendaylight:flow:inventory">
    <flow-name>add-flow</flow-name>
    <table_id>0</table_id>
    <id>100</id>
    <installHw>false</installHw>
    <strict>false</strict>
  <priority>1</priority>
    <instructions>
        <instruction>
            <order>0</order>
            <apply-actions>
                <action>
                    <order>0</order>
                    <output-action>
                        <output-node-connector>FLOOD</output-node-connector>
                    </output-action>
                </action>
            </apply-actions>
        </instruction>
    </instructions>
    <match>
    </match>
</flow>
```

5）单击 Send 按钮，输出结果如图 5-21 所示。

图 5-21　Postman 状态码

6）输入 URL，即 http://[controller-ip]:8181/restconf/config/opendaylight-inventory:nodes/node/[node-id]/table/0/。其中，[controller-ip]为当前控制器数据层的 IP 地址，[node-id]即步骤 1 中获得的 node id。请求类型选择 GET。单击 Authorization 选项卡，type 选择 basic auth。输入用户名和密码，用户名和密码都是 admin，如图 5-22 所示。

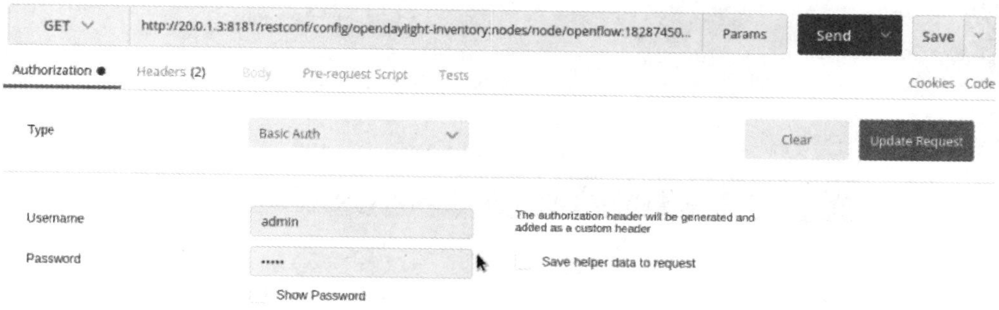

图 5-22　Postman 认证方式

7）单击 Send 按钮，输出结果如图 5-23 所示。

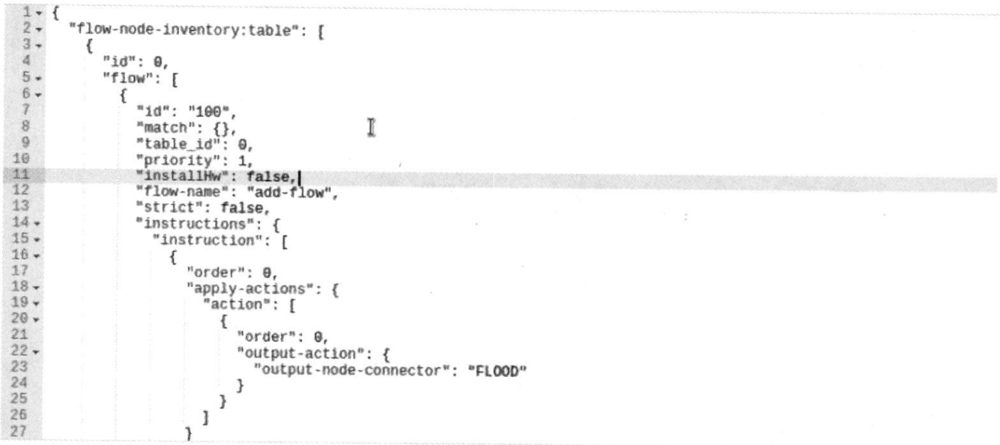

```
{
  "flow-node-inventory:table": [
    {
      "id": 0,
      "flow": [
        {
          "id": "100",
          "match": {},
          "table_id": 0,
          "priority": 1,
          "installHw": false,
          "flow-name": "add-flow",
          "strict": false,
          "instructions": {
            "instruction": [
              {
                "order": 0,
                "apply-actions": {
                  "action": [
                    {
                      "order": 0,
                      "output-action": {
                        "output-node-connector": "FLOOD"
                      }
                    }
                  ]
                }
```

图 5-23　查看输出结果

由图 5-23 可知，此流表为之前通过 REST 北向接口下发的流表。

8）登录其中一个主机，查看主机之间的网络情况，此时主机之间能够进行通信，如图 5-24 所示。

```
openlab@openlab:~$ ping 10.0.0.4
PING 10.0.0.4 (10.0.0.4) 56(84) bytes of data.
64 bytes from 10.0.0.4: icmp_seq=1 ttl=64 time=2.88 ms
64 bytes from 10.0.0.4: icmp_seq=2 ttl=64 time=1.51 ms
64 bytes from 10.0.0.4: icmp_seq=3 ttl=64 time=1.90 ms
64 bytes from 10.0.0.4: icmp_seq=4 ttl=64 time=1.52 ms
^C
--- 10.0.0.4 ping statistics ---
4 packets transmitted, 4 received, 0% packet loss, time 3004ms
rtt min/avg/max/mdev = 1.518/1.958/2.889/0.560 ms
```

图 5-24　查看主机之间的网络情况

（4）使用 Postman 删除流表。

1）输入 URL，即 http://[controller-ip]:8181/restconf/config/opendaylight-inventory:nodes/node/[node-id]/table/0/flow/[flow-id]。其中，[controller-ip]为当前控制器数据层的 IP 地址，[node-id]即步骤 1 中获得的 node id。[flow-id]为之前下发流表的 id，可以到下发通信流表的

BODY 中查看。请求类型选择 DELETE。单击 Authorization 选项卡，type 选择 basic auth。输入用户名和密码，用户名和密码都是 admin。单击 Send 按钮，如图 5-25 所示。

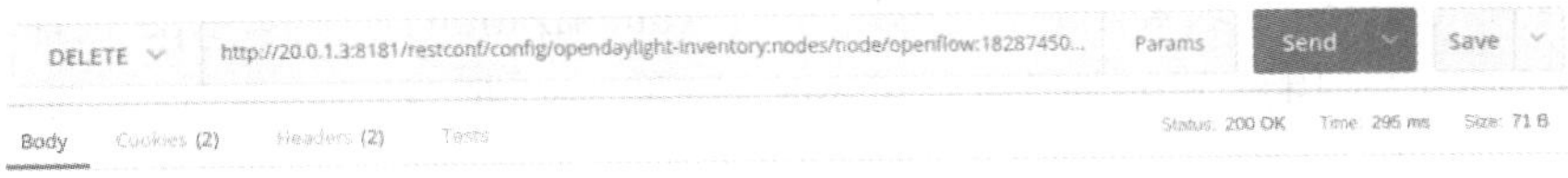

图 5-25 删除流表

2）登录交换机，执行 ovs-ofctl dump-flows -O OpenFlow13 br-sw 命令，验证流表已删除，如图 5-26 所示。

```
root@openlab:~# ovs-ofctl dump-flows -O OpenFlow13 br-sw
OFPST_FLOW reply (OF1.3) (xid=0x2):
```

图 5-26 验证流表已删除

5.4 本章小结

本章先介绍了 SDN 北向接口的概念和常见的开源控制器的北向接口，再阐述了制定北向接口标准的组织概况，使读者初步认识 RESTful API。接着详细介绍了 RESTCONF 请求消息 BODY 体的结构，通过实验介绍了使用 Postman 查询网络拓扑和下发、删除流表的方法。

5.5 本章练习

一、选择题

1．下面关于 REST 设计概念和准则描述不正确的是（　　）。

A．网络上的所有事物都被抽象为资源

B．每个资源对应一个唯一的资源标识

C．所有的操作都是有状态的

D．通过通用的连接器接口对资源进行操作

2．Postman 中 GET 方法实现的功能是（　　）。

A．请求数据　　B．删除数据　　C．发送数据　　D．上传数据

3．通过 Postman 发送某条 RESTCONF 消息后，会返回状态码，下列哪个状态码表示消息成功发送（　　）。

A．400　　B．200　　C．404　　D．308

4．RESTCONF 支持的 HTTP 请求方法不包括（　　）。

A．GET　　B．SET　　C．PUT　　D．DELETE

5．URL 的含义是（　　）。

A．信息资源在网上的业务类型和如何访问的统一的描述方法

B．信息资源的网络地址的统一的描述方法

C．信息资源在网上的位置和如何定位寻找的统一的描述方法

D．信息资源在网上的位置和如何访问的统一的描述方法

二、判断题

1．SDN 的北向接口指的是控制平面和数据转发平面之间的接口。

2．SDN 北向接口是通过控制器向上层业务应用开放的接口，其目的是使得业务应用能够便利地调用底层的网络资源和能力。

3．RESTful API 基于 HTTP 协议。

4．REST 架构是针对 Web 应用而设计的，其目的是降低开发的复杂性，提高系统的可伸缩性。

5．RESTCONF 描述了一种 RESTful 协议，此协议提供 HTTP 上的编程接口，用于访问 YANG 定义的数据，使用 NETCONF 定义的数据存储。

三、简答题

1．请简要描述什么是 SDN 北向接口？

2．使用 Postman 下发流表时常用的请求方法有哪些？请列举出 4 个并解释其作用。

3．简述 REST 架构的软件设计所遵循的准则。

第 6 章　SDN 进阶实验

学习目标

- 掌握 Mininet 的基础知识和安装部署。
- 掌握 Mininet 的网络构建方法。
- 掌握 Mininet 的可视化应用。
- 掌握 SDN 实现集线器 HUB 的方法。
- 掌握 SDN 实现简易负载均衡的基础知识和实现方法。

6.1　使用 Mininet 模拟网络环境

1. Mininet 基本概念

Mininet 是由斯坦福大学基于 Linux Container 架构开发的一个虚拟化网络仿真工具，其概念图如图 6-1 所示，它可以在电脑上快速构建一个含有主机、交换机、控制器和链路的虚拟网络，其交换机支持 OpenFlow 协议。可以说 Mininet 是一个轻量且高度灵活的自定义 SDN 测试平台，可以用于模拟真实网络，对各种设想或网络协议等进行验证。Mininet 的最新发布版本 2.3.0 可以从 github 下载获得，网址为https://github.com/mininet/mininet/tree/2.3.0d6。

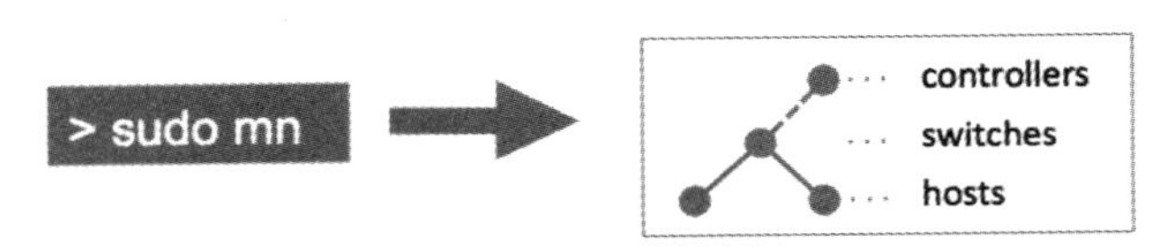

图 6-1　Mininet 概念图

具体来说，Mininet 有如下功能和特点。

- 为 OpenFlow 应用程序提供一个简单、便捷的网络测试平台。
- 支持构建 Open vSwitch、Linux Bridge 等软件交换机。
- 控制器可以部署在本地或远端节点。
- 启用复杂的拓扑测试，无须连接物理网络。
- 具有拓扑感知和 OpenFlow 感知的 CLI，用于调试或运行网络范围的测试。
- 支持任意自定义拓扑，拓扑中最大主机数可达 4096 台，还包括一组基本的参数化拓扑。
- 提供用于网络创建和实验的可扩展 Python API。

2. Mininet 的虚拟化实现原理

Mininet 使用 Linux 内核的 Network Namespaces（网络命名空间）来创建虚拟节点，Linux 网络命名空间是一个相对较新的内核功能，它主要用来提供关于网络资源的隔离，包括网络设备（网卡、网桥）、网络协议栈、路由表、防火墙和端口等信息，不同的网络命名空间可以拥有独立的网络资源。Linux 的命名空间技术架构如图 6-2 所示。

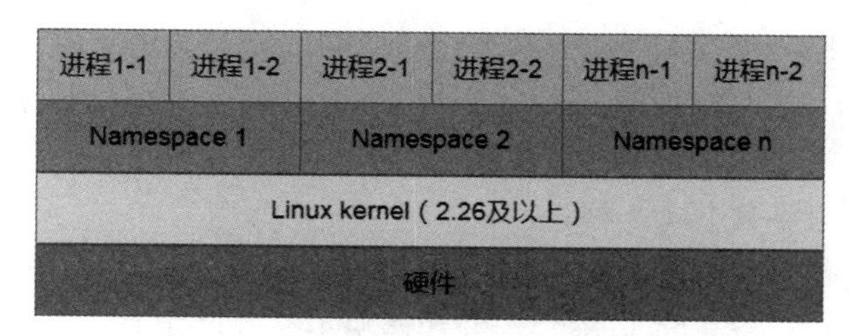

图 6-2　Linux 的命名空间技术架构

网络命名空间是一种轻量级的虚拟化功能，它能创建多个隔离的网络空间。在默认情况下，Mininet 会为每个主机创建一个网络命名空间，同时在 Root Namespace（默认所有的进程都在 root 命名空间）运行交换机和控制器的进程，这两个进程共享一个网络命名空间。每个主机都有各自独立的网络命名空间，可以进行个性化的网络配置和网络程序部署。交换机与交换机以及交换机与主机之间的链路采用 Linux 的 veth pair（virtual Ethernet pair，虚拟网络设备对）机制实现，如图 6-3 所示。

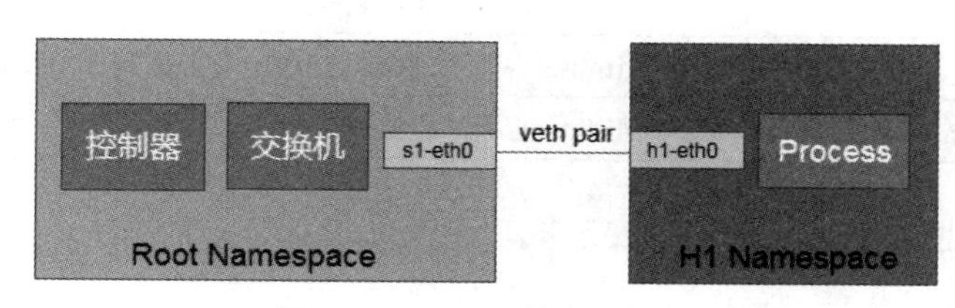

图 6-3　Mininet 的实现机制

3．Mininet 的优势

相比于 VMware、Virtualbox 等模拟器，Mininet 具有以下优势。

- Mininet 的启动速度快，一般以秒级启动。
- Mininet 扩展性比较好，主要表现在它可以模拟数百个甚至数千个主机、交换机设备，而其他平台一般只提供个位数的模拟设备。
- Mininet 安装更方便，易使用，安装 Mininet 只需要执行操作命令即可。
- Mininet 更便宜。
- Mininet 支持快速重新配置和启动。

6.1.1　Mininet 的安装

1．安装概述

Mininet 的安装主要有 3 种方法。

（1）使用装有 Mininet 的虚拟机。直接使用装有 Mininet 的虚拟机是安装 Mininet 最简单的方法，可以直接从官网（http://mininet.org/download/）下载并解压 Mininet VM 镜像。然后再使用虚拟化软件如 VirtualBox、VMware Workstation、VMware Fusion 等直接加载 Mininet VM 镜像。

（2）从源代码安装 Mininet。在 Ubuntu14.04 或更高版本的环境下，获取源代码，其命令如下：

```
# git clone http://github.com/mininet/mininet.git
```

该安装方法在安装过程中可以设置 Open vSwitch 的版本。推荐使用该安装方法，可根据# mininet/util/install.sh -h 命令选择参数进行安装，安装命令及参数解释如下：

1）命令格式如下：

```
./install.sh [options]
```

2）参数解释。

典型的[options]主要有下面 3 种。

- -a：完整安装，包括 Mininet VM，还包括 Open vSwitch 的依赖关系、OpenFlow、Wireshark 分离器和 POX 等。在默认情况下，这些工具将被安装在 home 目录中。
- -nfv：安装 Mininet 核心文件及依赖、OpenFlow 和 Open vSwitch。
- -s mydir：使用此选项可将源代码安装在一个指定的目录中，而不是 home 目录。

Mininet 安装命令见表 6-1。

表 6-1 Mininet 安装命令

命令	说明
# install.sh -a	完整安装（默认安装在 home 目录下）
# install.sh -s mydir -a	完整安装（安装在其他目录）
# install.sh -nfv	安装 Mininet+用户交换机+OVS（安装在 home 目录下）
# install.sh -s mydir -nfv	安装 Mininet+用户交换机+OVS（安装在其他目录下）

安装完成后，测试 Mininet 是否安装成功，其命令如下：

```
# sudo mn --test pingall
```

（3）安装 Mininet 文件包。

在 Ubuntu14.04 或更高版本的环境下安装 Mininet 文件包，其命令如下：

```
# sudo apt-get install mininet/precise-backports
```

安装完成后，测试 Mininet 是否安装成功，其命令如下：

```
# sudo mn --test pingall
```

2. 实验环境

Mininet 的安装实验只需一台主机，其实验的环境信息见表 6-2。

表 6-2 Mininet 的安装实验的环境信息

设备名称	软件环境	硬件环境
主机	Ubuntu 14.04 命令行版	CPU：1 核 内存：2GB 磁盘：20GB

注：系统默认的账户为 root/root@openlab、openlab/user@openlab。

3. 操作过程演示

本实验使用从源代码安装的方法来安装 Mininet，其具体操作步骤如下：

（1）以 root 用户登录主机，以下命令全部以 root 身份运行。

（2）查看平台预置的 Mininet 安装包，如图 6-4 所示。

（3）查看当前 Mininet 版本，其命令如下：

```
# cd mininet
# cat INSTALL|more
```

```
root@openlab:~# ll
total 60
drwx------ 10 root root 4096 Aug 10 15:22 ./
drwxr-xr-x 22 root root 4096 Oct 10  2016 ../
-rw------- 1 root root   12 Aug 10 15:22 .bash_history
-rw-r--r-- 1 root root 3106 Feb 20  2014 .bashrc
drwx------ 2 root root 4096 Aug 10 14:44 .cache/
drwxr-xr-x 14 root root 4096 Aug 10 14:52 mininet/
drwxr-xr-x 14 root root 4096 Aug 10 15:09 oflops/
drwxr-xr-x 11 root root 4096 Aug 10 15:06 oftest/
drwxr-xr-x 19 root root 4096 Aug 10 14:56 openflow/
drwxr-xr-x 7 root root 4096 Aug 10 15:05 pox/
-rw-r--r-- 1 root root  140 Feb 20  2014 .profile
-rw------- 1 root root 1024 Aug 10 15:05 .rnd
drwx------ 2 root root 4096 Oct 12  2016 .ssh/
-rw------- 1 root root 1065 Aug 10 15:22 .viminfo
drwxr-xr-x 2 root root 4096 Aug 10 15:04 .wireshark/
```

图 6-4　查看平台预置的 Mininet 安装包

查看当前 Mininet 版本如图 6-5 所示。

```
Mininet Installation/Configuration Notes
--------------------------------------------

Mininet 2.3.0d1
---
```

图 6-5　查看当前 Mininet 版本

说明：Mininet 2.1.0p1 及以后的版本可以支持 OpenFlow 1.3，所以此次安装的 Mininet 2.3.0d1 支持 OpenFlow 1.3 协议。

（4）安装 Mininet，其命令如下：

```
# cd util
# ./install.sh -a
```

说明：若使用其他命令安装，在安装前请先执行 apt-get update 命令更新软件列表。

（5）安装完成以后，执行 mn --test pingall 命令测试 Mininet 的基本功能，如图 6-6 所示。

```
root@openlab:~# mn --test pingall
*** Creating network
*** Adding controller
*** Adding hosts:
h1 h2
*** Adding switches:
s1
*** Adding links:
(h1, s1) (h2, s1)
*** Configuring hosts
h1 h2
*** Starting controller
c0
*** Starting 1 switches
s1 ...
*** Waiting for switches to connect
s1
*** Ping: testing ping reachability
h1 -> h2
h2 -> h1
*** Results: 0% dropped (2/2 received)
*** Stopping 1 controllers
c0
*** Stopping 2 links
..
*** Stopping 1 switches
s1
*** Stopping 2 hosts
h1 h2
*** Done
completed in 5.474 seconds
```

图 6-6　测试 Mininet 的基本功能

（6）执行 mn --version 命令，查看安装好的 Mininet 版本如图 6-7 所示。

```
root@openlab:~# mn --version
2.3.0d1
```

图 6-7　查看安装好的 Mininet 版本

6.1.2 Mininet的网络构建

Mininet 的网络构建

1. 网络构建参数

Mininet除了创建默认的网络拓扑外，还提供了丰富的参数和命令来设定网络拓扑、交换机、控制器、MAC 地址和链路等，以满足使用者在仿真过程中多样性的需求。Mininet常用的网络构建参数如下：

（1）设置网络拓扑。

1）--topo：用于指定网络拓扑，Mininet支持创建的网络拓扑包括minimal、single、linear和tree。

- minimal：创建一个交换机和两个主机相连的简单拓扑。默认在无--topo参数的情况下采用该拓扑，其内部实现调用了single,2对应的函数。
- single,n：设置一个交换机和 *n* 个主机相连的拓扑。
- linear,n：创建 *n* 个交换机，每个交换机只连接一个主机，并且所有交换机成线形排列。
- tree,depth=n,fanout=m：创建深度为 *n*，每层树枝为 *m* 的树形拓扑。因此形成的拓扑的交换机个数为（m^n-1）/（$m-1$），主机个数为 m^n。

2）--custom：Mininet支持自定义的拓扑，使用一个简单的Python API。--custom需和--topo一起使用，如mn --custom file.py --topo mytopo。

（2）设置交换机。

--switch：定义交换机的种类，主要包括user、ovsbr、ovsk、ivs和lxbr等。当无--switch参数时，默认是ovsk即Open vSwitch交换机。

（3）设置控制器。

--controller：定义要使用的控制器，主要包括nox、ryu、ovsc和远端控制器。如果没有指定则使用Mininet中默认的控制器。

（4）配置MAC地址。

--mac：设置MAC地址的作用是增强设备MAC地址的易读性，即将交换机和主机的MAC地址设置为一个较小的、唯一的、易读的ID，以便在后续工作中减少对设备识别的难度。

Mininet启动参数见表6-3。

表6-3 Mininet启动参数

参数	作用
-h, --help	打印帮助信息
--switch=SWITCH	定义交换机
--host=HOST	定义主机
--controller=CONTROLLER	设置控制器
--topo=TOPO	设置自带拓扑
-c, --clean	清空环境
--custom=CUSTOM	设置自定义拓扑
--test=TEST	测试命令
-x, --xterms	在每个节点上打开xterm

续表

参数	作用
--mac	设置 MAC 地址
--arp	配置所有 ARP 项
-v VERBOSITY, --verbosity=VERBOSITY	输出日志级别
--ip=IP	设置远端控制器的 IP 地址
--port=PORT	设置远端控制器监听端口
--innamespace	在独立的名字空间内
--listenport=LISTENPORT	被动监听的起始端口
--nolistenport	不使用被动监听端口
--pre=PRE	测试前运行的 CLI 脚本
--post=POST	测试后运行的 CLI 脚本

2. 内部交互命令

创建 Mininet 拓扑成功后，一般可用 nodes、dump、net 等命令查看拓扑的节点、链路和网络等。Mininet 常用的内部交互命令见表 6-4。

表 6-4　Mininet 常用的内部交互命令

命令	作用
help	默认列出所有命令说明信息
gterm	给定节点上开启 gnome-terminal
xterm	给定节点上开启 xterm
intfs	列出所有的网络接口
iperf	两个节点之间进行简单的 iPerf TCP 测试
iperfudp	两个节点之间用指定带宽 UDP 进行测试
net	显示网络连接情况
noecho	运行交互窗口，关闭回应（echoing）
pingpair	在前两个主机之间互 ping 测试
source	从外部文件中读入命令
dpctl	在所有交换机上用 dptcl 执行相关命令，本地为 tcp 127.0.0.1:6634
link	禁用或启用两个节点之间的链路
nodes	列出所有的节点信息
pingall	所有主机节点之间互 ping
py	执行 Python 表达式
sh	运行外部 shell 命令
quit/exit	退出

3. 实验环境

Mininet 的网络构建实验只需一台主机，其实验的环境信息见表 6-5。

表 6-5　Mininet 的网络构建实验的环境信息

设备名称	软件环境	硬件环境
主机	Mininet 2.2.0 桌面版	CPU：1 核 内存：2GB 磁盘：20GB

注：系统默认的账户为 root/root@openlab、openlab/user@openlab。

4. 操作过程演示

（1）命令行创建拓扑。

1）单击终端图标，打开终端。

2）执行 sudo mn --topo minimal 命令，创建最小的网络拓扑，即一个交换机下挂两个主机，结果如图 6-8 所示。

```
openlab@openlab:~$ sudo mn --topo minimal
[sudo] password for openlab:
*** Creating network
*** Adding controller
*** Adding hosts:
h1 h2
*** Adding switches:
s1
*** Adding links:
(h1, s1) (h2, s1)
*** Configuring hosts
h1 h2
*** Starting controller
c0
*** Starting 1 switches
s1
*** Starting CLI:
```

图 6-8 创建最小的网络拓扑

3）退出 Mininet。

4）执行 sudo mn --topo linear,4 命令，创建一个线形拓扑，结果如图 6-9 所示。

```
openlab@openlab:~$ sudo mn --topo linear,4
*** Creating network
*** Adding controller
*** Adding hosts:
h1 h2 h3 h4
*** Adding switches:
s1 s2 s3 s4
*** Adding links:
(h1, s1) (h2, s2) (h3, s3) (h4, s4) (s2, s1) (s3, s2) (s4, s3)
*** Configuring hosts
h1 h2 h3 h4
*** Starting controller
c0
*** Starting 4 switches
s1 s2 s3 s4
*** Starting CLI:
```

图 6-9 创建一个线形拓扑

5）退出 Mininet。

6）执行 sudo mn --topo single,3 命令，创建 3 个主机和 1 个交换机的拓扑，结果如图 6-10 所示。

```
openlab@openlab:~$ sudo mn --topo single,3
*** Creating network
*** Adding controller
*** Adding hosts:
h1 h2 h3
*** Adding switches:
s1
*** Adding links:
(h1, s1) (h2, s1) (h3, s1)
*** Configuring hosts
h1 h2 h3
*** Starting controller
c0
*** Starting 1 switches
s1
*** Starting CLI:
```

图 6-10 3 个主机和 1 个交换机的拓扑

7）退出 Mininet。

8）执行 sudo mn --topo tree,fanout=2,depth=2 命令，创建一个深度为 2、扇出为 2 的树形拓扑，结果如图 6-11 所示。

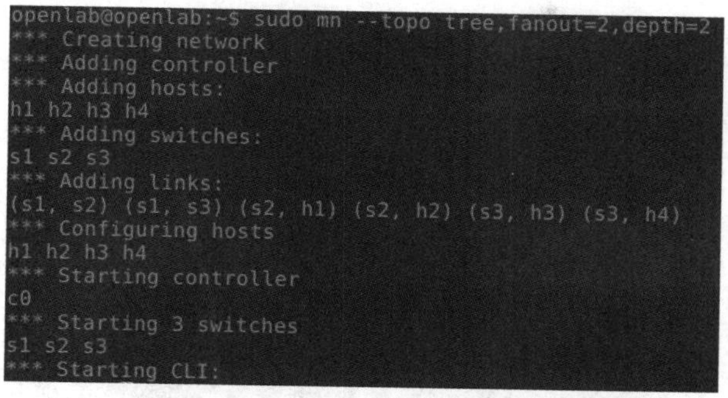

```
openlab@openlab:~$ sudo mn --topo tree,fanout=2,depth=2
*** Creating network
*** Adding controller
*** Adding hosts:
h1 h2 h3 h4
*** Adding switches:
s1 s2 s3
*** Adding links:
(s1, s2) (s1, s3) (s2, h1) (s2, h2) (s3, h3) (s3, h4)
*** Configuring hosts
h1 h2 h3 h4
*** Starting controller
c0
*** Starting 3 switches
s1 s2 s3
*** Starting CLI:
```

图 6-11　创建一个深度为 2、扇出为 2 的树形拓扑

（2）Python 脚本创建拓扑。

1）自定义一个线形拓扑，4 个交换机依次连接，每个交换机下挂接 1 个主机。新建文件 linear.py，添加以下内容，保存后退出。

```
from mininet.net import Mininet
from mininet.topo import LinearTopo
Linear4 = LinearTopo(k=4)      #四个交换机，分别下挂一个主机
net = Mininet(topo=Linear4)
net.start()
net.pingAll()
net.stop()
```

2）执行 sudo chmod +x linear.py 命令，修改文件 linear.py 为可执行文件。

3）运行脚本，其命令如下：

```
$ sudo python linear.py
```

运行脚本后的结果如图 6-12 所示。

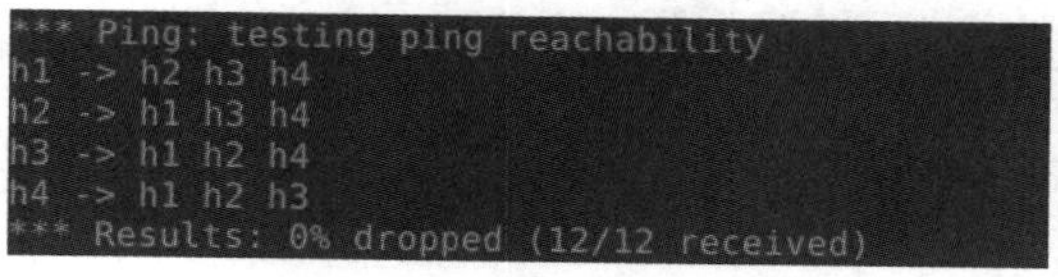

```
*** Ping: testing ping reachability
h1 -> h2 h3 h4
h2 -> h1 h3 h4
h3 -> h1 h2 h4
h4 -> h1 h2 h3
*** Results: 0% dropped (12/12 received)
```

图 6-12　运行脚本后的结果

4）自定义一个星形拓扑，一个交换机下面挂接 3 个主机。具体的操作参考前面线形拓扑的步骤，其脚本内容如下：

```
from mininet.net import Mininet
from mininet.topo import SingleSwitchTopo
Single3 = SingleSwitchTopo(k=3)    #一个交换机下挂 3 个主机
net = Mininet(topo=Single3)
net.start()
net.pingAll()
net.stop()
```

星形拓扑的运行结果如图 6-13 所示。

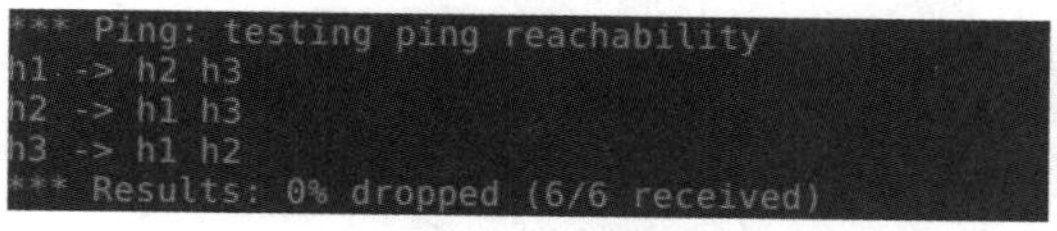

```
*** Ping: testing ping reachability
h1 -> h2 h3
h2 -> h1 h3
h3 -> h1 h2
*** Results: 0% dropped (6/6 received)
```

图 6-13　星形拓扑的运行结果

5）自定义一个树形拓扑，深度为2，扇出为2。具体的操作参考前面线形拓扑的步骤，其脚本内容如下：

```
from mininet.net import Mininet
from mininet.topolib import TreeTopo
Tree22 = TreeTopo(depth=2,fanout=2)
net = Mininet(topo=Tree22)
net.start()
net.pingAll()
net.stop()
```

树形拓扑的运行结果如图 6-14 所示。

```
*** Ping: testing ping reachability
h1 -> h2 h3 h4
h2 -> h1 h3 h4
h3 -> h1 h2 h4
h4 -> h1 h2 h3
*** Results: 0% dropped (12/12 received)
```

图 6-14　树形拓扑的运行结果

6）自定义一个拓扑，包括 1 个交换机、2 个主机，并且赋予主机 IP 地址。具体的操作参考前面线形拓扑的步骤，其脚本内容如下：

```
from mininet.net import Mininet
net = Mininet()
# Creating nodes in the network.
c0 = net.addController()
h0 = net.addHost('h0')
s0 = net.addSwitch('s0')
h1 = net.addHost('h1')
# Creating links between nodes in network
net.addLink(h0, s0)
net.addLink(h1, s0)
# Configuration of IP addresses in interfaces
h0.setIP('192.168.1.1', 24)
h1.setIP('192.168.1.2', 24)
net.start()
net.pingAll()
net.stop()
```

树形拓扑的运行结果如图 6-15 所示。

```
*** Ping: testing ping reachability
h0 -> h1
h1 -> h0
*** Results: 0% dropped (2/2 received)
```

图 6-15　树形拓扑的运行结果

说明：该脚本适合各种拓扑形式的创建。

7）除了可以通过 Python 脚本创建基本的拓扑以外，还能在此基础上对性能进行限制。addHost()语法可以对主机 CPU 进行设置，以百分数的形式；addLink()语法可以设置带宽 bw、延迟 delay、最大队列的大小 max_queue_size 和损耗率 loss。其脚本文件内容如下：

```
from mininet.net import Mininet
from mininet.node import CPULimitedHost
from mininet.link import TCLink
net = Mininet(host=CPULimitedHost, link=TCLink)
```

```
c0 = net.addController()
s0 = net.addSwitch('s0')
h0 = net.addHost('h0')
h1 = net.addHost('h1', cpu=0.5)
h2 = net.addHost('h1', cpu=0.5)
net.addLink(s0, h0, bw=10, delay='5ms',
max_queue_size=1000, loss=10, use_htb=True)
net.addLink(s0, h1)
net.addLink(s0, h2)
net.start()
net.pingAll()
net.stop()
```

脚本文件的运行结果如图 6-16 所示。

```
*** Ping: testing ping reachability
h0 -> h1 h1
h1 -> h0 h1
h1 -> h0 h1
*** Results: 0% dropped (6/6 received)
```

图 6-16 脚本文件的运行结果

（3）交互式界面创建主机、交换机。

1）执行 sudo mn 命令，运行 Mininet。

2）执行 py net.addHost('h3')命令，添加主机 h3，如图 6-17 所示。

```
openlab> py net.addHost('h3')
<Host h3:  pid=25239>
```

图 6-17 添加主机 h3

3）执行 py net.addLink(s1,net.get('h3'))命令，添加 s1 和 h3 之间的链路，如图 6-18 所示。

```
openlab> py net.addLink(s1,net.get('h3'))
<mininet.link.Link object at 0x7f138da23b50>
```

图 6-18 添加 s1 和 h3 之间的链路

4）执行 py s1.attach('s1-eth3')命令，给交换机 s1 添加端口 eth3 用于连接 h3。

5）执行 py net.get('h3').cmd('ifconfig h3-eth0 10.3')命令，给 h3 赋予 IP（10.0.0.3）。

6）查看 2 台主机之间是否能 ping 通，如图 6-19 所示。

```
openlab> h1 ping h3
PING 10.0.0.3 (10.0.0.3) 56(84) bytes of data.
64 bytes from 10.0.0.3: icmp_seq=1 ttl=64 time=2.11 ms
64 bytes from 10.0.0.3: icmp_seq=2 ttl=64 time=2.15 ms
64 bytes from 10.0.0.3: icmp_seq=3 ttl=64 time=0.337 ms
64 bytes from 10.0.0.3: icmp_seq=4 ttl=64 time=0.070 ms
64 bytes from 10.0.0.3: icmp_seq=5 ttl=64 time=0.070 ms

--- 10.0.0.3 ping statistics ---
5 packets transmitted, 5 received, 0% packet loss, time 4003ms
rtt min/avg/max/mdev = 0.070/0.948/2.156/0.972 ms
```

图 6-19 查看 2 台主机之间是否能 ping 通

7）执行 dump 命令，查看所有节点信息，如图 6-20 所示。

```
openlab> dump
<Host h1: h1-eth0:10.0.0.1 pid=24989>
<Host h2: h2-eth0:10.0.0.2 pid=24992>
<Host h3: h3-eth0:10.0.0.3 pid=25239>
<OVSSwitch s1: lo:127.0.0.1,s1-eth1:None,s1-eth2:None,s1-eth3:None pid=24997>
<Controller c0: 127.0.0.1:6633 pid=24981>
```

图 6-20 查看所有节点信息

由图 6-20 可知，h3 已成功添加。

（4）测试网络。

1）展示所有的网络信息，其命令如下：

```
> px from mininet.util import dumpNodeConnections
> py dumpNodeConnections(net.hosts)
```

所有网络信息如图 6-21 所示。

```
openlab> px from mininet.util import dumpNodeConnections
openlab> py dumpNodeConnections(net.hosts)
h1 h1-eth0:s1-eth1
h2 h2-eth0:s1-eth2
h3 h3-eth0:s1-eth3
```

图 6-21　所有网络信息

2）执行 py net.pingAll()命令，进行所有节点的 ping 测试，如图 6-22 所示。

```
*** Ping: testing ping reachability
h1 -> h2 h3
h2 -> h1 h3
h3 -> h1 h2
*** Results: 0% dropped (6/6 received)
```

图 6-22　进行所有节点的 ping 测试

6.1.3　Mininet 的可视化应用

Mininet 的可视化应用

1. MiniEdit 概述

Mininet 内置了一个 Mininet 可视化工具 MiniEdit，主要用于用户创建自定义拓扑，为不熟悉 Python 脚本的使用者提供了简单的环境，界面直观，可操作性强。Mininet 在~/mininet/mininet/examples 目录下提供了 miniedit.py 脚本，使用 root 权限执行脚本后将显示 Mininet 的可视化界面，在界面上可以自定义拓扑和设置网络属性。MiniEdit 的用户界面如图 6-23 所示。

图 6-23　MiniEdit 的用户界面

MiniEdit 用户界面的左侧显示工具图标，并在窗口顶部显示菜单栏。左侧控件依次是 Select、Host、Switch、Legancy switch、Legancy router、Netlink、Controller、Run、Stop，下面对这些控件进行简单介绍。

（1）Select：该工具用于移动设备节点，单击并拖动现有的节点。要选择现有的节点或链接，只需将鼠标指针悬停在它上面，然后右击显示所选元素的配置菜单，或者按 Delete 键以删除选定的元素。

（2）Host：该工具用于创建主机节点。只要该工具保持选定状态，就可以单击任意位置继续添加主机。用户可以通过右击并从菜单中选择“属性”来配置每个主机。

（3）Switch：该工具用于创建支持 OpenFlow 协议的交换机，这些交换机将连接到控制器。该工具的操作方式与上面的 Host 工具相同，用户可以通过在菜单上右击选择“属性”选项来配置每个交换机。

（4）Legancy switch：该工具用于创建具有默认设置的以太网交换机。交换机独立运行，无需控制器。传统交换机不能配置生成树协议，所以不支持环路。

（5）Legancy router：该工具用于创建基本路由器。它实际是一个启用了 IP 转发的主机，不能在 MiniEdit GUI 上配置。

（6）Netlink：该工具用于创建节点间的链接。通过选择 Netlink 工具创建链接，然后单击一个节点并将链接拖到目标节点。用户可以通过右击选择菜单中的“属性”来配置每个链接的属性。

（7）Controller：该工具用于创建控制器，可以添加多个控制器。在默认情况下，MiniEdit 创建一个 Mininet OpenFlow 控制器，控制器类型可以配置，用户可以通过右击控制器的“属性”来配置每个控制器。

（8）Run/Stop：运行按钮将运行显示在当前拓扑中的 MiniEdit 模拟设备，停止按钮将停止运行中的节点。当 MininEdit 仿真处于“运行”状态时，右击网络元素会显示操作功能，如打开终端窗口，查看交换机配置或将链接状态设置为 up 或 down。

2. 实验环境

Mininet 的可视化应用实验的拓扑如图 6-24 所示。

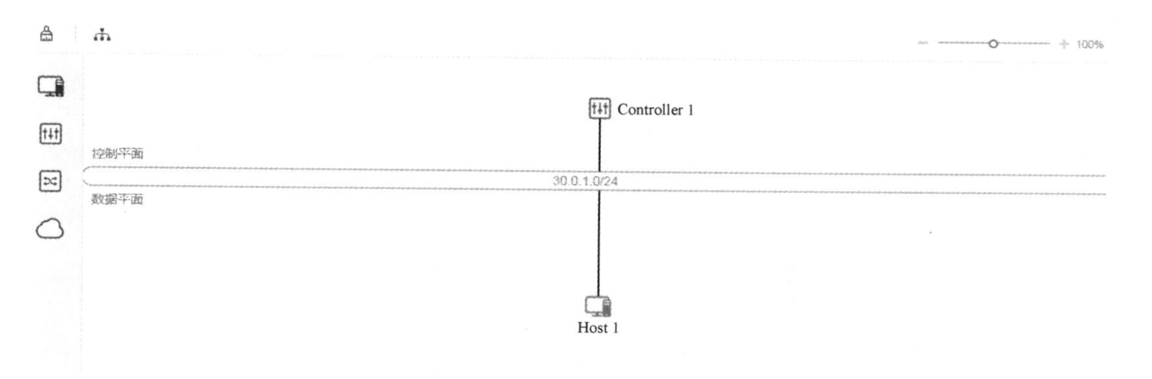

图 6-24　Mininet 的可视化应用实验的拓扑

Mininet 的可视化应用实验的环境信息见表 6-6。

表 6-6　Mininet 的可视化应用实验的环境信息

设备名称	软件环境	硬件环境
控制器	OpenDaylight Lithium 桌面版	CPU：2 核 内存：4GB 磁盘：20GB

续表

设备名称	软件环境	硬件环境
主机	Mininet 2.2.0 桌面版	CPU：1 核 内存：2GB 磁盘：20GB

注：系统默认的账户为 root/root@openlab、openlab/user@openlab。

3. 操作过程演示

（1）选择 Mininet 主机，启动 Mininet 可视化界面，其命令如下：

```
$ cd openlab/mininet/mininet/examples
$ sudo ./miniedit.py
```

启动 Mininet 可视化界面如图 6-25 所示。

```
openlab@openlab:~$ cd openlab/mininet/mininet/examples
openlab@openlab:~/openlab/mininet/mininet/examples$ sudo ./miniedit.py
[sudo] password for openlab:
MiniEdit running against Mininet 2.2.0
topo=none
```

图 6-25 启动 Mininet 可视化界面

Mininet 可视化界面如图 6-26 所示。

图 6-26 Mininet 的可视化界面

（2）添加网络组件，单击左侧的“线”，拖动鼠标连接网络组件，如图 6-27 所示。

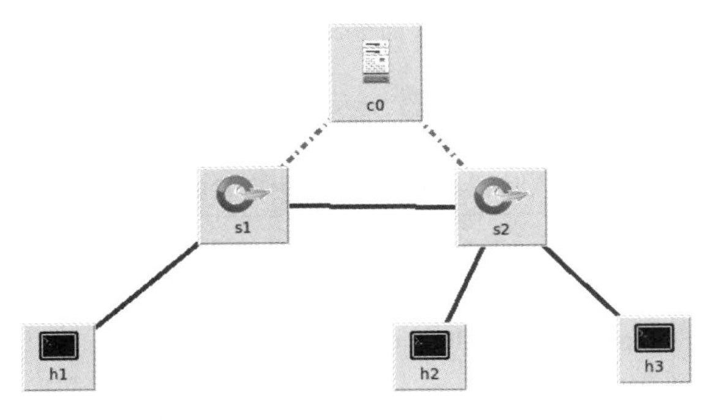

图 6-27 实验拓扑

（3）设置控制器属性，设置 Controller Type 为 Remote Controller，并填写控制器的端口和 IP 地址，如图 6-28 所示。

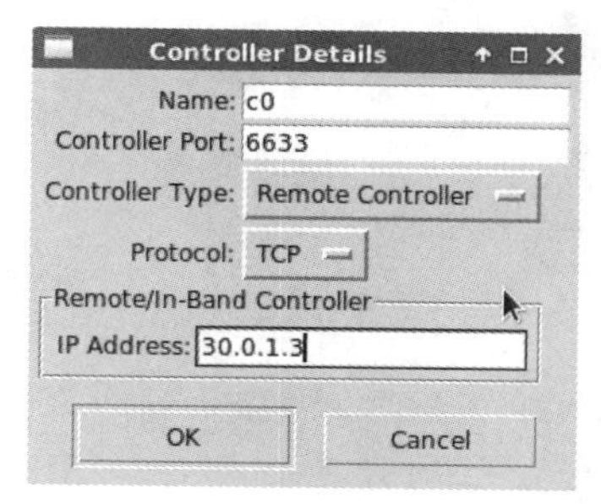

图 6-28　控制器属性

（4）确定后命令行执行信息如图 6-29 所示。

图 6-29　命令行执行信息（1）

（5）在主机属性中自行设置主机的 IP 地址等，如图 6-30 所示。

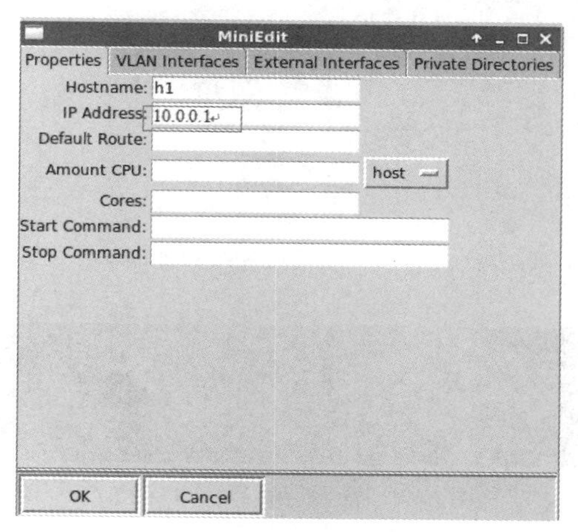

图 6-30　设置主机属性

（6）确定后命令行执行信息如图 6-31 所示。

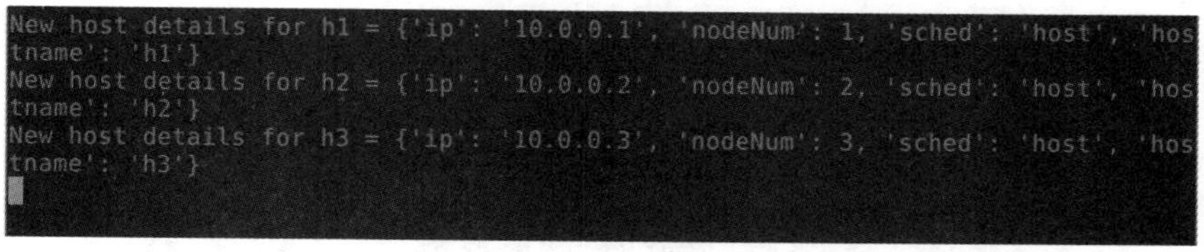

```
New host details for h1 = {'ip': '10.0.0.1', 'nodeNum': 1, 'sched': 'host', 'hos
tname': 'h1'}
New host details for h2 = {'ip': '10.0.0.2', 'nodeNum': 2, 'sched': 'host', 'hos
tname': 'h2'}
New host details for h3 = {'ip': '10.0.0.3', 'nodeNum': 3, 'sched': 'host', 'hos
tname': 'h3'}
```

图 6-31　命令行执行信息（2）

（7）交换机属性配置页面如图 6-32 所示，本实验中交换机采用默认配置。

（8）单击菜单栏中的 Edit，进入 Preferences 界面，勾选 Start CLI 和 OpenFlow 协议版本，如图 6-33 所示。

（9）确定后命令行执行信息如图 6-34 所示。

（10）单击左下角的 Run 按钮，即可启动 Mininet，运行设置好的网络拓扑，如图 6-35 所示。

MiniEdit

Hostname: s2
DPID:
Enable NetFlow:
Enable sFlow:
Switch Type: Default
IP Address:
DPCTL port:
External Interface: Add
External Interfaces
Start Command:
Stop Command:
OK Cancel

图 6-32　交换机属性配置页面

Preferences

IP Base: 10.0.0.0/8
Default Terminal: xterm
Start CLI:
Default Switch: Open vSwitch Kernel Mode
Open vSwitch
OpenFlow 1.0:
OpenFlow 1.1:
OpenFlow 1.2:
OpenFlow 1.3:
dpctl port:
sFlow Profile for Open vSwitch
Target:
Sampling: 400
Header: 128
Polling: 30
NetFlow Profile for Open vSwitch
Target:
Active Timeout: 600
Add ID to Interface:
OK Cancel

图 6-33　其他属性配置页面

```
New Prefs = {'ipBase': '10.0.0.0/8', 'sflow': {'sflowPolling': '30', 'sflowSampl
ing': '400', 'sflowHeader': '128', 'sflowTarget': ''}, 'terminalType': 'xterm',
'startCLI': '1', 'switchType': 'ovs', 'netflow': {'nflowAddId': '0', 'nflowTarge
t': '', 'nflowTimeout': '600'}, 'dpctl': '', 'openFlowVersions': {'ovsOf11': '0'
, 'ovsOf10': '1', 'ovsOf13': '0', 'ovsOf12': '0'}}
```

图 6-34　命令行执行信息（3）

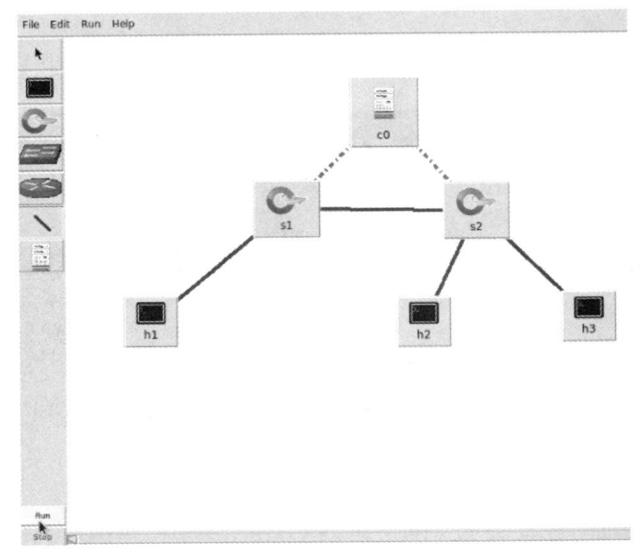

图 6-35　运行网络拓扑

（11）查看终端页面显示的拓扑信息，如图 6-36 所示。

```
Build network based on our topology.
Getting Hosts and Switches.
Getting controller selection:remote
<class 'mininet.node.Host'>
<class 'mininet.node.Host'>
<class 'mininet.node.Host'>
Getting Links.
*** Configuring hosts
h3 h1 h2
**** Starting 1 controllers
c0
**** Starting 2 switches
s2 s1
No NetFlow targets specified.
No sFlow targets specified.


 NOTE: PLEASE REMEMBER TO EXIT THE CLI BEFORE YOU PRESS THE STOP BUTTON. Not exi
ting will prevent MiniEdit from quitting and will prevent you from starting the
network again during this sessoin.
```

图 6-36　查看终端页面显示的拓扑信息

（12）选择 File→Export Level 2 Script，将其保存为 Python 脚本，如图 6-37 所示。

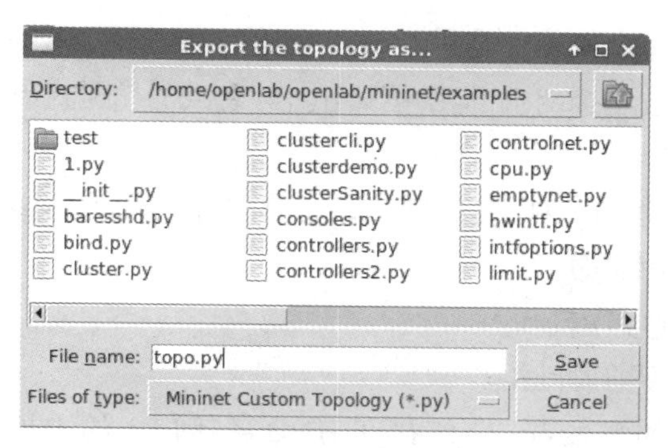

图 6-37　保存 Python 脚本

说明：以后直接运行 Python 脚本即可重现拓扑，重现拓扑后可在命令行直接操作。

（13）在 Mininet CLI 中查看拓扑节点和连接信息，并测试拓扑中主机的连通性，如图 6-38 所示。

```
mininet> nodes
available nodes are:
c0 h1 h2 h3 s1 s2
mininet> net
h2 h2-eth0:s2-eth2
h3 h3-eth0:s2-eth3
h1 h1-eth0:s1-eth2
s1 lo:  s1-eth1:s2-eth1 s1-eth2:h1-eth0
s2 lo:  s2-eth1:s1-eth1 s2-eth2:h2-eth0 s2-eth3:h3-eth0
c0
mininet> pingall
*** Ping: testing ping reachability
h2 -> h3 h1
h3 -> h2 h1
h1 -> h2 h3
*** Results: 0% dropped (6/6 received)
mininet> 
```

图 6-38　查看拓扑节点和连接信息并测试拓扑中主机的连通性

（14）退出可视化界面。

说明：若无法退出，请切换到 Mininet CLI 中执行 exit 退出 Mininet，将自动关闭 Mininet 可视化界面。

（15）在/home/openlab/openlab/mininet/mininet/examples 目录下执行 sudo python topo.py 命令，运行脚本即可打开刚刚保存的拓扑，如图 6-39 所示。

```
openlab@openlab:~/openlab/mininet/mininet/examples$ sudo python topo.py
*** Adding controller
*** Add switches
*** Add hosts
*** Add links
*** Starting network
*** Configuring hosts
h2 h3 h1
*** Starting controllers
*** Starting switches
*** Post configure switches and hosts
*** Starting CLI:
mininet>
```

图 6-39 运行脚本打开刚刚保存的拓扑

6.2 使用 SDN 实现集线器（HUB）

使用 SDN 实现集线器 HUB

1. HUB 概述

中继器是局域网环境中用来延长网络传输距离的互联设备。由于线路传输时存在损耗，故信号功率会逐渐衰减，衰减到一定程度时将造成信号失真，从而导致数据接收错误。针对这一问题，中继器通过连接两端的物理线路，对衰减的信号进行放大，从而保证数据传输的可靠性。

HUB 实际上是中继器的一种，其区别仅在于 HUB 能够提供更多的端口服务，所以 HUB 又称为多口中继器，其功能如下：

- 延长网络的通信距离。
- 连接物理结构不同的网络。
- 作为主机站点的汇聚点，将连接在 HUB 各接口上的主机联系起来使之可以互相通信。

HUB 的工作原理很简单，图 6-40 中，HUB 共连接了 5 台电脑，处于网络的“中心”位置，通过 HUB 转发消息，5 台电脑之间可以互连互通。具体通信过程如下：

（1）假如 H1 要将一条信息发送给计算机 5，数据经由线路来到 HUB。

（2）HUB 收到数据后，向局域网中所有计算机发送数据。

（3）当 H5 收到数据后发现是送给自己的，则收下数据。

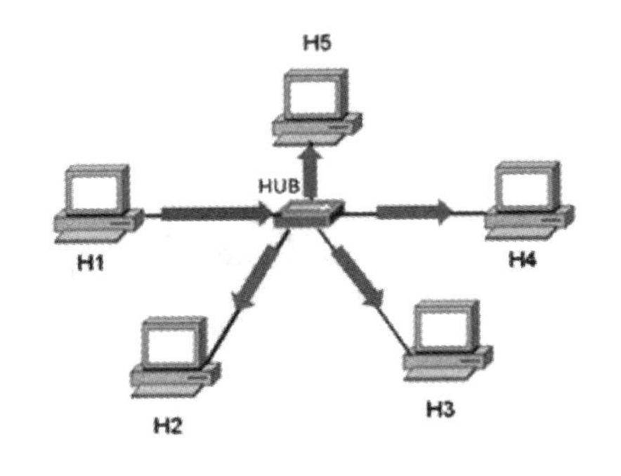

图 6-40 HUB 工作原理

（4）其他计算机收到数据后，发现不是发给自己的，则丢弃数据。

本实验的主要任务是通过 OpenFlow 实现 HUB 功能。

2. 控制器流表下发模式介绍

在 SDN 中，控制器下发流表主要有 2 种模式，分别是 reactive 模式和 proactive 模式。

数据转发时传统交换机参照 MAC 地址表转发，路由器参照 IP 路由表转发，通过定制 ASIC 芯片可以实现高速工作。而 OpenFlow 将网络协议栈扁平化，各个网络字段都可作为流表中的匹配域，通过通配符掩码实现任意字段的组合。相比于传统网络，这种做法无疑提高了网络灵活性，其相应付出的代价是硬件设备为了适应这种通配的匹配方式，需要采用 TCAM（Ternary Content Addressable Memory）来设计流表，但是 TCAM 的高成本极大地限制了流表的规模。如果按照客户几十 KB 甚至上百 KB 的流表要求，至少需要 20Mbit 的 TCAM，远远超过目前市场上容量最大的交换芯片的 TCAM 大小。为了克服 TCAM 流表较小的问题，SDN 先驱们提出采用 reactive 的方式来编写 TCAM。

在 reactive 模式下，当 OpenFlow 交换机接收到未知数据包时，向控制器发送一条 packet_in 消息询问控制器如何处理该数据包。控制器接收到 packet_in 消息后，计算路径并发送一条 Flow_mod 消息指示交换机如何处理该数据包。同时，当定时器超时后，就删除与该数据包相关的流表项。只有当未知数据包到达交换机时才会触发 reactive 模式，可以有效地节省 TCAM 的空间。reactive 模式工作流程如图 6-41 所示。

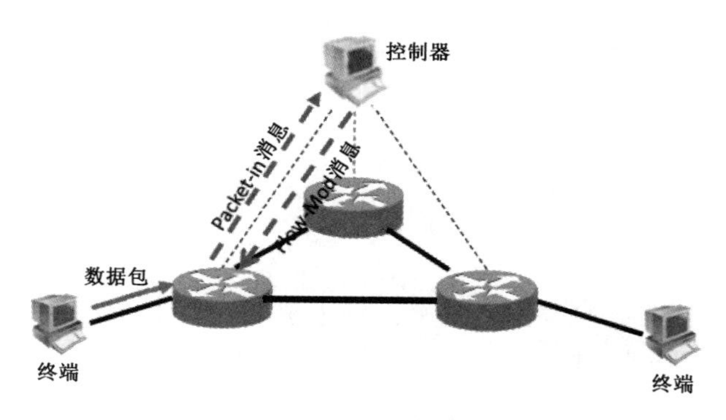

图 6-41　reactive 模式工作流程

reactive 模式缺点是，交换机无法即时地处理未知数据包，需要依赖控制器的决策。这虽然在一定程度上解决了 TCAM 较小带来的问题，但也让 SDN 控制器的性能成为系统扩展的瓶颈。此时 proactive 模式成为一个更合理的方式。

OpenFlow 交换机和 OpenFlow 控制器建立通道后，由控制器向交换机预先发送流表项的方式称为 proactive 模式。proactive 模式的设置不是必须在控制器与交换机建立连接后立刻下发流表，可以在连接建立后的任意时间下发流表。proactive 模式的主要特点是“主动”，控制器主动下发流表给交换机，随后交换机可以直接根据流表进行转发。在 proactive 模式下，控制器的压力会大大减轻。

3. 实验环境

使用 SDN 实现 HUB 实验的拓扑如图 6-42 所示。

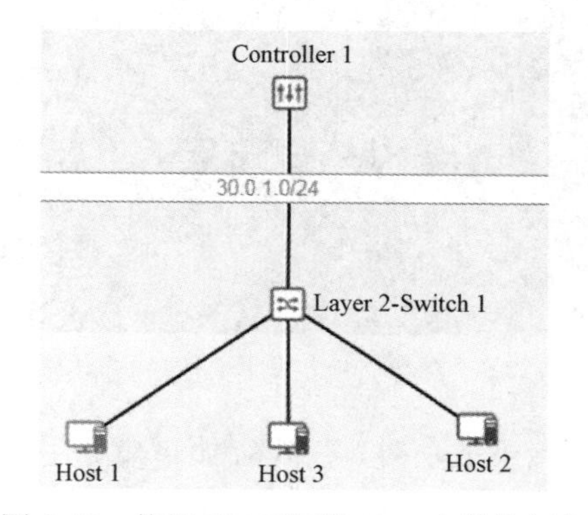

图 6-42　使用 SDN 实现 HUB 实验的拓扑

使用 SDN 实现 HUB 的实验环境信息见表 6-7。

表 6-7 使用 SDN 实现 HUB 的实验环境信息

设备名称	软件环境	硬件环境
控制器	OpenDaylight Lithium 桌面版	CPU：2 核 内存：4GB 磁盘：20GB
交换机	Open vSwitch 2.3.1 命令行版	CPU：1 核 内存：2GB 磁盘：20GB
主机	Ubuntu 14.04 桌面版	CPU：1 核 内存：2GB 磁盘：20GB

注：系统默认的账户为 root/root@openlab、openlab/user@openlab。

4. 操作过程演示

（1）实验环境检查。

1）以 root 用户登录交换机，初始化 OVS，其命令如下：

```
# cd /home/fnic
# ./ovs_init
```

2）登录 OpenDaylight 控制器，执行 netstat -an|grep 6633 命令，查看端口是否处于监听状态，如图 6-43 所示。

图 6-43 查看端口是否处于监听状态

3）在保证控制器 6633 端口处于监听状态的情况下，使用 root 用户登录交换机，查看交换机与控制器的连接情况，当出现情况 1 时，如图 6-44 所示。

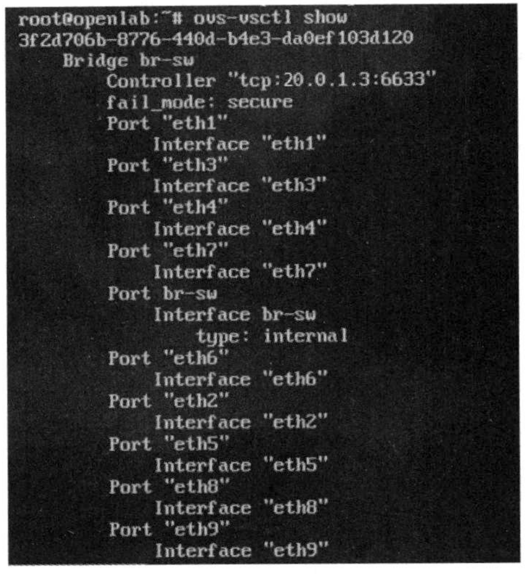

图 6-44 查看交换机与控制器的连接情况

4）当交换机与控制器连接不成功时，需执行如下命令手动重连，稍等一会儿后，重新查看连接状态，其命令如下：

```
$ ovs-vsctl del-controller br-sw
$ ovs-vsctl set-controller br-sw tcp:20.0.1.3:6633
```

如图 6-45 所示 controller 下方显示 is_connected:true 则表明连接成功。

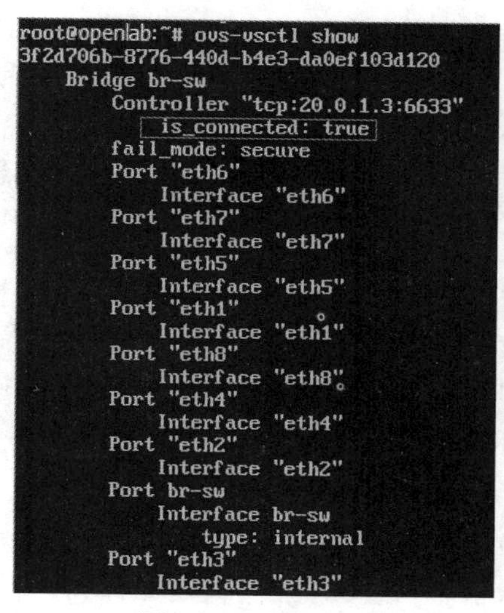

图 6-45　连接成功

5）当出现情况 2 时，交换机与控制器连接成功后，登录主机，但主机没有获取到 IP 地址，需手动重连，等待 1～3min 主机可重新获取到 IP 地址，其命令如下：

```
$ ovs-vsctl del-controller br-sw
$ ovs-vsctl set-controller br-sw tcp:20.0.1.3:6633
```

6）登录主机，查看主机 IP。

主机 1 的 IP 如图 6-46 所示。

```
openlab@openlab:~$ ifconfig
eth0      Link encap:Ethernet  HWaddr fa:16:3e:21:4c:f9
          inet addr:10.0.0.4  Bcast:10.0.0.255  Mask:255.255.255.0
          inet6 addr: fe80::f816:3eff:fe21:4cf9/64 Scope:Link
          UP BROADCAST RUNNING MULTICAST  MTU:1450  Metric:1
          RX packets:389 errors:0 dropped:0 overruns:0 frame:0
          TX packets:128 errors:0 dropped:0 overruns:0 carrier:0
          collisions:0 txqueuelen:1000
          RX bytes:50484 (50.4 KB)  TX bytes:30912 (30.9 KB)

lo        Link encap:Local Loopback
          inet addr:127.0.0.1  Mask:255.0.0.0
          inet6 addr: ::1/128 Scope:Host
          UP LOOPBACK RUNNING  MTU:65536  Metric:1
          RX packets:37 errors:0 dropped:0 overruns:0 frame:0
          TX packets:37 errors:0 dropped:0 overruns:0 carrier:0
          collisions:0 txqueuelen:0
          RX bytes:2720 (2.7 KB)  TX bytes:2720 (2.7 KB)
```

图 6-46　主机 1 的 IP

主机 2 的 IP 如图 6-47 所示。

```
openlab@openlab:~$ ifconfig
eth0      Link encap:Ethernet  HWaddr fa:16:3e:cc:8f:a2
          inet addr:10.0.0.10  Bcast:10.0.0.255  Mask:255.255.255.0
          inet6 addr: fe80::f816:3eff:fecc:8fa2/64 Scope:Link
          UP BROADCAST RUNNING MULTICAST  MTU:1450  Metric:1
          RX packets:426 errors:0 dropped:0 overruns:0 frame:0
          TX packets:83 errors:0 dropped:0 overruns:0 carrier:0
          collisions:0 txqueuelen:1000
          RX bytes:55865 (55.8 KB)  TX bytes:22535 (22.5 KB)

lo        Link encap:Local Loopback
          inet addr:127.0.0.1  Mask:255.0.0.0
          inet6 addr: ::1/128 Scope:Host
          UP LOOPBACK RUNNING  MTU:65536  Metric:1
          RX packets:36 errors:0 dropped:0 overruns:0 frame:0
          TX packets:36 errors:0 dropped:0 overruns:0 carrier:0
          collisions:0 txqueuelen:0
          RX bytes:2608 (2.6 KB)  TX bytes:2608 (2.6 KB)
```

图 6-47　主机 2 的 IP

主机 3 的 IP 如图 6-48 所示。

```
openlab@openlab:~$ ifconfig
eth0      Link encap:Ethernet  HWaddr fa:16:3e:4d:5b:fb
          inet addr:10.0.0.14  Bcast:10.0.0.255  Mask:255.255.255.0
          inet6 addr: fe80::f816:3eff:fe4d:5bfb/64 Scope:Link
          UP BROADCAST RUNNING MULTICAST  MTU:1450  Metric:1
          RX packets:412 errors:0 dropped:0 overruns:0 frame:0
          TX packets:132 errors:0 dropped:0 overruns:0 carrier:0
          collisions:0 txqueuelen:1000
          RX bytes:52893 (52.8 KB)  TX bytes:31903 (31.9 KB)

lo        Link encap:Local Loopback
          inet addr:127.0.0.1  Mask:255.0.0.0
          inet6 addr: ::1/128 Scope:Host
          UP LOOPBACK RUNNING  MTU:65536  Metric:1
          RX packets:37 errors:0 dropped:0 overruns:0 frame:0
          TX packets:37 errors:0 dropped:0 overruns:0 carrier:0
          collisions:0 txqueuelen:0
          RX bytes:2720 (2.7 KB)  TX bytes:2720 (2.7 KB)
```

图 6-48　主机 3 的 IP

7）单击页面右上角“实验拓扑”按钮，根据交换机与主机的 MAC 地址查看交换机与主机的连接情况，如图 6-49 所示。

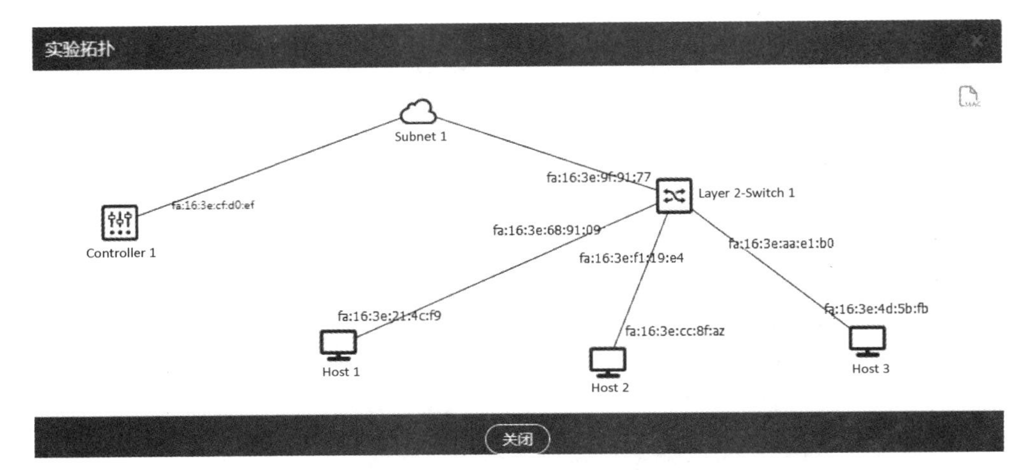

图 6-49　查看交换机与主机的连接情况

8）登录交换机，执行 ifconfig 命令，查看交换机的 MAC 地址，如图 6-50 所示。

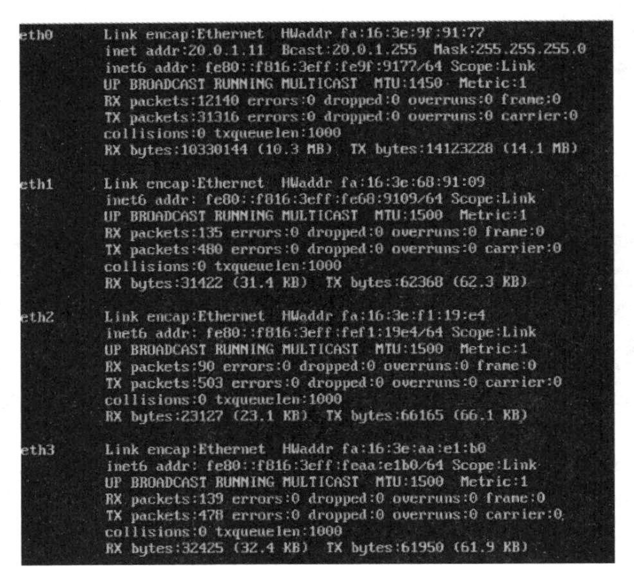

```
eth0      Link encap:Ethernet  HWaddr fa:16:3e:9f:91:77
          inet addr:20.0.1.11  Bcast:20.0.1.255  Mask:255.255.255.0
          inet6 addr: fe80::f816:3eff:fe9f:9177/64 Scope:Link
          UP BROADCAST RUNNING MULTICAST  MTU:1450  Metric:1
          RX packets:12140 errors:0 dropped:0 overruns:0 frame:0
          TX packets:31316 errors:0 dropped:0 overruns:0 carrier:0
          collisions:0 txqueuelen:1000
          RX bytes:10330144 (10.3 MB)  TX bytes:14123228 (14.1 MB)

eth1      Link encap:Ethernet  HWaddr fa:16:3e:68:91:09
          inet6 addr: fe80::f816:3eff:fe68:9109/64 Scope:Link
          UP BROADCAST RUNNING MULTICAST  MTU:1500  Metric:1
          RX packets:135 errors:0 dropped:0 overruns:0 frame:0
          TX packets:480 errors:0 dropped:0 overruns:0 carrier:0
          collisions:0 txqueuelen:1000
          RX bytes:31422 (31.4 KB)  TX bytes:62368 (62.3 KB)

eth2      Link encap:Ethernet  HWaddr fa:16:3e:f1:19:e4
          inet6 addr: fe80::f816:3eff:fef1:19e4/64 Scope:Link
          UP BROADCAST RUNNING MULTICAST  MTU:1500  Metric:1
          RX packets:90 errors:0 dropped:0 overruns:0 frame:0
          TX packets:503 errors:0 dropped:0 overruns:0 carrier:0
          collisions:0 txqueuelen:1000
          RX bytes:23127 (23.1 KB)  TX bytes:66165 (66.1 KB)

eth3      Link encap:Ethernet  HWaddr fa:16:3e:aa:e1:b0
          inet6 addr: fe80::f816:3eff:feaa:e1b0/64 Scope:Link
          UP BROADCAST RUNNING MULTICAST  MTU:1500  Metric:1
          RX packets:139 errors:0 dropped:0 overruns:0 frame:0
          TX packets:478 errors:0 dropped:0 overruns:0 carrier:0
          collisions:0 txqueuelen:1000
          RX bytes:32425 (32.4 KB)  TX bytes:61950 (61.9 KB)
```

图 6-50　查看交换机的 MAC 地址

根据实验拓扑图、交换机和主机的 MAC 地址，可以判断交换机 eth 1 连接 Host 1，eth 2 连接 Host 2，eth 3 连接 Host 3。

（2）proactive 模式。

1）OpenDaylight 控制器与交换机建立连接后，会自动下发初始流表。登录交换机执行 ovs-ofctl dump-flows br-sw 命令，查看初始流表，如图 6-51 所示。

```
root@openlab:~# ovs-ofctl dump-flows br-sw
NXST_FLOW reply (xid=0x4):
 cookie=0x2b00000000000007, duration=71074.532s, table=0, n_packets=2568, n_bytes=200215, idle_age=6325, hard_age=65534, priorit
y=2,in_port=3 actions=output:1,output:2,output:8,output:7,output:6,output:5,output:4,CONTROLLER:65535
 cookie=0x2b00000000000002, duration=71074.532s, table=0, n_packets=0, n_bytes=0, idle_age=65534, hard_age=65534, priority=2,in_
port=8 actions=output:1,output:2,output:7,output:6,output:5,output:4,output:3,CONTROLLER:65535
 cookie=0x2b00000000000003, duration=71074.532s, table=0, n_packets=0, n_bytes=0, idle_age=65534, hard_age=65534, priority=2,in_
port=7 actions=output:1,output:2,output:8,output:6,output:5,output:4,output:3,CONTROLLER:65535
 cookie=0x2b00000000000000, duration=71074.530s, table=0, n_packets=2639, n_bytes=202074, idle_age=23094, hard_age=65534, priori
ty=2,in_port=1 actions=output:2,output:8,output:7,output:6,output:5,output:4,output:3,CONTROLLER:65535
 cookie=0x2b00000000000005, duration=71074.531s, table=0, n_packets=0, n_bytes=0, idle_age=65534, hard_age=65534, priority=2,in_
port=5 actions=output:1,output:2,output:8,output:7,output:6,output:4,output:3,CONTROLLER:65535
 cookie=0x2b00000000000004, duration=71074.530s, table=0, n_packets=0, n_bytes=0, idle_age=65534, hard_age=65534, priority=2,in_
port=6 actions=output:1,output:2,output:8,output:7,output:5,output:4,output:3,CONTROLLER:65535
 cookie=0x2b00000000000001, duration=71074.532s, table=0, n_packets=2900, n_bytes=222540, idle_age=855, hard_age=65534, priority
=2,in_port=2 actions=output:1,output:8,output:7,output:6,output:5,output:4,output:3,CONTROLLER:65535
 cookie=0x2b00000000000006, duration=71074.531s, table=0, n_packets=6770, n_bytes=22394162, idle_age=855, hard_age=65534, priori
ty=2,in_port=4 actions=output:1,output:2,output:8,output:7,output:6,output:5,output:3,CONTROLLER:65535
 cookie=0x2b00000000000000, duration=71078.410s, table=0, n_packets=0, n_bytes=0, idle_age=65534, hard_age=65534, priority=100,d
l_type=0x88cc actions=CONTROLLER:65535
```

图 6-51　查看初始流表

登录控制器，在 Application Finder 选项卡中搜索 Postman 选项，并打开自带的 Postman 工具，如图 6-52 所示。

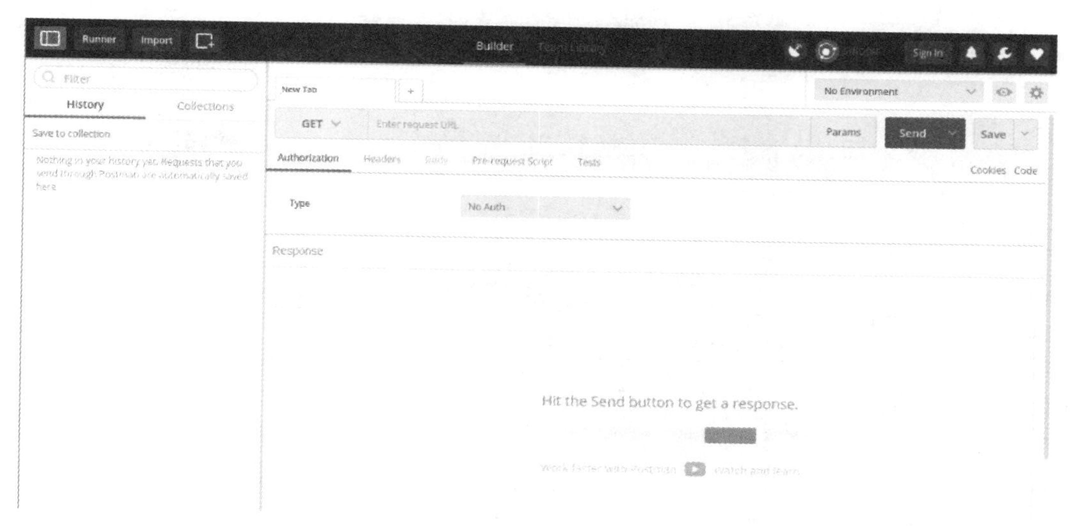

图 6-52　打开 Postman 工具

2）单击 Basic Auth 选项，Username 字段填写 admin，Password 字段填写 admin 完成认证，如图 6-53 所示。

3）选择提交方式 GET，在 URL 地址栏中输入 http://127.0.0.1:8080/restconf/operational/opendaylight-inventory:nodes。

4）单击 Send 按钮，获取交换机的 id 信息，如图 6-54 所示。

由图 6-54 可知该交换机的 id 为 openflow:143226243417414。

5）下发一条流表。

a．选择提交方式 PUT。

b．在 URL 地址栏中输入 http://{controller-ip}:8080/restconf/config/opendaylight-inventory:nodes/node/{node-id}/table/{table-id}/flow/{flow-id}。

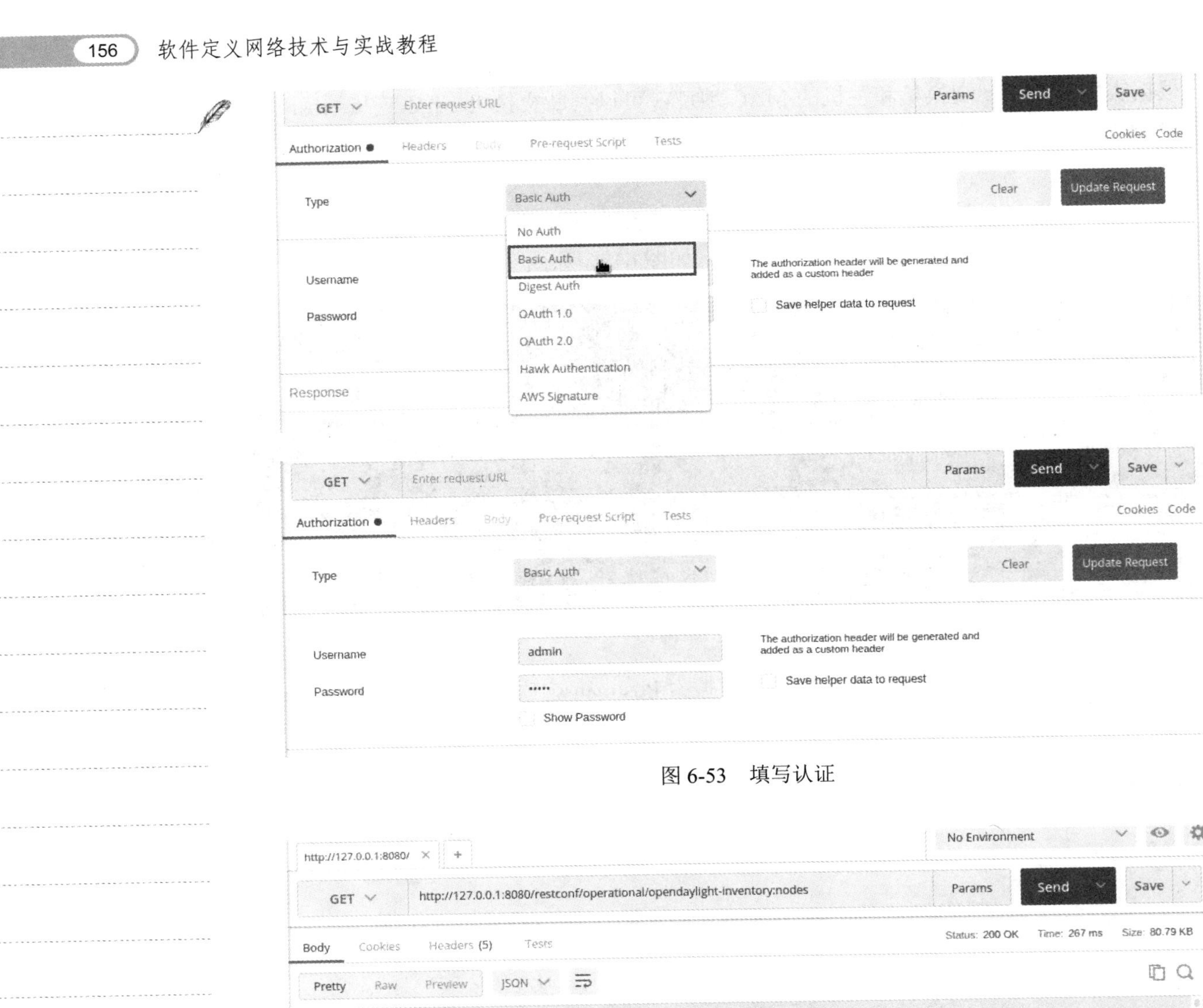

图 6-53 填写认证


```
http://127.0.0.1:8080/restconf/operational/opendaylight-inventory:nodes
Status: 200 OK  Time: 267 ms  Size: 80.79 KB
{
  "nodes": {
    "node": [
      {
        "id": "openflow:143226243417414",
        "flow-node-inventory:software": "2.3.1",
        "flow-node-inventory:serial-number": "None",
        "flow-node-inventory:manufacturer": "Nicira, Inc.",
        "flow-node-inventory:hardware": "Open vSwitch",
        "flow-node-inventory:description": "None",
        "flow-node-inventory:ip-address": "20.0.1.11",
        "flow-node-inventory:switch-features": {
          "capabilities": [
            "flow-node-inventory:flow-feature-capability-flow-stats",
            "flow-node-inventory:flow-feature-capability-port-stats",
            "flow-node-inventory:flow-feature-capability-table-stats",
            "flow-node-inventory:flow-feature-capability-queue-stats"
          ],
          "max_buffers": 256,
          "max_tables": 254
        },
        "flow-node-inventory:table": [
          {
            "id": 140,
            "opendaylight-flow-statistics:aggregate-flow-statistics": {
              "packet-count": 0,
              "flow-count": 0,
```


图 6-54 获取交换机的 id 信息

其中，{controller-ip}为控制器的 IP 地址，node-id 为上面获取到的交换机 id 信息，table-id 这里为 0，flow-id 根据下发不同流表变化，可自定义。在 URL 地址栏中输入 http://127.0.0.1:8080/restconf/config/opendaylight-inventory:nodes/node/openflow:143226243417414/table/0/flow/14。

c．填写 Headers 信息，如图 6-55 所示。

d．单击 Body 选项卡，Body 格式选择 raw→XML(application/xml)。

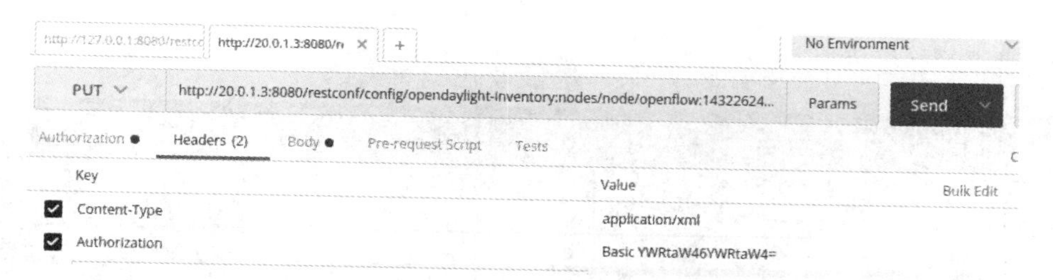

图 6-55　填写 Headers 信息

匹配条件为 ANY，actions 为 ALL，即将交换机收到的所有数据包转发到除入端口外的所有端口，从而实现 HUB 的功能。

Body 的内容如下：

```
<?xml version="1.0" encoding="UTF-8" standalone="no"?>
<flow xmlns="urn:opendaylight:flow:inventory">
    <priority>35</priority>
    <flow-name>SDN</flow-name>
    <idle-timeout>0</idle-timeout>
    <hard-timeout>0</hard-timeout>
    <match>ANY</match>
    <id>14</id>
    <table_id>0</table_id>
    <instructions>
        <instruction>
            <order>0</order>
            <apply-actions>
                <action>
                    <output-action>
                        <output-node-connector>ALL</output-node-connector>
                    </output-action>
                    <order>0</order>
                </action>
            </apply-actions>
        </instruction>
    </instructions>
</flow>
```

说明：Body 体在 POSTMAN 的 Collections 中提供了模板，仅供参考。

6）单击 Send 按钮发送请求，STATUS 显示请求发送成功，流表下发成功，如图 6-56 所示。

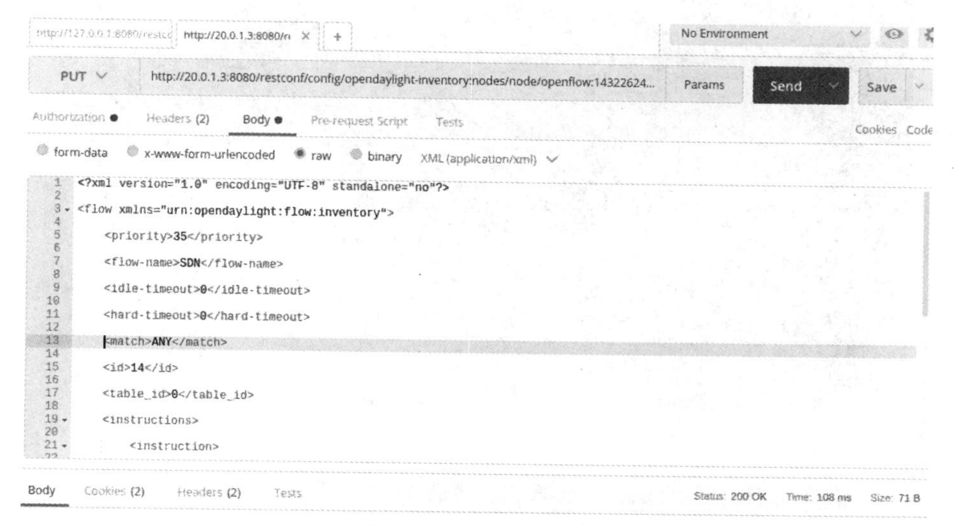

图 6-56　流表下发成功

7）登录交换机执行 ovs-ofctl dump-flows br-sw 命令，查看下发的流表，如图 6-57 所示。

```
root@openlab:~# ovs-ofctl dump-flows br-sw
NXST_FLOW reply (xid=0x4):
 cookie=0x0, duration=842.584s, table=0, n_packets=982, n_bytes=93641, idle_age=1, priority=35 actions=ALL
 cookie=0x2b00000000000007, duration=73122.047s, table=0, n_packets=2672, n_bytes=210222, idle_age=1390, hard_age=65534, priorit
y=2,in_port=3 actions=output:1,output:2,output:8,output:7,output:6,output:5,output:4,CONTROLLER:65535
 cookie=0x2b00000000000002, duration=73122.047s, table=0, n_packets=0, n_bytes=0, idle_age=65534, hard_age=65534, priority=2,in_
port=8 actions=output:1,output:2,output:7,output:6,output:5,output:4,output:3,CONTROLLER:65535
 cookie=0x2b00000000000003, duration=73122.047s, table=0, n_packets=0, n_bytes=0, idle_age=65534, hard_age=65534, priority=2,in_
port=7 actions=output:1,output:2,output:8,output:6,output:5,output:4,output:3,CONTROLLER:65535
 cookie=0x2b00000000000000, duration=73122.045s, table=0, n_packets=2757, n_bytes=213546, idle_age=854, hard_age=65534, priority
=2,in_port=1 actions=output:2,output:8,output:7,output:6,output:5,output:4,output:3,CONTROLLER:65535
 cookie=0x2b00000000000005, duration=73122.046s, table=0, n_packets=0, n_bytes=0, idle_age=65534, hard_age=65534, priority=2,in_
port=5 actions=output:1,output:2,output:8,output:7,output:6,output:4,output:3,CONTROLLER:65535
 cookie=0x2b00000000000004, duration=73122.045s, table=0, n_packets=0, n_bytes=0, idle_age=65534, hard_age=65534, priority=2,in_
port=6 actions=output:1,output:2,output:8,output:7,output:5,output:4,output:3,CONTROLLER:65535
 cookie=0x2b00000000000001, duration=73122.047s, table=0, n_packets=2939, n_bytes=225785, idle_age=848, hard_age=65534, priority
=2,in_port=2 actions=output:1,output:8,output:7,output:6,output:5,output:4,output:3,CONTROLLER:65535
 cookie=0x2b00000000000006, duration=73122.046s, table=0, n_packets=6798, n_bytes=22397301, idle_age=848, hard_age=65534, priori
ty=2,in_port=4 actions=output:1,output:2,output:8,output:7,output:6,output:5,output:3,CONTROLLER:65535
 cookie=0x2b00000000000000, duration=73125.925s, table=0, n_packets=0, n_bytes=0, idle_age=65534, hard_age=65534, priority=100,d
l_type=0x88cc actions=CONTROLLER:65535
```

图 6-57　查看下发的流表

8）登录 Host 1，对 Host 2 进行 ping 操作，Host 2 的 IP 为 10.0.0.10，如图 6-58 所示。

```
openlab@openlab:~$ ping 10.0.0.10
PING 10.0.0.10 (10.0.0.10) 56(84) bytes of data.
64 bytes from 10.0.0.10: icmp_seq=1 ttl=64 time=6.43 ms
64 bytes from 10.0.0.10: icmp_seq=2 ttl=64 time=1.47 ms
64 bytes from 10.0.0.10: icmp_seq=3 ttl=64 time=1.47 ms
64 bytes from 10.0.0.10: icmp_seq=4 ttl=64 time=1.43 ms
64 bytes from 10.0.0.10: icmp_seq=5 ttl=64 time=1.47 ms
64 bytes from 10.0.0.10: icmp_seq=6 ttl=64 time=1.43 ms
64 bytes from 10.0.0.10: icmp_seq=7 ttl=64 time=1.19 ms
64 bytes from 10.0.0.10: icmp_seq=8 ttl=64 time=1.33 ms
64 bytes from 10.0.0.10: icmp_seq=9 ttl=64 time=1.35 ms
64 bytes from 10.0.0.10: icmp_seq=10 ttl=64 time=1.35 ms
64 bytes from 10.0.0.10: icmp_seq=11 ttl=64 time=1.50 ms
64 bytes from 10.0.0.10: icmp_seq=12 ttl=64 time=1.64 ms
```

图 6-58　对 Host 2 进行 ping 操作

9）登录交换机捕获广播到 Host 2 和 Host 3 数据包。Host 2 对应的端口是 eth 2，Host 3 对应的端口是 eth 3，分别捕获这 2 个端口上的数据包，其命令如下：

```
# tcpdump -i eth2
# tcpdump -i eth3
```

捕获 eth 2 端口上的数据包如图 6-59 所示。

```
root@openlab:~# tcpdump  -i eth2
tcpdump: WARNING: eth2: no IPv4 address assigned
tcpdump: verbose output suppressed, use -v or -vv for full protocol decode
listening on eth2, link-type EN10MB (Ethernet), capture size 65535 bytes
19:44:13.867801 IP 10.0.0.4 > 10.0.0.10: ICMP echo request, id 1507, seq 176, length 64
19:44:13.868541 IP 10.0.0.10 > 10.0.0.4: ICMP echo reply, id 1507, seq 176, length 64
19:44:14.869618 IP 10.0.0.4 > 10.0.0.10: ICMP echo request, id 1507, seq 177, length 64
19:44:14.870420 IP 10.0.0.10 > 10.0.0.4: ICMP echo reply, id 1507, seq 177, length 64
19:44:15.398835 LLDP, length 99: openflow:143226243417414
19:44:15.871556 IP 10.0.0.4 > 10.0.0.10: ICMP echo request, id 1507, seq 178, length 64
19:44:15.872216 IP 10.0.0.10 > 10.0.0.4: ICMP echo reply, id 1507, seq 178, length 64
19:44:16.873074 IP 10.0.0.4 > 10.0.0.10: ICMP echo request, id 1507, seq 179, length 64
19:44:16.873751 IP 10.0.0.10 > 10.0.0.4: ICMP echo reply, id 1507, seq 179, length 64
19:44:17.874925 IP 10.0.0.4 > 10.0.0.10: ICMP echo request, id 1507, seq 180, length 64
19:44:17.875612 IP 10.0.0.10 > 10.0.0.4: ICMP echo reply, id 1507, seq 180, length 64
19:44:18.876630 IP 10.0.0.4 > 10.0.0.10: ICMP echo request, id 1507, seq 181, length 64
19:44:18.877282 IP 10.0.0.10 > 10.0.0.4: ICMP echo reply, id 1507, seq 181, length 64
19:44:19.878410 IP 10.0.0.4 > 10.0.0.10: ICMP echo request, id 1507, seq 182, length 64
19:44:19.879035 IP 10.0.0.10 > 10.0.0.4: ICMP echo reply, id 1507, seq 182, length 64
19:44:20.398955 LLDP, length 99: openflow:143226243417414
19:44:20.880044 IP 10.0.0.4 > 10.0.0.10: ICMP echo request, id 1507, seq 183, length 64
19:44:20.880718 IP 10.0.0.10 > 10.0.0.4: ICMP echo reply, id 1507, seq 183, length 64
19:44:21.881965 IP 10.0.0.4 > 10.0.0.10: ICMP echo request, id 1507, seq 184, length 64
19:44:21.882466 IP 10.0.0.10 > 10.0.0.4: ICMP echo reply, id 1507, seq 184, length 64
19:44:22.883583 IP 10.0.0.4 > 10.0.0.10: ICMP echo request, id 1507, seq 185, length 64
```

图 6-59　捕获 eth 2 端口上的数据包

说明：选择不在 Host 3、Host 2 上抓包的原因是，由于当 h1 ping h2 时，数据包从交换机所有端口 output 出去后，openstack 中的 Linux-bridge 会根据转发表过滤掉所有目的地址与端口不一致的数据包，因此在 Host 3 上无法捕获 Host 1 与 Host 2 之间的数据包。

捕获 eth 3 端口上的数据包如图 6-60 所示。

```
root@openlab:~# tcpdump  -i eth3
tcpdump: WARNING: eth3: no IPv4 address assigned
tcpdump: verbose output suppressed, use -v or -vv for full protocol decode
listening on eth3, link-type EN10MB (Ethernet), capture size 65535 bytes
19:42:57.741002 IP 10.0.0.4 > 10.0.0.10: ICMP echo request, id 1507, seq 100, length 64
19:42:57.741897 IP 10.0.0.10 > 10.0.0.4: ICMP echo reply, id 1507, seq 100, length 64
19:42:58.741927 IP 10.0.0.4 > 10.0.0.10: ICMP echo request, id 1507, seq 101, length 64
19:42:58.742766 IP 10.0.0.10 > 10.0.0.4: ICMP echo reply, id 1507, seq 101, length 64
19:42:59.742746 IP 10.0.0.4 > 10.0.0.10: ICMP echo request, id 1507, seq 102, length 64
19:42:59.743476 IP 10.0.0.10 > 10.0.0.4: ICMP echo reply, id 1507, seq 102, length 64
19:42:59.748951 ARP, Request who-has 10.0.0.4 tell 10.0.0.10, length 28
19:42:59.750288 ARP, Reply 10.0.0.4 is-at fa:16:3e:21:4c:f9 (oui Unknown), length 28
19:43:00.397759 LLDP, length 99: openflow:143226243417414
19:43:00.744221 IP 10.0.0.4 > 10.0.0.10: ICMP echo request, id 1507, seq 103, length 64
19:43:00.744670 IP 10.0.0.10 > 10.0.0.4: ICMP echo reply, id 1507, seq 103, length 64
19:43:01.743306 IP 10.0.0.4 > 10.0.0.10: ICMP echo request, id 1507, seq 104, length 64
19:43:01.743949 IP 10.0.0.10 > 10.0.0.4: ICMP echo reply, id 1507, seq 104, length 64
19:43:02.744752 IP 10.0.0.4 > 10.0.0.10: ICMP echo request, id 1507, seq 105, length 64
19:43:02.745257 IP 10.0.0.10 > 10.0.0.4: ICMP echo reply, id 1507, seq 105, length 64
19:43:03.746146 IP 10.0.0.4 > 10.0.0.10: ICMP echo request, id 1507, seq 106, length 64
19:43:03.746816 IP 10.0.0.10 > 10.0.0.4: ICMP echo reply, id 1507, seq 106, length 64
19:43:04.747708 IP 10.0.0.4 > 10.0.0.10: ICMP echo request, id 1507, seq 107, length 64
19:43:04.748491 IP 10.0.0.10 > 10.0.0.4: ICMP echo reply, id 1507, seq 107, length 64
```

图 6-60　捕获 eth 3 端口上的数据包

至此 proactive 模式验证完毕。

（3）reactive 模式。

reactive 模式需要依赖 SDN 控制器的反应，实现较为复杂，在此仅进行方案介绍，不做实验操作，有兴趣的同学可自行拓展学习。

如图 6-61 所示，reactive 模式的触发机制是交换机将接收到数据包转发给控制器，交换机转发数据包给控制器的情况有 2 种：一是交换机接收到未知数据包；二是流表 action 要求交换机将数据包转发给控制器。因此，设置 reactive 模式的第一步是下发一条流表，priority 设置为最高 65535，匹配条件为 ANY，actions 是将数据包 output 到 Controller。

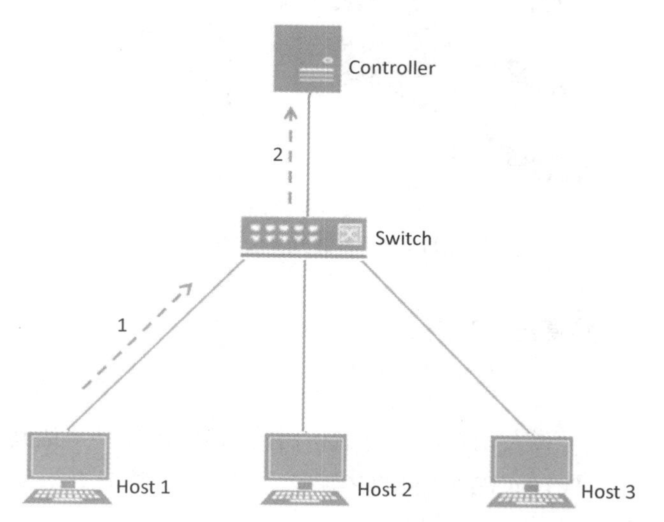

图 6-61　reactive 模式

如图 6-62 所示，流表项设置好后，当 Host 1 发送数据包时，交换机接收到数据包后会发送 packet_in 消息给控制器。控制器接收到 packet_in 消息后对消息中的内容进行判断，计算分析后发送 packet_out 消息给交换机，告知交换机如何处理该数据包。本实验中控制器会要求交换机将数据包转发到除入端口外的所有端口，从而实现集线器的功能。

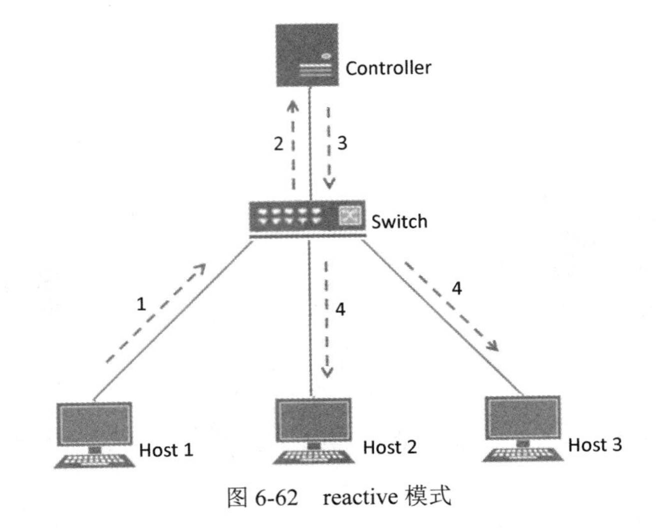

图 6-62 reactive 模式

6.3 使用 SDN 实现简易负载均衡

6.3.1 负载均衡简介

负载均衡（LoadBalancing）是高可用网络基础架构的关键组件，通常用于将工作负载分布到多个服务器来提高网站、应用、数据库或其他服务的性能和可靠性。负载均衡架构如图 6-63 所示。

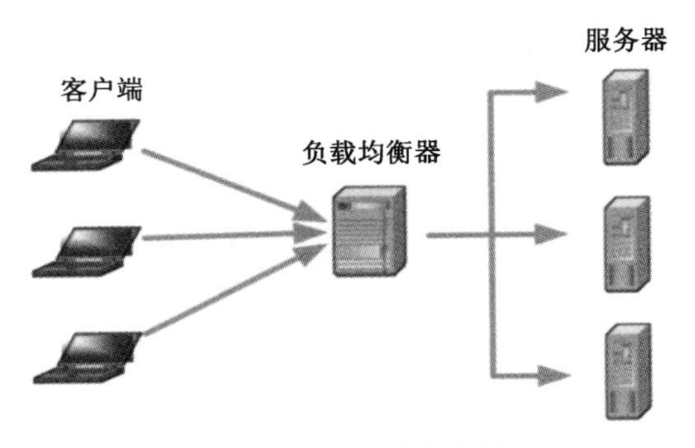

图 6-63 负载均衡架构

6.3.2 服务器负载均衡产生背景

随着 Internet 的快速发展和业务量的不断增多，基于网络的数据访问流量迅速增长，特别是对数据中心、大型企业以及门户网站等的访问，其访问流量甚至达到了 10Gb/s 的级别；同时，服务器网站借助 HTTP、FTP、SMTP 等应用程序，为访问者提供了越来越丰富的内容和信息，服务器逐渐被数据淹没。另外，大部分网站（尤其电子商务等网站）都需要提供 24 小时不间断服务，任何服务中断或通信中的关键数据丢失都会造成直接的商业损失。所有这些都对应用服务提出了高性能和高可靠性的需求。但是，相对于网络技术的发展，服务器处理速度和内存访问速度的增长却远远低于网络带宽和应用服务的增长，网络带宽增长的同时带来的用户数量的增长，也使得服务器资源消耗严重，因此，服务器成为了网络瓶颈，如图 6-64 所示。传统的单机模式，也往往成为网络故障点。

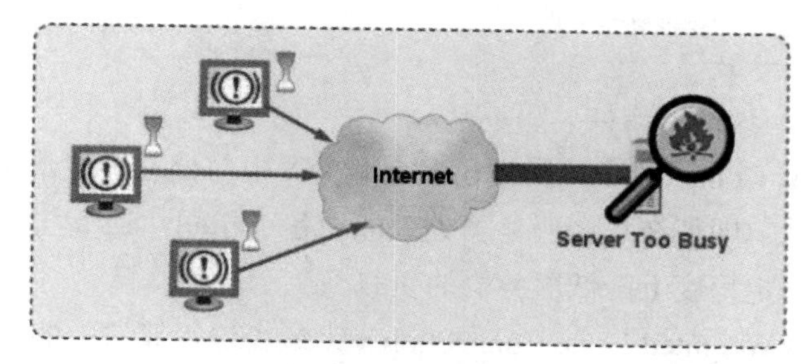

图 6-64 网络瓶颈

针对以上情况，有以下几种解决方案。

（1）服务器进行硬件升级，采用高性能服务器替换现有的低性能服务器。

（2）组建服务器集群，利用负载均衡技术在服务器集群间进行业务均衡。

服务器硬件升级方案的弊端如下：

- 高成本：高性能服务器价格昂贵，需要高额成本投入，而原有低性能服务器被闲置，造成资源浪费。
- 可扩展性差：每一次业务量的提升，都将导致再一次硬件升级的高额成本投入，性能再卓越的设备也无法满足当前业务量的发展趋势。
- 无法完全解决现在网络中面临的问题：如单点故障、服务器资源不够用等问题。

如图 6-65 所示，多台服务器通过网络设备相连组成一个服务器集群，每台服务器都提供相同或相似的网络服务，可以按需进行设备横向扩展，节约成本。另外，通过集群的方式可以解决单点故障的问题。服务器集群前端部署一台负载均衡设备，负责根据已配置的均衡策略将用户请求在服务器集群中分发，为用户提供服务，并对服务器的可用性进行维护。

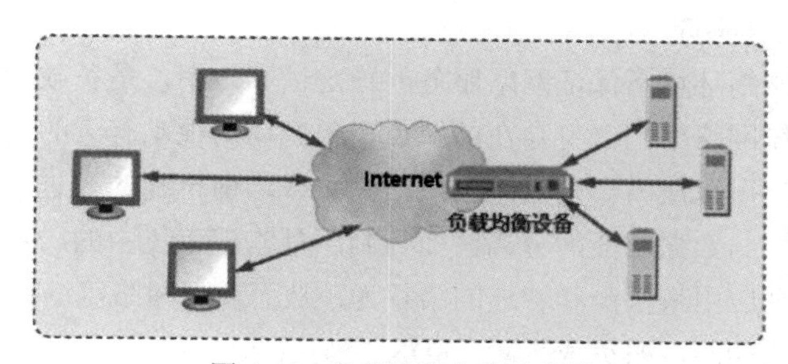

图 6-65 负载均衡产生的背景

6.3.3 负载均衡算法介绍

1. 随机算法

随机算法按权重设置随机概率。调用量越大分布越均匀，而且按概率使用权重后也比较均匀，有利于动态调整提供者权重。

2. 轮询及加权轮询

当服务器集群中各服务器的处理能力相同，且每笔业务处理量差异不大时，最适合使用这种算法。按公约后的权重设置轮询比率。轮询会存在慢的提供者累积请求问题，如第二台机器很慢，当请求调到第二台时就卡在那，久而久之，所有请求都卡在第二台机器上。

加权轮询（Weighted Round Robbin）是指为轮询中的每台服务器附加一定权重的算法，如服务器 1 的权重为 1，服务器 2 的权重为 2，服务器 3 的权重为 3，则顺序为 1—2—2—3

—3—3—1—2—2—3—3—3—…

3. 最小连接及加权最小连接

最少连接（Least Connections）是指在多个服务器中与处理连接数（会话数）最少的服务器进行通信的算法。即使在每台服务器处理能力各不相同，每笔业务处理量也不相同的情况下，也能够在一定程度上降低服务器的负载。

加权最少连接（Weighted Least Connection）为最少连接算法中的每台服务器附加权重的算法，该算法事先为每台服务器分配处理连接的数量，并将客户端请求转至连接数最少的服务器上。

4. 散列算法

一致性散列是指相同参数的请求总是发到同一提供者。当某一台提供者宕机时，将原本发往该提供者的请求平摊到其他提供者上，不会引起剧烈变动。

5. IP 地址散列

通过管理发送方 IP 和目的 IP 地址的散列，将来自同一发送方的分组（或发送至同一目的地的分组）统一转发到相同服务器的算法。当客户端有一系列业务需要处理而必须和一个服务器反复通信时，该算法能够以流（会话）为单位，从而保证来自相同客户端的通信能够一直在同一服务器中处理。

6. URL 散列

通过管理客户端请求 URL 信息的散列，将发送至相同 URL 的请求转发至同一服务器的算法。

6.3.4 基于 SDN 的流量负载均衡

1. SDN 负载均衡简介

在复杂多变的网络环境下保证网络服务的稳定性和效率，是负载均衡机制解决的一个重要问题。由于传统网络架构自身存在的缺点，负载均衡很难有大的突破。随着新型网络体系 SDN 的提出，可以从另一种思路出发，为负载均衡机制的改进提出新的突破。SDN 技术旨在实现控制层与数据层面的分离，而控制层是物理上集中的一系列控制器。这些控制器通过开发一系列应用来检测和管理网络行为，从而实现网络可编程化。SDN 可以实现各种传统物理网络的功能，如负载均衡。SDN 控制器通过改变数据平面交换机的流表项将受影响的数据流调整到冗余路径上传输，从而避免网络资源被过度占用。

本实验通过以 OpenFlow 为代表的 SDN 架构来实施服务器负载均衡策略，以提高网络性能。模拟负载均衡的拓扑如图 6-66 所示。

本实验采用的是基于时间的轮询来达到负载均衡的目的，即 h2～h4 按照时间来向 h1 提供服务。同时设置 h2 的 IP 地址为虚拟 IP 地址，用于表示所有服务提供方，在 s1 上对虚拟 IP 以及虚拟 MAC 进行相应的替换来访问真实提供服务的主机。

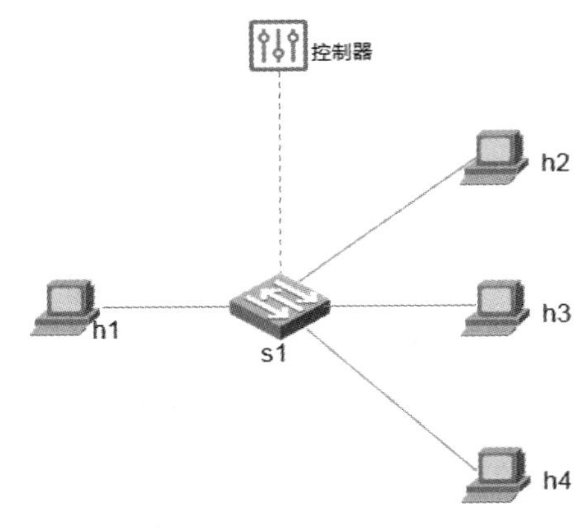

图 6-66 负载均衡拓扑

2. 实验环境

基于 SDN 的流量负载均衡实验的拓扑如图 6-67 所示。

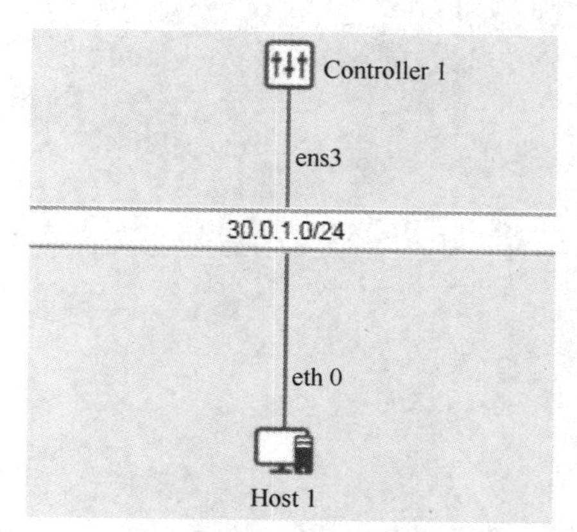

图 6-67　基于 SDN 的流量负载均衡实验的拓扑

基于 SDN 的流量负载均衡的实验环境信息见表 6-8。

表 6-8　基于 SDN 的流量负载均衡的实验环境信息

设备名称	软件环境	硬件环境
控制器	OpenDaylight Carbon 桌面版	CPU：2 核 内存：4GB 磁盘：20GB
主机	Mininet 2.2.0 桌面版	CPU：1 核 内存：2GB 磁盘：20GB

注：系统默认的账户为 root/root@openlab、openlab/user@openlab。

3. 操作过程演示

（1）实验环境检查。

1）登录控制器，执行 ifconfig ens3 命令，查看控制器的 IP 地址，如图 6-68 所示。

```
root@openlab:~# ifconfig ens3
ens3      Link encap:Ethernet  HWaddr fa:16:3e:88:90:16
          inet addr:30.0.1.3  Bcast:30.0.1.255  Mask:255.255.255.0
          inet6 addr: fe80::f816:3eff:fe88:9016/64 Scope:Link
          UP BROADCAST RUNNING MULTICAST  MTU:1450  Metric:1
          RX packets:446 errors:0 dropped:0 overruns:0 frame:0
          TX packets:435 errors:0 dropped:0 overruns:0 carrier:0
          collisions:0 txqueuelen:1000
          RX bytes:572892 (572.8 KB)  TX bytes:37580 (37.5 KB)
```

图 6-68　查看控制器的 IP 地址

2）启动控制器，其命令如下：

```
# cd distribution-karaf-0.6.0-Carbon/bin/
# ./karaf
```

（2）构建网络拓扑。

1）登录 Mininet 主机，打开命令行操作窗口，切换到 root 用户，并创建脚本 topo.py，该脚本用于构建网络拓扑，其命令如下：

```
$ su
# cd
# vi topo.py
```

命令行操作窗口如图 6-69 所示。

```
root@openlab:~# cd distribution-karaf-0.6.0-Carbon/bin/
root@openlab:~/distribution-karaf-0.6.0-Carbon/bin# ./karaf
Apache Karaf starting up. Press Enter to open the shell now...
100% [========================================================================]

Karaf started in 93s. Bundle stats: 367 active, 367 total

Hit '<tab>' for a list of available commands
and '[cmd] --help' for help on a specific command.
Hit '<ctrl-d>' or type 'system:shutdown' or 'logout' to shutdown OpenDaylight.

opendaylight-user@root>
```

图 6-69 命令行操作窗口

拓扑结构如图 6-70 所示。

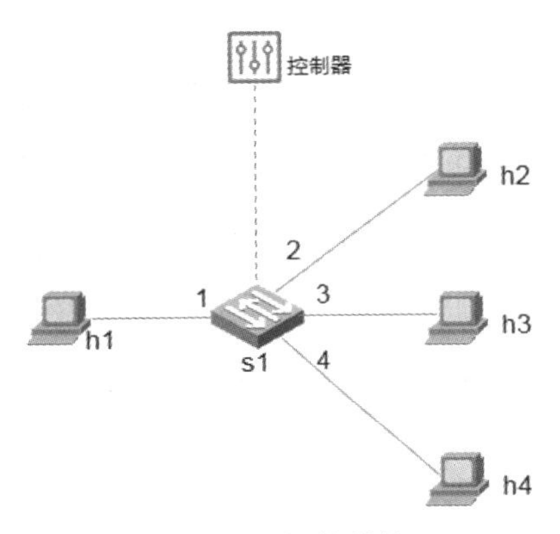

图 6-70 拓扑结构

脚本内容如下：

```
from mininet.net import Mininet
from mininet.cli import CLI
from mininet.node import RemoteController ,Controller
import os

net=Mininet(controller=RemoteController)
odl_contrlller=net.addController('ODL_controller',controller= RemoteController,ip='30.0.1.3',port=6653)
        #ip 地址为实际环境中控制器的 IP 地址

s1=net.addSwitch('s1')

h1=net.addHost('h1',mac="00:00:00:00:00:01")
h2=net.addHost('h2',mac="00:00:00:00:00:02")
h3=net.addHost('h3',mac="00:00:00:00:00:03")
h4=net.addHost('h4',mac="00:00:00:00:00:04")

net.addLink(s1,h1)
net.addLink(s1,h2)
net.addLink(s1,h3)
net.addLink(s1,h4)
```

```
h1.setIP('10.0.0.1',24)
h2.setIP('10.0.0.2',24)
h3.setIP('10.0.0.3',24)
h3.setIP('10.0.0.4',24)

net.start()
CLI(net)
```

说明：为方便输入，拓扑模板在/home/ftp/load_balance_topo.py 中已预置。

该脚本通过 Mininet 模拟出 1 台虚拟交换机和 4 台虚拟主机，设置主机的 IP 地址、MAC 地址和主机与交换机的链路连接，设置交换机与远端控制器连接。

2）执行 python topo.py 命令，模拟基础网络。

（3）查看网络设备信息。

1）在 Mininet 中，查看虚拟交换机和主机的基础信息，其命令如下：

```
mininet> nodes
mininet> links
mininet> h1 ifconfig h1-eth0
mininet> h2 ifconfig h2-eth0
mininet> h3 ifconfig h3-eth0
mininet> h4 ifconfig h4-eth0
```

查看虚拟机和主机的基础信息，如图 6-71 所示。

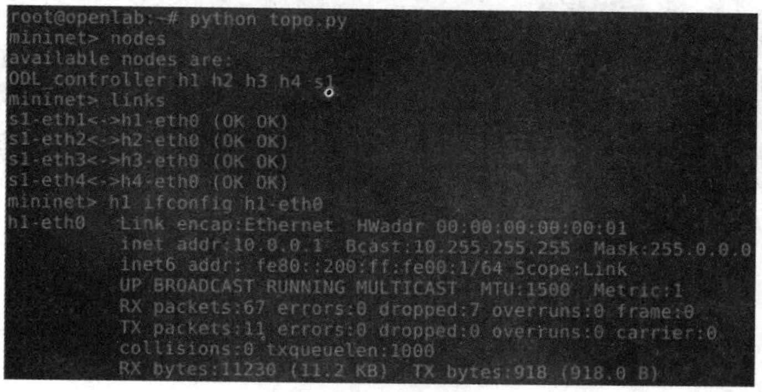

```
root@openlab:~# python topo.py
mininet> nodes
available nodes are:
ODL_controller h1 h2 h3 h4 s1
mininet> links
s1-eth1<->h1-eth0 (OK OK)
s1-eth2<->h2-eth0 (OK OK)
s1-eth3<->h3-eth0 (OK OK)
s1-eth4<->h4-eth0 (OK OK)
mininet> h1 ifconfig h1-eth0
h1-eth0   Link encap:Ethernet  HWaddr 00:00:00:00:00:01
          inet addr:10.0.0.1  Bcast:10.255.255.255  Mask:255.0.0.0
          inet6 addr: fe80::200:ff:fe00:1/64 Scope:Link
          UP BROADCAST RUNNING MULTICAST  MTU:1500  Metric:1
          RX packets:67 errors:0 dropped:7 overruns:0 frame:0
          TX packets:11 errors:0 dropped:0 overruns:0 carrier:0
          collisions:0 txqueuelen:1000
          RX bytes:11230 (11.2 KB)  TX bytes:918 (918.0 B)
```

（a）虚拟机

```
mininet> h2 ifconfig h2-eth0
h2-eth0   Link encap:Ethernet  HWaddr 00:00:00:00:00:02
          inet addr:10.0.0.2  Bcast:10.255.255.255  Mask:255.0.0.0
          inet6 addr: fe80::200:ff:fe00:2/64 Scope:Link
          UP BROADCAST RUNNING MULTICAST  MTU:1500  Metric:1
          RX packets:84 errors:0 dropped:15 overruns:0 frame:0
          TX packets:9 errors:0 dropped:0 overruns:0 carrier:0
          collisions:0 txqueuelen:1000
          RX bytes:14297 (14.2 KB)  TX bytes:738 (738.0 B)

mininet> h3 ifconfig h3-eth0
h3-eth0   Link encap:Ethernet  HWaddr 00:00:00:00:00:03
          inet addr:10.0.0.3  Bcast:10.255.255.255  Mask:255.0.0.0
          inet6 addr: fe80::200:ff:fe00:3/64 Scope:Link
          UP BROADCAST RUNNING MULTICAST  MTU:1500  Metric:1
          RX packets:81 errors:0 dropped:22 overruns:0 frame:0
          TX packets:11 errors:0 dropped:0 overruns:0 carrier:0
          collisions:0 txqueuelen:1000
          RX bytes:13685 (13.6 KB)  TX bytes:906 (906.0 B)

mininet> h4 ifconfig h4-eth0
h4-eth0   Link encap:Ethernet  HWaddr 00:00:00:00:00:04
          inet addr:10.0.0.4  Bcast:10.255.255.255  Mask:255.0.0.0
          inet6 addr: fe80::200:ff:fe00:4/64 Scope:Link
          UP BROADCAST RUNNING MULTICAST  MTU:1500  Metric:1
          RX packets:86 errors:0 dropped:18 overruns:0 frame:0
          TX packets:9 errors:0 dropped:0 overruns:0 carrier:0
          collisions:0 txqueuelen:1000
          RX bytes:14377 (14.3 KB)  TX bytes:738 (738.0 B)
```

（b）主机

图 6-71　查看虚拟机和主机的基础信息

2）执行 sh ovs-vsctl show 命令，查看交换机是否与控制器连接成功，如图 6-72 所示。

```
mininet> sh ovs-vsctl show
df809da5-fda6-4634-9487-db2daf5a7fd3
    Bridge "s1"
        Controller "tcp:30.0.1.3:6653"
            is_connected: true
        fail_mode: secure
        Port "s1"
            Interface "s1"
                type: internal
        Port "s1-eth2"
            Interface "s1-eth2"
        Port "s1-eth1"
            Interface "s1-eth1"
        Port "s1-eth3"
            Interface "s1-eth3"
        Port "s1-eth4"
            Interface "s1-eth4"
    ovs_version: "2.0.2"
```

图 6-72　查看交换机是否与控制器连接成功

3）执行 sh ovs-ofctl dump-flows s1 命令，查看控制器初始下发的流表，如图 6-73 所示。

```
mininet> sh ovs-ofctl dump-flows s1
NXST_FLOW reply (xid=0x4):
 cookie=0x2b00000000000000, duration=202.654s, table=0, n_packets=2, n_bytes=140
, idle_age=196, priority=2,in_port=3 actions=output:4,output:1,output:2,CONTROLL
ER:65535
 cookie=0x2b00000000000002, duration=202.65s, table=0, n_packets=2, n_bytes=140,
 idle_age=196, priority=2,in_port=1 actions=output:3,output:4,output:2,CONTROLLE
R:65535
 cookie=0x2b00000000000003, duration=202.647s, table=0, n_packets=2, n_bytes=140
, idle_age=197, priority=2,in_port=2 actions=output:3,output:4,output:1,CONTROLL
ER:65535
 cookie=0x2b00000000000001, duration=202.651s, table=0, n_packets=2, n_bytes=140
, idle_age=197, priority=2,in_port=4 actions=output:3,output:1,output:2,CONTROLL
ER:65535
 cookie=0x2b00000000000000, duration=204.549s, table=0, n_packets=0, n_bytes=0,
idle_age=204, priority=100,dl_type=0x88cc actions=CONTROLLER:65535
 cookie=0x2b00000000000000, duration=204.549s, table=0, n_packets=18, n_bytes=14
80, idle_age=196, priority=0 actions=drop
```

图 6-73　查看控制器初始下发的流表

4）登录主机，其命令如下：

```
mininet> xterm h1
mininet> xterm h2
mininet> xterm h3
mininet> xterm h4
```

登录主机的页面如图 6-74 所示。

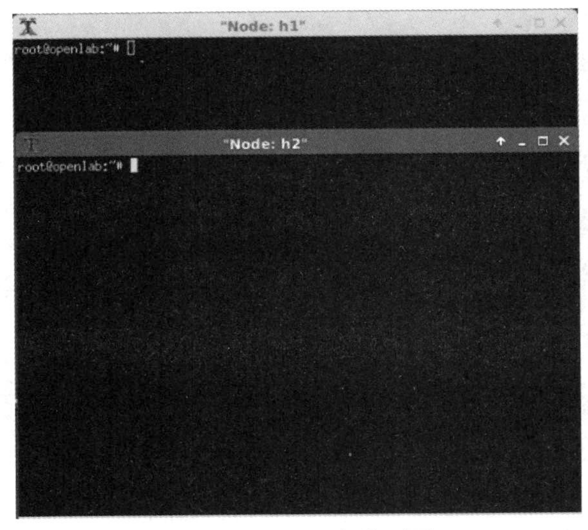

图 6-74　登录主机的页面

5）在 h2 上执行 wireshark 命令，打开 h2-eth0 端口，筛选 icmp 报文，如图 6-75 所示。

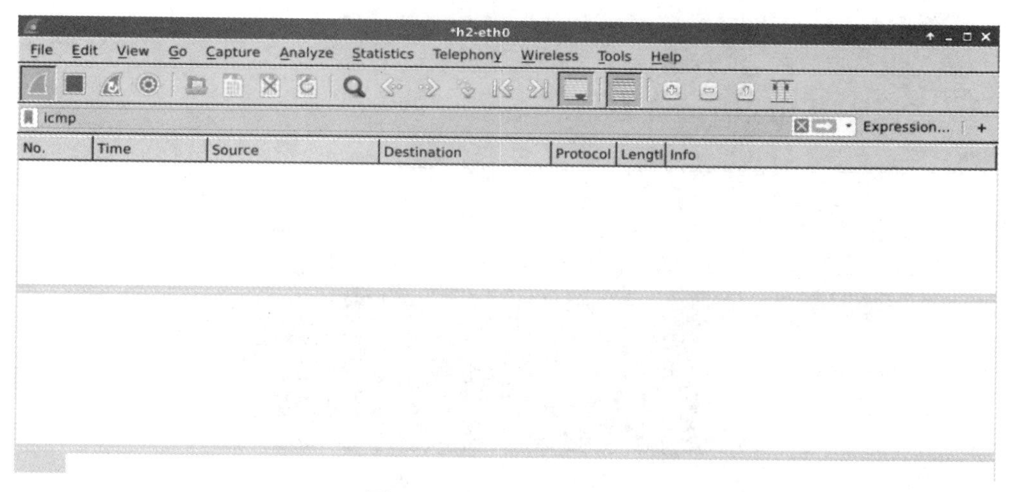

图 6-75　打开 h2-eth0 端口

6）在 h3 上执行 wireshark 命令，打开 h3-eth0 端口，筛选 icmp 报文，如图 6-76 所示。

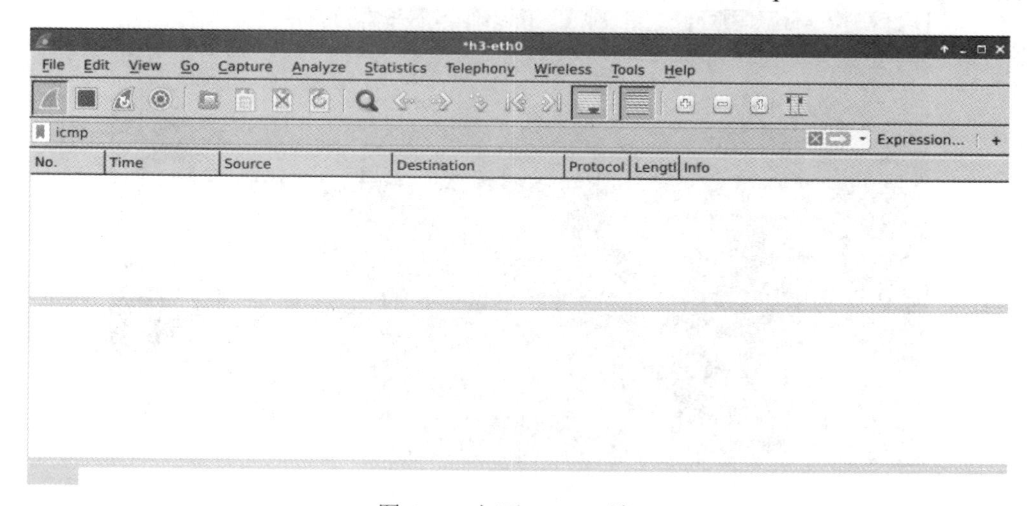

图 6-76　打开 h3-eth0 端口

7）在 h4 上执行 wireshark 命令，打开 h4-eth0 端口，筛选 icmp 报文，如图 6-77 所示。

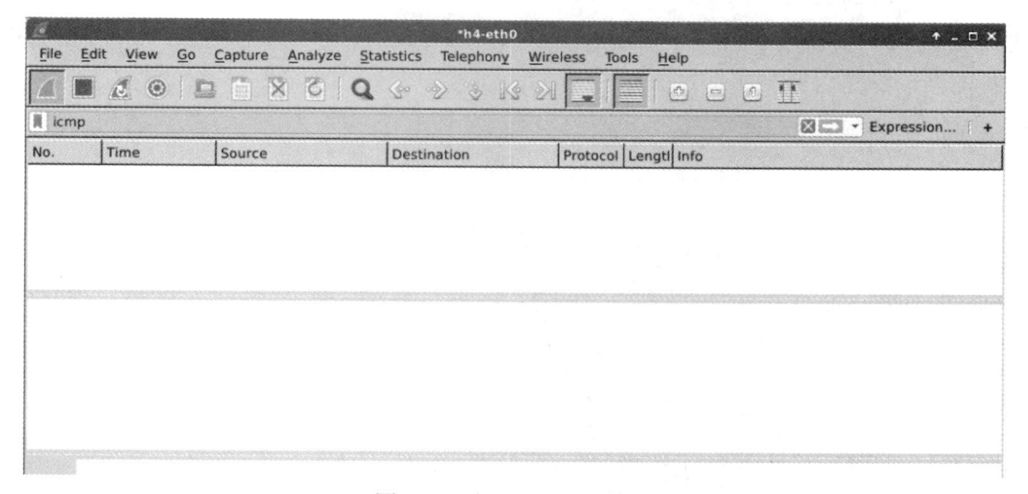

图 6-77　打开 h4-eth0 端口

8）在 h1 上执行 ping 10.0.0.2 命令，查看 Wireshark 上的抓包情况，如图 6-78 所示。

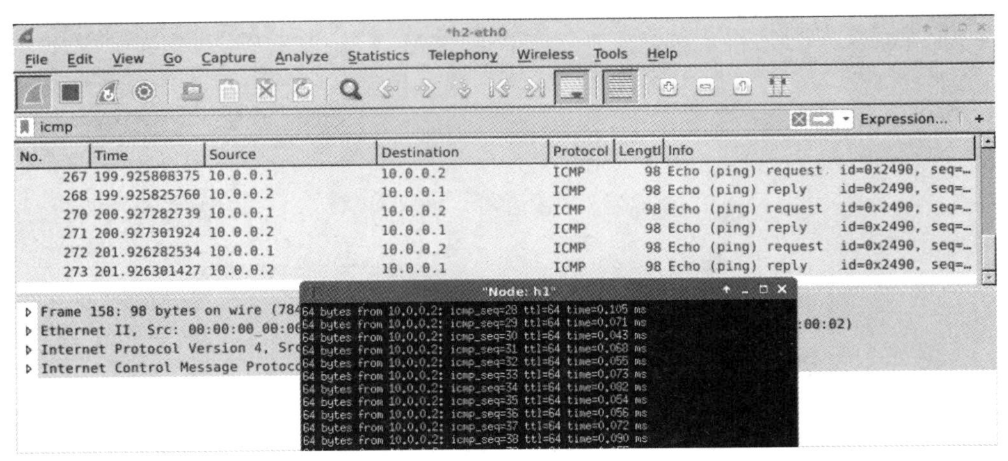

图 6-78　查抓包情况

9）执行 sh ovs-ofctl dump-flows s1 命令，查看此时控制器下发的流表，如图 6-79 所示。

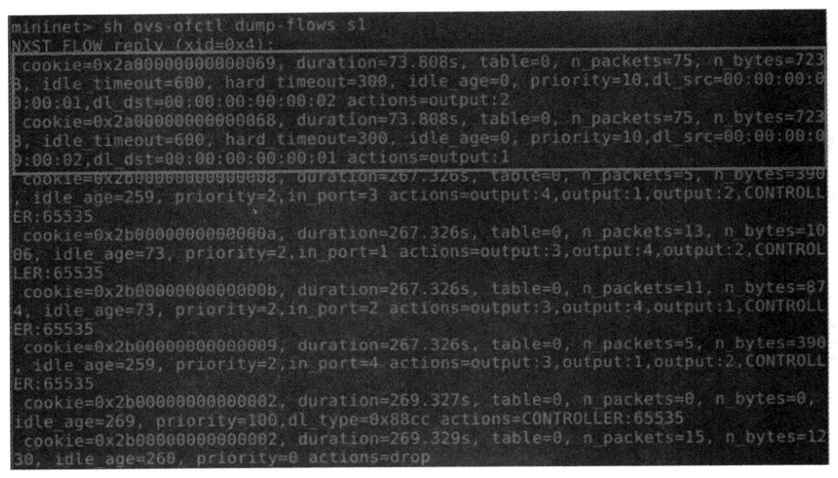

图 6-79　查看控制器下发的流表

由图 6-79 可知，在没有对控制器任何处理时，h1 一直访问 h2。

（4）开发控制器应用程序。

1）登录控制器，打开新的命令行操作窗口，执行 vi load_balance.py 命令编写控制器应用开发程序。程序内容如下：

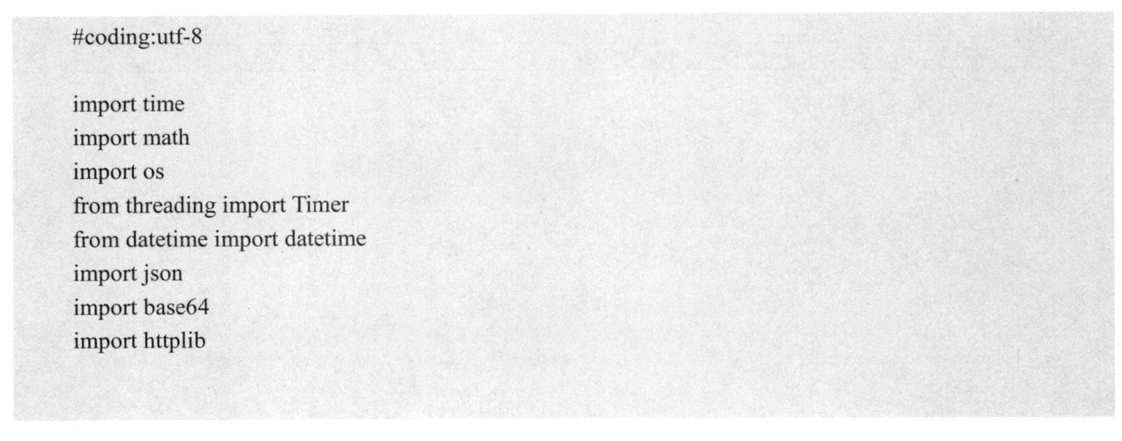

```
#coding:utf-8

import time
import math
import os
from threading import Timer
from datetime import datetime
import json
import base64
import httplib
```

```
time_start = time.time()

def flow_put(switch_id,port,ip,mac):

    try:
        #--------------------------------------------------s1--------------------------------------------------
        #url
        url = "/restconf/config/opendaylight-inventory:nodes/node/" + switch_id +
              "/flow-node-inventory:table/0/flow/1"
        flow_set = {
        'id': '1',
        'flow-name': '1',
        'table_id': 0,
        'priority': "200"
        }

        #match
        ethernet_match = {'ethernet-type':{'type':"2048"}}
        match_set = {'ethernet-match':ethernet_match,'ipv4-destination': '10.0.0.2/32'}

        #action
        action_mod_mac = {'order': "0",'set-dl-dst-action':{'address': mac}}      #修改目的 MAC 地址
        action_mod_ip = {'order': "1",'set-nw-dst-action':{'ipv4-address': ip}}   #修改目的 IP 地址

        action_set = {
        'order': "2",
        'output-action':{"output-node-connector": switch_id + ':' + port }
        }
        instruc_set = {
            "instruction": [{
                "order": "0",
                "apply-actions": {
                    "action": [action_mod_mac,action_mod_ip,action_set]
                }
            }]
        }

        flow_set['match'] = match_set
        flow_set['instructions'] = instruc_set
        body = json.dumps({"flow":flow_set})
        auth = base64.b64encode('admin:admin'.encode())
        headers = {"Authorization": "Basic " + auth,"Content-Type": "application/json"}

        conn = httplib.HTTPConnection('127.0.0.1:8181', timeout=3)
        conn.request("PUT", url, body, headers)

        response = conn.getresponse()
        ret = response.read()

        # if response.status not in [200,201]:
        #         print 'add flow error!'
        # else:
```

```
            #         print 'success'

        except Exception as e:
            import traceback
            traceback.print_exc()

def flow_delete(switch_id):

    url_in = "/restconf/config/opendaylight-inventory:nodes/node/" + switch_id +
             "/flow-node-inventory:table/0/flow/1"
    auth = base64.b64encode('admin:admin'.encode())
    headers = {"Authorization": "Basic " + auth, "Content-Type": "application/json"}

    conn = httplib.HTTPConnection('127.0.0.1:8181', timeout=3)
    try:
        conn.request("DELETE", url_in, json.dumps({}), headers)
    except:
        import traceback
        traceback.print_exc()


def flow_change(s1_node_id):

    time_now = time.time()          #当前的时间
    time_interval = time_now - time_start    #和开始的时间的时差
    interval_num = time_interval // 30           #整除 30
    port_flag = math.floor(interval_num%3)     #取余 3

    if port_flag == 0:
        port = '2'
        ip = '10.0.0.2/32'
        mac = '00:00:00:00:00:02'
    elif port_flag == 1:
        port = '3'
        ip = '10.0.0.3/32'
        mac = '00:00:00:00:00:03'
    elif port_flag ==2 :
        port = '4'
        ip = '10.0.0.4/32'
        mac = '00:00:00:00:00:04'

    #先清空流表再下发，避免多次下发相同 id 的流表到 ODL，ODL 不主动下发到交换机
    flow_delete(s1_node_id)
    flow_put(s1_node_id,port,ip,mac)

    print 'backend server is : host%s ' % port
    t = Timer(5,flow_change,(s1_node_id,))
    t.start()

if __name__ ==   '__main__':

    s1_node_id = 'openflow:1'
    flow_change(s1_node_id)
```

说明：为方便输入，程序模板在/home/ftp/load_balance.py 中已预置。

该控制程序中包含 3 个重要的函数，flow_change 函数每隔 30s 重新切换路由转发路径，执行过程中先调用函数 flow_delete 删除交换机 s1 上的流表，再调用 flow_put 函数下发 s1 上的流表，flow_put 指定参数交换机的 node_id、端口号、主机的 IP 地址和 MAC 地址。首先在 s1 上下发一条流表，该流表将发往 10.0.0.2/32 主机的流量，通过 action_mod_mac 和 action_mod_ip 字段修改目的 MAC 地址和目的 IP 地址，将第一次发往 h2 的流量转发到 h2，将第二次发往 h2 的流量转发到 h3，将第三次发往 h2 的流量转发到 h4，以此循环每隔 30s 改变路由路径。

2）执行 python load_balance.py 命令，启动控制器应用开发程序。

（5）验证流量负载均衡程序。

1）启动控制器初期，控制器日志信息显示 h1 访问地址为 host 2，如图 6-80 所示。

```
root@openlab:~# python load_balance.py
backend server is : host2
backend server is : host2
backend server is : host2
```

图 6-80　控制器日志信息

2）登录 Mininet 主机，查看 h1 ping h2 时 Wireshark 上的抓包情况，如图 6-81 所示。

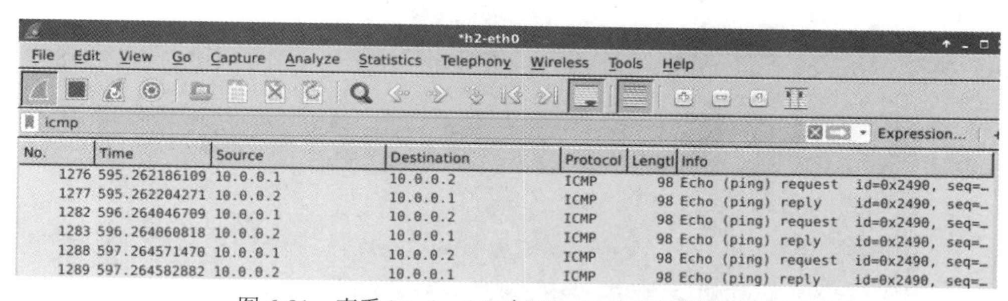

图 6-81　查看 h1 ping h2 时 Wireshark 上的抓包情况

3）执行 sh ovs-ofctl dump-flows s1 命令，查看此时控制器下发的流表，如图 6-82 所示。

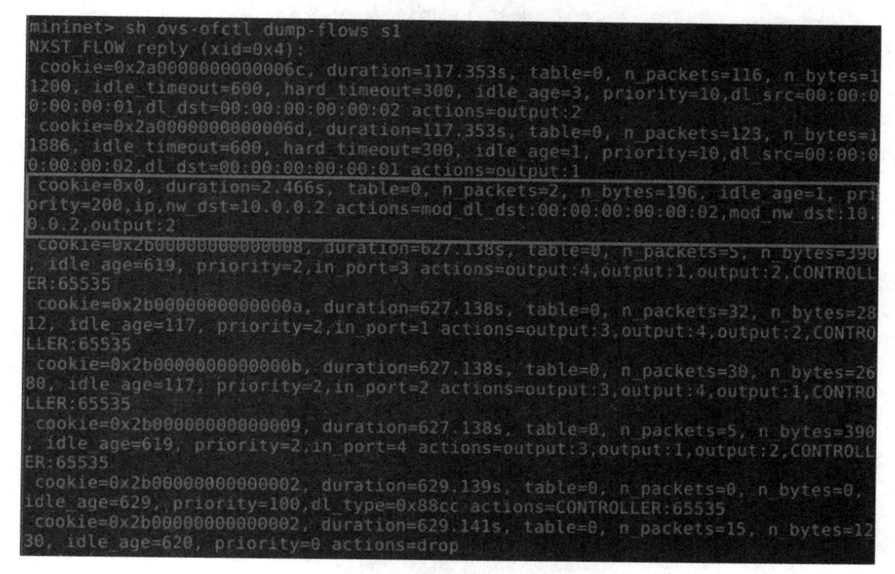

图 6-82　查看控制器下发的流表

4）等待 30s，查看控制器日志，信息显示 h1 访问地址为 host 3，如图 6-83 所示。

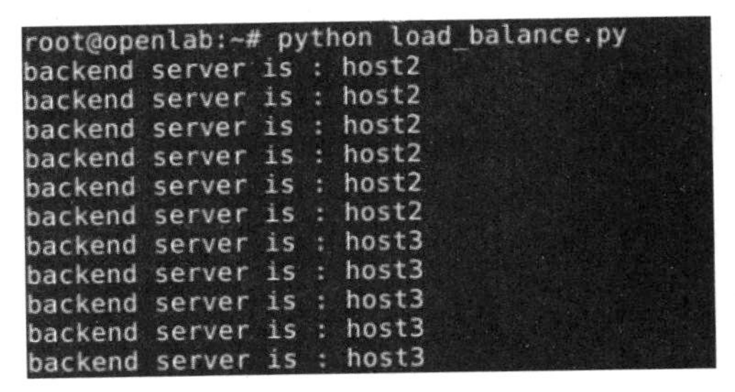

图 6-83　查看控制器日志

5）登录 Mininet 主机，查看此时 Wireshark 上的抓包情况，如图 6-84 所示。

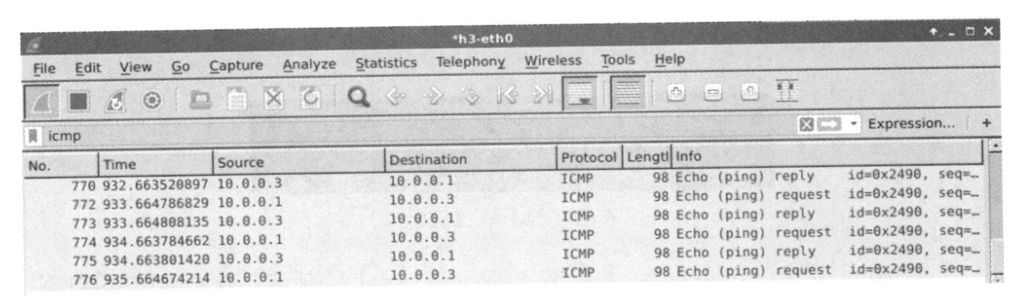

图 6-84　查看 Wireshark 上的抓包情况

6）执行 sh ovs-ofctl dump-flows s1 命令，查看此时控制器下发的流表，如图 6-85 所示。

```
, idle_timeout=600, hard_timeout=300, idle_age=15, priority=10,dl_src=00:00:00:0
0:00:01,dl_dst=00:00:00:00:00:03 actions=output:3
 cookie=0x2a00000000000080, duration=166.871s, table=0, n_packets=55, n_bytes=53
34, idle_timeout=600, hard_timeout=300, idle_age=51, priority=10,dl_src=00:00:00
:00:00:04,dl_dst=00:00:00:00:00:01 actions=output:1
 cookie=0x0, duration=1.562s, table=0, n_packets=1, n_bytes=98, idle_age=0, prio
rity=200,ip,nw_dst=10.0.0.2 actions=mod_dl_dst:00:00:00:00:00:03,mod_nw_dst:10.0
.0.3,output:3
 cookie=0x2b00000000000008, duration=1304.245s, table=0, n_packets=56, n_bytes=5
220, idle_age=286, priority=2,in_port=3 actions=output:4,output:1,output:2,CONTR
OLLER:65535
 cookie=0x2b0000000000000a, duration=1304.245s, table=0, n_packets=56, n_bytes=4
716, idle_age=136, priority=2,in_port=1 actions=output:3,output:4,output:2,CONTR
OLLER:65535
 cookie=0x2b0000000000000b, duration=1304.245s, table=0, n_packets=57, n_bytes=5
214, idle_age=136, priority=2,in_port=2 actions=output:3,output:4,output:1,CONTR
OLLER:65535
 cookie=0x2b00000000000009, duration=1304.245s, table=0, n_packets=72, n_bytes=6
788, idle_age=166, priority=2,in_port=4 actions=output:3,output:1,output:2,CONTR
OLLER:65535
```

图 6-85　查看控制器下发的流表

7）等待 30s，查看控制器日志，信息显示 h1 访问地址为 host 4，如图 6-86 所示。

```
root@openlab:~# python load_balance.py
backend server is : host2
backend server is : host2
backend server is : host2
backend server is : host2
backend server is : host2
backend server is : host2
backend server is : host3
backend server is : host3
backend server is : host3
backend server is : host3
backend server is : host3
backend server is : host3
backend server is : host4
backend server is : host4
backend server is : host4
```

图 6-86　查看控制器日志

8）登录 Mininet 主机，查看 h1 ping h2 时 Wireshark 上的抓包情况，如图 6-87 所示。

*h4-eth0

File　Edit　View　Go　Capture　Analyze　Statistics　Telephony　Wireless　Tools　Help

icmp　　Expression...

No.	Time	Source	Destination	Protocol	Length	Info
395	551.636294113	10.0.0.1	10.0.0.4	ICMP	98	Echo (ping) request　id=0x2490, seq=…
396	551.636310873	10.0.0.4	10.0.0.1	ICMP	98	Echo (ping) reply　id=0x2490, seq=…
397	552.637922120	10.0.0.1	10.0.0.4	ICMP	98	Echo (ping) request　id=0x2490, seq=…
398	552.637950209	10.0.0.4	10.0.0.1	ICMP	98	Echo (ping) reply　id=0x2490, seq=…
400	553.639661970	10.0.0.1	10.0.0.4	ICMP	98	Echo (ping) request　id=0x2490, seq=…
401	553.639685459	10.0.0.4	10.0.0.1	ICMP	98	Echo (ping) reply　id=0x2490, seq=…

图 6-87　查看 h1 ping h2 时 Wireshark 上的抓包情况

9）执行 sh ovs-ofctl dump-flows s1 命令，查看此时控制器下发的流表，如图 6-88 所示。

```
mininet> sh ovs-ofctl dump-flows s1
NXST_FLOW reply (xid=0x4):
 cookie=0x2a000000000000006c, duration=173.962s, table=0, n_packets=143, n_bytes=1
3734, idle_timeout=600, hard_timeout=300, idle_age=3, priority=10,dl_src=00:00:0
0:00:00:01,dl_dst=00:00:00:00:00:02 actions=output:2
 cookie=0x2a000000000000006d, duration=173.962s, table=0, n_packets=158, n_bytes=1
5204, idle_timeout=600, hard_timeout=300, idle_age=7, priority=10,dl_src=00:00:0
0:00:00:02,dl_dst=00:00:00:00:00:01 actions=output:1
 cookie=0x0, duration=3.779s, table=0, n_packets=3, n_bytes=294, idle_age=0, pri
ority=200,ip,nw_dst=10.0.0.2 actions=mod_dl_dst:00:00:00:00:00:04,mod_nw_dst:10.
0.0.4,output:4
 cookie=0x2b000000000000008, duration=683.747s, table=0, n_packets=44, n_bytes=41
56, idle_age=3, priority=2,in_port=3 actions=output:4,output:1,output:2,CONTROLL
ER:65535
 cookie=0x2b00000000000000a, duration=683.747s, table=0, n_packets=34, n_bytes=28
96, idle_age=2, priority=2,in_port=1 actions=output:3,output:4,output:2,CONTROLL
ER:65535
 cookie=0x2b00000000000000b, duration=683.747s, table=0, n_packets=30, n_bytes=26
80, idle_age=173, priority=2,in_port=2 actions=output:3,output:4,output:1,CONTRO
LLER:65535
 cookie=0x2b000000000000009, duration=683.747s, table=0, n_packets=9, n_bytes=726
, idle_age=0, priority=2,in_port=4 actions=output:3,output:1,output:2,CONTROLLER
:65535
 cookie=0x2b000000000000002, duration=685.748s, table=0, n_packets=0, n_bytes=0,
idle_age=685, priority=100,dl_type=0x88cc actions=CONTROLLER:65535
 cookie=0x2b000000000000002, duration=685.75s, table=0, n_packets=15, n_bytes=123
0, idle_age=676, priority=0 actions=drop
```

图 6-88　查看控制器下发的流表

10）如此循环可知，每隔 30s 改变路由路径，从而达到负载均衡的目的，如图 6-89 所示。

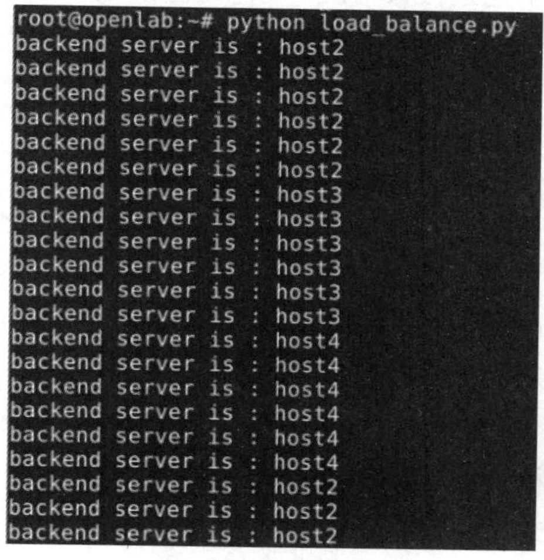

```
root@openlab:~# python load_balance.py
backend server is : host2
backend server is : host2
backend server is : host2
backend server is : host2
backend server is : host2
backend server is : host2
backend server is : host3
backend server is : host3
backend server is : host3
backend server is : host3
backend server is : host3
backend server is : host3
backend server is : host4
backend server is : host4
backend server is : host4
backend server is : host4
backend server is : host4
backend server is : host4
backend server is : host2
backend server is : host2
backend server is : host2
```

图 6-89　负载均衡

6.4 本章小结

本章首先介绍了 Mininet 的基本概念、作用、实现原理与优势，再介绍了从源码安装 Mininet 的方法，同时详细介绍了使用 Mininet 命令行创建拓扑的方法，以及使用 Python 脚本定义拓扑的方法和使用交互式界面自定义拓扑的实现方法。接着本章介绍了使用 SDN 实现 HUB 的方法，最后介绍了使用 SDN 实现简易负载均衡的基础知识与实现方法。

6.5 本章练习

一、选择题

1．Mininet 软件的功能是（　　）。

A．网络加速器　　B．网络模拟器

C．虚拟交换机　　D．虚拟路由器

2．命令 mn --topo single,3 创建的拓扑是（　　）。

A．3 个交换机，1 个主机　　B．3 个主机，3 个交换机

C．3 个主机，1 个交换机　　D．深度 3，扇出 3，树形

3．Mininet 中 pingall 命令的作用是（　　）。

A．所有交换机互 ping　　B．交换机 ping 主机

C．控制器 ping 交换机　　D．主机互 ping

4．HUB 的功能包括（　　）。

A．从网卡接收信号，并将之再生和广播到其上每一接口

B．自动检测碰撞的产生，并发出阻塞 Jam 信号

C．自动隔离发生故障的网络工作站

D．连接网卡，使网络工作站与网络之间形成点对点的连接方式

5．根据后端服务器当前的连接数情况，动态地选取其中积压连接数最小的一台服务器来处理当前的请求，指的是以下哪种算法（　　）。

A．轮询法　　B．最小连接数法

C．随机法　　D．源地址散列法

二、判断题

1．Mininet 支持创建的网络拓扑包括 minimal、single、linear 和 tree 等。

2．Mininet 中--topo 参数用于指定自定义拓扑文件。

3．Mininet 常用的网络构建参数--switch：用于选择交换机的种类，当不指定时默认是 ovsk 即 OpenvSwitch 交换机。

4．OpenFlow 交换机和 OpenFlow 控制器建立通道后，由控制器向交换机预先发送流表项的方式称为 reactive 模式。

5．负载均衡技术将业务较均衡的分担到多台设备或链路上，从而提高整个系统的性能。

三、简答题

1. Mininet 的功能是什么？
2. Mininet 的实现机制是什么？
3. 如何部署 Mininet？
4. Mininet 构建的网络拓扑有几种形式？如何使用 Mininet 常用命令来构建网络拓扑？
5. 如何使用 Mininet 可视化界面构建网络拓扑？
6. HUB 的工作原理是什么，使用 SDN 实现 HUB 的优势是什么？
7. 如何使用 SDN 实现 HUB 功能？
8. 服务器负载均衡出现的背景是什么？
9. 如何使用 SDN 实现服务器负载均衡？

第 7 章　项目实战：基于 SDN 的防火墙

学习目标

- 了解项目背景。
- 理解项目实现的任务需求和目标。
- 完成项目环境的基础配置。
- 掌握使用命令行实现简易防火墙功能的理论知识和操作方法。
- 掌握使用 Postman 实现简易防火墙功能的理论知识和操作方法。
- 掌握开发 SDN 应用实现简易防火墙功能的理论知识和操作方法。

7.1　项目背景

当今世界，信息技术革命日新月异，对国际政治、经济、文化、社会和军事等领域发展产生了深刻影响。同时，信息化和经济全球化相互促进，互联网已经融入社会生活的方方面面，深刻改变了人们的生产和生活方式。而网络安全牵一发动全身，已成为信息时代国家安全的战略基石。

在传统的网络环境中，防火墙为企业内部网络提供了坚实的安全屏障，是企业网络安全的重要基石。SDN 作为新的网络架构理念，其基本特性包括转控分离、控制面可编程和集中控制。借助 SDN 中心化的控制机制，企业用户可以从全局网络设备采集流量信息，根据场景需要及时阻断异常流量，实现基于流的防火墙功能。此外，借助 SDN 开放的北向接口，用户可以按需定制北向应用，通过应用快速有效地将安全策略下发到安全设备，实现安全措施的快速部署和安全事件的及时响应。SDN 新架构的引入为网络安全领域的创新提供了巨大的想象空间。

本项目将基于 SDN 实现防火墙功能，以下将分别描述该任务的需求、相关知识、实现过程和效果展示。

7.2　任务描述

本项目实现客户端与服务器的按需隔离（类似防火墙应用），可分为以下 4 个任务目标。

（1）配置项目环境。

（2）使用命令行实现简易防火墙。

（3）使用 Postman 实现简易防火墙。

（4）开发 SDN 应用实现简易防火墙。

下面将对这 4 点需求目标进行简要的描述。

7.2.1　配置项目环境

配置项目环境包括搭建网络拓扑和搭建服务应用环境。

1．搭建网络拓扑

具体的网络拓扑如图 7-1 所示。

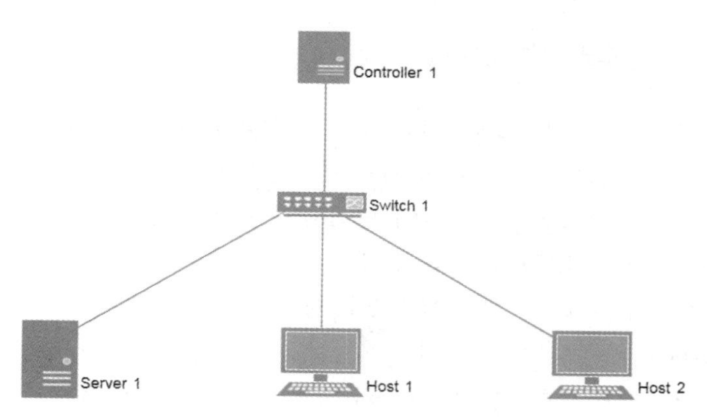

图 7-1　具体的网络拓扑

由图 7-1 可知，网络拓扑的基本网元包括 2 台客户机、1 台服务器、1 台 SDN 软交换机和 1 台 SDN 控制器。其具体信息见表 7-1。

表 7-1　网络拓扑的基本网元信息

设备名称	角色	设备镜像	功能	规格
Host 1	客户端	Host 1	客户端主机，提供 Web 服务，访问 URL:http://<Host1_ip>/vcdn-portal	CPU：2 核 内存：4GB 硬盘：20GB
Host 2	客户端	Host 2	客户端主机	CPU：1 核 内存：2GB 硬盘：20GB
Server 1	视频流服务器	Server 1	存放视频文件，提供流媒体服务。访问 URL: http://<Server1_ip>:8080/fnii/video.html	CPU：4 核 内存：4GB 硬盘：20GB
Switch 1	SDN 交换机	Switch 1	负责数据包转发	CPU：1 核 内存：2GB 硬盘：20GB
Controller 1	SDN 控制器	Controller 1	对数据平面进行集中管控并部署 SDN 应用	CPU：2 核 内存：4GB 硬盘：20GB

注：系统默认的账户为 root/root@openlab、openlab/user@openlab。

SDN 控制器的存放目录为/home/openlab/distribution-karaf-0.6.0-Carbon。

2．搭建服务应用环境

构建服务应用环境，具体包含如下 2 个部分。

（1）搭建流媒体服务。

1）在 Server1 视频流服务器中，将/home/openlab/目录中给定的视频文件夹 fnii 部署到

Tomcat 指定的服务目录/home/openlab/apache-tomcat-8.0.15/webapps 下。

2）启动 Tomcat 服务，实现对外的视频流服务。

（2）搭建 Web 网站服务。

1）在 Host 1 中，将/home/openlab/目录的 Web 应用 vcdn-portal 复制到 Tomcat 的相应目录，搭建 Web 网站。

2）启动 Tomcat 服务器，实现对外的 Web 服务。

7.2.2 使用命令行实现简易防火墙

使用命令行下发流表实现简易防火墙，需要实现如下效果。

（1）使用 CLI 命令行实现交换机和 SDN 控制器的连接。

（2）使用命令行下发流表，使 Host 1 与 Host 2 不能 ping 通。

（3）使用命令行删除相应的流表，使 Host 1 与 Host 2 相互 ping 通。

（4）使用命令行下发流表，禁止 Host 2 访问 Server 1 中的视频服务，但是允许 Host 2 能 ssh 登录到 Server 1。

（5）使用命令行下发流表，禁止 Server 1 访问 Host 1 中的 Web 网站，但是允许 Server 1 能 ssh 登录到 Host 1，同时允许 Host 1 访问 Server 1 中的视频服务。

7.2.3 使用 Postman 实现简易防火墙

使用 Postman 下发流表实现简易防火墙，需要实现如下效果。

（1）使用 Postman 下发流表，使 Host 1 与 Host 2 不能 ping 通。

（2）使用 Postman 删除相应的流表，使 Host 1 与 Host 2 相互 ping 通。

（3）使用 Postman 下发流表，禁止 Host 2 访问 Server 1 中的视频服务，但是允许 Host 2 能 ssh 登录到 Server 1。

（4）使用 Postman 下发流表，禁止 Server 1 访问 Host 1 中的 Web 网站，但是允许 Server 1 能 ssh 登录到 Host 1，同时允许 Host 1 访问 Server 1 中的视频服务。

7.2.4 开发 SDN 应用实现简易防火墙

开发 SDN 应用，调用北向 API 接口开发应用 App，使用 Python 语言实现简易防火墙，其具体功能需求如下：

（1）开发具有可视化界面的 SDN 应用程序。

（2）通过 SDN 应用 App 实现对流表的管理。

（3）通过 SDN 应用界面下发流表，禁止 Host 2 访问 Server 1 中的视频服务，但是允许 Host 2 能 ssh 登录到 Server 1。

（4）通过 SDN 应用界面下发流表，禁止 Server 1 访问 Host 1 中的 Web 网站，但是允许 Server 1 能 ssh 登录到 Host 1，同时允许 Host 1 访问 Server 1 中的视频服务。

7.3 配置项目环境

项目环境是整个项目的基石，而配置项目环境需要从以下 6 个方面思考。

- 本项目的拓扑是什么？
- 如何在 OpenLab 平台上搭建实验拓扑？
- 每台主机的角色，以及各主机之间的关系是什么？
- 如何搭建流媒体服务？
- 如何搭建 Web 网站服务？
- 配置完基础项目环境后，主机以及各服务之间的访问连接情况是什么样的？

本章涉及的知识包括 SDN 控制器 OpenDaylight、SDN 交换机 Open vSwitch、Web 服务器等。下面先介绍 Web 服务器的基础知识，再具体演示项目环境的配置。

7.3.1　Web 服务器简介

Web 服务器一般是指网站服务器，是驻留于因特网上某种类型的计算机程序，可以向浏览器等 Web 客户端提供文档，也可以放置网站文件，供用户浏览，放置数据文件，供用户下载。用户访问一个 Web 服务器具体分为如下 4 步。

（1）连接过程：Web 服务器和浏览器建立连接。

（2）请求过程：浏览器向请求网页所在的服务器发送 HTTP 请求。

（3）应答过程：浏览器通过 HTTP 协议把请求传送到 Web 服务器，服务器对接收到的请求信息进行处理，然后将处理的结果返回给浏览器，同时将浏览器处理后的结果呈现给用户。

（4）关闭连接：当应答过程完成后，Web 服务器和浏览器之间断开连接。

常用的 Web 服务器有 Apache、Nginx、Lighttpd、Tomcat、IBM WebSphere 等。Tomcat 是 Apache 软件基金会（Apache Software Foundation）的开源项目，Tomcat 实现了 Servlet 和 JSP 规范的 Web 容器，由于 Tomcat 免费、技术先进、性能稳定，因而成为目前比较流行的 Web 应用服务器。

Tomcat 属于轻量级应用服务器，在中小型系统中普遍使用，是开发和调试 JSP 程序的首选。Apache 服务器可用于响应 HTML 页面的访问请求，实际上 Tomcat 部分是 Apache 服务器的扩展，但它是独立运行的。

7.3.2　操作过程演示

1．搭建流媒体服务

（1）登录 Server 1，打开命令行执行终端，切换到 root 用户，将文件夹 fnii 复制到 tomcat 服务目录下，其命令如下：

```
$ su root
# cd /home/openlab/
# cp -r fnii/ /home/openlab/apache-tomcat-8.0.15/webapps
```

（2）启动 Tomcat，其命令如下：

```
# cd /home/openlab/apache-tomcat-8.0.15/bin/
# ./startup.sh
```

（3）登录 Host 1，打开浏览器，输入 URL，即 http://30.0.2.14:8080/fnii/video.html，访问视频服务，如图 7-2 所示。

```
openlab@openlab:~$ su root
Password:
root@openlab:/home/openlab# cp -r fnii/ /home/openlab/apache-tomcat-8.0.15/webap
ps/
root@openlab:/home/openlab# cd apache-tomcat-8.0.15/bin/
root@openlab:/home/openlab/apache-tomcat-8.0.15/bin# ./startup.sh
2088
Using CATALINA_BASE:   /home/openlab/apache-tomcat-8.0.15
Using CATALINA_HOME:   /home/openlab/apache-tomcat-8.0.15
Using CATALINA_TMPDIR: /home/openlab/apache-tomcat-8.0.15/temp
Using JRE_HOME:        /opt/jdk1.7.0_67/jre
Using CLASSPATH:       /home/openlab/apache-tomcat-8.0.15/bin/bootstrap.jar:/hom
e/openlab/apache-tomcat-8.0.15/bin/tomcat-juli.jar
Using CATALINA_PID:    ./CATALINA_PID
Existing PID file found during start.
Removing/clearing stale PID file.
Tomcat started.
```

图 7-2 访问视频服务

说明：30.0.2.14 是视频服务器 Server 1 的 IP 地址，根据实际情况填写。本实验中 Controller 1 的 IP 地址为 30.0.1.3，Host 1 的 IP 地址为 30.0.2.5，Host 2 的 IP 地址为 30.0.2.7，Server 1 的 IP 地址为 30.0.2.14。

视频服务器搭建成功如图 7-3 所示。

图 7-3 视频服务器搭建成功

2. 搭建 Web 网站服务

（1）登录 Host 1，打开命令行执行终端，切换到 root 用户，并将 Web 程序 vcdn-portal 复制到 tomcat webapp 目录中，其命令如下：

```
$ su root
# cd /home/openlab/
# cp -r vcdn-portal/ /home/openlab/apache-tomcat-8.0.15/webapps/
```

（2）启动 Tomcat，提供 Web 访问，其命令如下：

```
# cd /home/openlab/apache-tomcat-8.0.15/bin/
# ./startup.sh
```

登录 Host 1 的页面如图 7-4 所示。

```
Tomcat stopped.
root@openlab:/home/openlab/apache-tomcat-8.0.15/bin# ./startup.sh
cat: ./CATALINA_PID: No such file or directory
Using CATALINA_BASE:   /home/openlab/apache-tomcat-8.0.15
Using CATALINA_HOME:   /home/openlab/apache-tomcat-8.0.15
Using CATALINA_TMPDIR: /home/openlab/apache-tomcat-8.0.15/temp
Using JRE_HOME:        /opt/jdk1.7.0_67/jre
Using CLASSPATH:       /home/openlab/apache-tomcat-8.0.15/bin/bootstrap.jar:/hom
e/openlab/apache-tomcat-8.0.15/bin/tomcat-juli.jar
Using CATALINA_PID:    ./CATALINA_PID
Tomcat started.
root@openlab:/home/openlab/apache-tomcat-8.0.15/bin# ps aux|grep  tomcat
root      2340  172 20.5 7652788 829904 pts/0  Sl   16:24   0:27 /opt/jdk1.7.0_6
7/jre/bin/java -Djava.util.logging.config.file=/home/openlab/apache-tomcat-8.0.1
5/conf/logging.properties -Djava.util.logging.manager=org.apache.juli.ClassLoade
rLogManager -XX:PermSize=512M -XX:MaxPermSize=2048m -Xms2048m -Xmx4096m -Djava.e
ndorsed.dirs=/home/openlab/apache-tomcat-8.0.15/endorsed -classpath /home/openla
b/apache-tomcat-8.0.15/bin/bootstrap.jar:/home/openlab/apache-tomcat-8.0.15/bin/
tomcat-juli.jar -Dcatalina.base=/home/openlab/apache-tomcat-8.0.15 -Dcatalina.ho
me=/home/openlab/apache-tomcat-8.0.15 -Djava.io.tmpdir=/home/openlab/apache-tomc
at-8.0.15/temp org.apache.catalina.startup.Bootstrap start
root      2365  0.0  0.0  13436   928 pts/0    S+   16:24   0:00 grep --color=au
to tomcat
```

图 7-4 登录 Host 1 的页面

（3）登录 Server 1，验证 Web 服务器搭建情况。打开浏览器，通过 URL 访问 Web 服务，即 http://30.0.2.5/vcdn-portal，其中 30.0.2.5 为 Host 1 的 IP 地址。

Web 服务器搭建成功如图 7-5 所示。

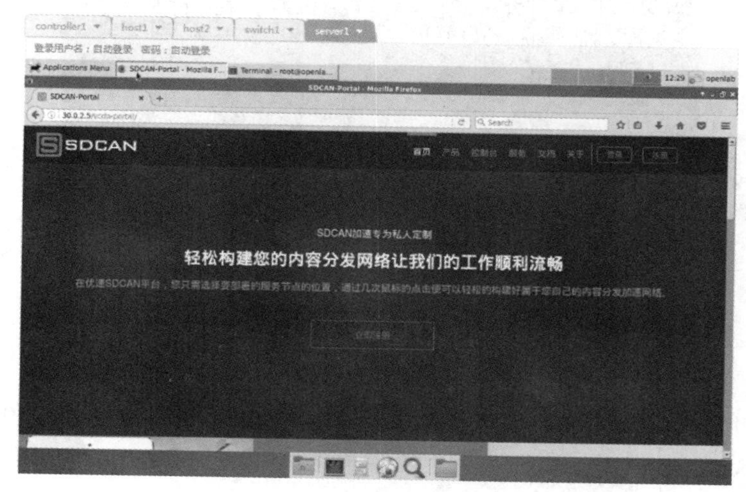

图 7-5　Web 服务器搭建成功

7.4　使用命令行实现简易防火墙功能

在 Open vSwitch 上使用命令行方式下发流表是最基础的实现防火墙功能的方法。如何使用命令行实现简易防火墙功能呢？我们需要从以下 5 个方面思考。

- 本项目要实现的防火墙需求。
- 基于防火墙需求如何设计 SDN 流表。
- 拓扑中主机之间的端口连接情况。
- 在 OVS 中使用命令行设计 SDN 交换机和控制器的连接，以及下发流表的方法。
- 验证防火墙功能。

按照这样的思路，下面先介绍下 SDN 流表的设计，再具体演示使用命令行实现简易防火墙的操作过程。

7.4.1　设计 SDN 流表

Open vSwitch 流表采用 ovs-ofctl 命令管理，本节结合项目实战介绍 OpenFlow 流表的设计方法。

1. 查看拓扑结构

查看实验拓扑结构，如图 7-6 所示。

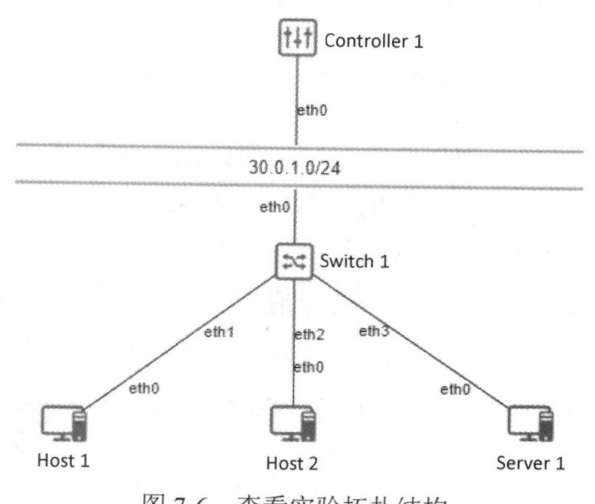

图 7-6　查看实验拓扑结构

由图 7-6 可知 Host 1 连接交换机的 eth1 口，Host 2 连接交换机的 eth2 口，Server 1 连接交换机的 eth3 口，网卡对应的端口号通过 ovs-ofctl show br-sw -O OPENFLOW13 命令查询，如图 7-7 所示。

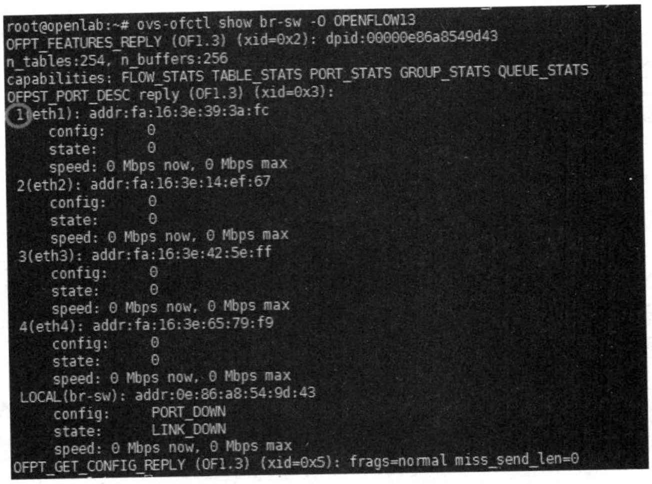

```
root@openlab:~# ovs-ofctl show br-sw -O OPENFLOW13
OFPT_FEATURES_REPLY (OF1.3) (xid=0x2): dpid:00000e86a8549d43
n_tables:254, n_buffers:256
capabilities: FLOW_STATS TABLE_STATS PORT_STATS GROUP_STATS QUEUE_STATS
OFPST_PORT_DESC reply (OF1.3) (xid=0x3):
 1(eth1): addr:fa:16:3e:39:3a:fc
     config:     0
     state:      0
     speed: 0 Mbps now, 0 Mbps max
 2(eth2): addr:fa:16:3e:14:ef:67
     config:     0
     state:      0
     speed: 0 Mbps now, 0 Mbps max
 3(eth3): addr:fa:16:3e:42:5e:ff
     config:     0
     state:      0
     speed: 0 Mbps now, 0 Mbps max
 4(eth4): addr:fa:16:3e:65:79:f9
     config:     0
     state:      0
     speed: 0 Mbps now, 0 Mbps max
 LOCAL(br-sw): addr:0e:86:a8:54:9d:43
     config:     PORT_DOWN
     state:      LINK_DOWN
     speed: 0 Mbps now, 0 Mbps max
OFPT_GET_CONFIG_REPLY (OF1.3) (xid=0x5): frags=normal miss_send_len=0
```

图 7-7　查看拓扑连接情况

由图 7-7 可知，eth1 对应的 OpenFlow 端口号是 1，eth2 对应的 OpenFlow 端口号是 2，eth3 对应的 OpenFlow 端口号是 3。

2. 流表设计思路

环境启动后，控制器会自动下发基础通信流表，使各主机之间可以互相通信，为满足任务需求，需要下发流表拦截相关流量，新增流表如下：

- Flow1。拦截 Host 1 与 Host 2 之间的 ping 流量，其命令如下：

```
priority=120,ethernet-type=2048,in_port=1,ipv4-source=30.0.2.5/32,ipv4_destination=30.0.2.7/32,
action=drop
```

- Flow2。拦截 Host 2 访问 Server 1 的视频服务流量，其命令如下：

```
priority=110,ethernet-type=2048,in_port=2,ipv4-source=30.0.2.7/32,ipv4_destination=30.0.2.14/32,
ip_protocol=6,tcp_port_destination=8080,action=drop
```

- Flow3。拦截 Server 1 访问 Host 1 的 Web 服务流量，其命令如下：

```
priority=110,ethernet-type=2048,in_port=3,ipv4-source=30.0.2.14/32,ipv4_destination=30.0.2.5/32,
ip_protocol=6,tcp_port_destination=80,action=drop
```

说明：以上流表为伪表达式，其中 ethernet-type=2048 指定匹配 IP 报文，ip_protocol=6 指定匹配 TCP 报文，tcp_port_destination 指定匹配目的 TCP 端口号，具体调用控制器下发流表规则可参考北向接口文档。

7.4.2 操作过程演示

（1）使用命令行实现交换机和 SDN 控制器的连接。

1）登录交换机，执行 ovs-vsctl show 命令，显示信息如图 7-8 所示。

2）执行 ovs-vsctl set-controller br-sw tcp:<Controller1_ip>:6633 命令，这里 Controller1_ip 为 30.0.1.3，具体以实际情况为准，如图 7-9 所示。

3）执行 ovs-vsctl show 命令查看 OVS 与控制器 OpenFlow 连接情况，若显示 is_connected:true 表示 OpenFlow 连接建立成功，如图 7-10 所示。

（2）使用命令行下发流表，使 Host 1 与 Host 2 不能 ping 通。

1）在 Host 1 上 ping Host 2，查看 Host 1 与 Host 2 的连通情况。在默认情况下，Host 1 能够 ping 通 Host 2，如图 7-11 所示。

```
root@openlab:~# ovs-vsctl show
da694c53-32ad-4e8d-a9b6-cb96bd867c6c
    Manager "ptcp:6640"
    Bridge br-sw
        Port "eth1"
            Interface "eth1"
        Port "eth3"
            Interface "eth3"
        Port "eth5"
            Interface "eth5"
                error: "could not open network device eth5 (No such device)"
        Port "eth2"
            Interface "eth2"
        Port "eth4"
            Interface "eth4"
        Port "eth7"
            Interface "eth7"
                error: "could not open network device eth7 (No such device)"
        Port br-sw
            Interface br-sw
                type: internal
        Port "eth8"
            Interface "eth8"
                error: "could not open network device eth8 (No such device)"
        Port "eth6"
            Interface "eth6"
                error: "could not open network device eth6 (No such device)"
```

图 7-8　执行 ovs-vsctl show 命令后显示信息

```
root@openlab:~# ovs-vsctl set-controller br-sw tcp:30.0.1.3:6633
```

图 7-9　查看 Controller1_ip

```
root@openlab:~# ovs-vsctl show
da694c53-32ad-4e8d-a9b6-cb96bd867c6c
    Manager "ptcp:6640"
    Bridge br-sw
        Controller "tcp:30.0.1.3:6633"
            is_connected: true
        Port "eth1"
            Interface "eth1"
        Port "eth3"
            Interface "eth3"
        Port "eth5"
            Interface "eth5"
                error: "could not open network device eth5 (No such device)"
        Port "eth2"
            Interface "eth2"
        Port "eth4"
            Interface "eth4"
        Port "eth7"
            Interface "eth7"
                error: "could not open network device eth7 (No such device)"
        Port br-sw
            Interface br-sw
                type: internal
        Port "eth8"
            Interface "eth8"
                error: "could not open network device eth8 (No such device)"
        Port "eth6"
            Interface "eth6"
                error: "could not open network device eth6 (No such device)"
```

图 7-10　查看 OVS 与控制器 OpenFlow 的连接情况

```
root@openlab:/home/openlab/apache-tomcat-8.0.15/bin# ping 30.0.2.7
PING 30.0.2.7 (30.0.2.7) 56(84) bytes of data.
64 bytes from 30.0.2.7: icmp_seq=1 ttl=64 time=5.47 ms
64 bytes from 30.0.2.7: icmp_seq=2 ttl=64 time=1.43 ms
64 bytes from 30.0.2.7: icmp_seq=3 ttl=64 time=1.38 ms
64 bytes from 30.0.2.7: icmp_seq=4 ttl=64 time=1.45 ms
64 bytes from 30.0.2.7: icmp_seq=5 ttl=64 time=1.35 ms
64 bytes from 30.0.2.7: icmp_seq=6 ttl=64 time=1.37 ms
```

图 7-11　查看 Host 1 与 Host 2 的连通情况

2）登录 OVS 交换机，下发流表，其命令如下：

```
# ovs-ofctl add-flow br-sw priority=120,ip,in_port=1,nw_src=30.0.2.5,nw_dst=30.0.2.7,actions=drop
```

3）执行 ovs-ofctl dump-flows br-sw -O OPENFLOW13 命令，查看流表是否下发成功，如图 7-12 所示。

```
root@openlab:~# ovs-ofctl dump-flows br-sw -O OPENFLOW13
OFPST_FLOW reply (OF1.3) (xid=0x2):
 cookie=0x0, duration=30.647s, table=0, n_packets=0, n_bytes=0, reset_counts priority=120,ip,in_port=1,nw_src=30.0.2.5,nw_dst=30
.0.2.7 actions=drop
```

图 7-12 查看流表是否下发成功

4）在 Host 1 上执行 ping 30.0.2.7 命令，验证 Host 1 与 Host 2 的连通情况，如图 7-13 所示，执行结果显示不通。

```
root@openlab:/home/openlab/apache-tomcat-8.0.15/bin# ping 30.0.2.7
PING 30.0.2.7 (30.0.2.7) 56(84) bytes of data.
^C
--- 30.0.2.7 ping statistics ---
4 packets transmitted, 0 received, 100% packet loss, time 3022ms
```

图 7-13 Host 1 与 Host 2 不通

（3）使用命令行删除相应的流表，使 Host 1 与 Host 2 相互 ping 通。

1）登录 OVS 交换机，执行 ovs-ofctl del-flows br-sw ip,in_port=1 命令，删除流表。

2）执行 ovs-ofctl dump-flows br-sw -O OPENFLOW13 命令，确认流表删除成功。

3）在 Host 1 上执行 ping 30.0.2.7 命令，验证 Host 1 与 Host 2 的连通情况，如图 7-14 所示，执行结果显示互通。

```
root@openlab:/home/openlab/apache-tomcat-8.0.15/bin# ping 30.0.2.7
PING 30.0.2.7 (30.0.2.7) 56(84) bytes of data.
64 bytes from 30.0.2.7: icmp_seq=1 ttl=64 time=2.78 ms
64 bytes from 30.0.2.7: icmp_seq=2 ttl=64 time=1.24 ms
64 bytes from 30.0.2.7: icmp_seq=3 ttl=64 time=1.34 ms
64 bytes from 30.0.2.7: icmp_seq=4 ttl=64 time=1.51 ms
64 bytes from 30.0.2.7: icmp_seq=5 ttl=64 time=1.17 ms
```

图 7-14 Host 1 与 Host 2 互通

（4）使用命令行下发流表，禁止 Host 2 访问 Server 1 中的视频服务，但是允许 Host 2 能 ssh 登录到 Server 1。

1）登录 OVS 交换机，下发流表，其命令如下：

```
# ovs-ofctl add-flow br-sw priority=110,tcp,in_port=2,nw_src=30.0.2.7,nw_dst=30.0.2.14,
tp_dst=8080,actions=drop
```

2）执行 ovs-ofctl dump-flows br-sw -O OPENFLOW13 命令，查看流表是否下发成功，如图 7-15 所示。

```
root@openlab:~# ovs-ofctl dump-flows br-sw -O OPENFLOW13
OFPST_FLOW reply (OF1.3) (xid=0x2):
 cookie=0x0, duration=5.443s, table=0, n_packets=0, n_bytes=0, reset_counts priority=110,tcp,in_port=2,nw_src=30.0.2.7,nw_dst=30
.0.2.14,tp_dst=8080 actions=drop
```

图 7-15 查看流表是否下发成功

3）登录 Host 2，打开浏览器，访问http://30.0.2.14:8080/fnii/video.html，确保不能访问 Server 1 中的视频服务，如图 7-16 所示。

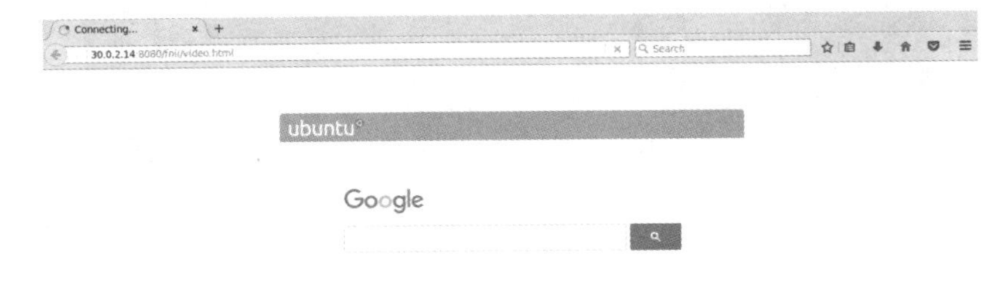

图 7-16 Host 2 无法访问视频服务

Host 2 能通过 ssh 连接到 Server 1，如图 7-17 所示。

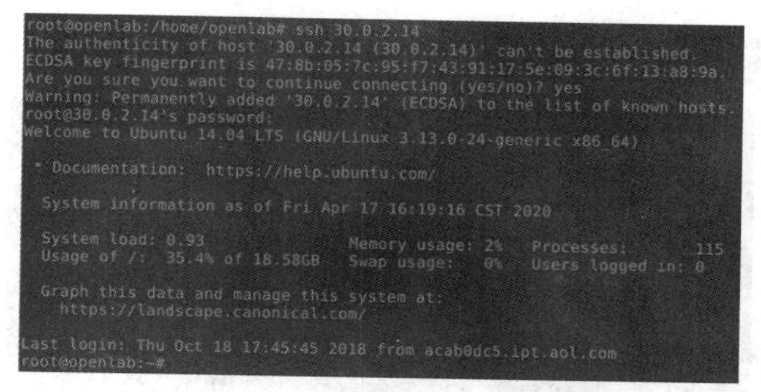

图 7-17　Host 2 能通过 ssh 连接到 Server 1

4）登录 OVS 交换机，执行 ovs-ofctl del-flows br-sw tcp,in_port=2 命令，删除流表，使得 Host 2 能够访问 Server 1 中的视频服务，如图 7-18 所示。

图 7-18　Host 2 能够访问视频服务

（5）使用命令行下发流表，禁止 Server 1 访问 Host 1 中的 Web 网站，但是允许 Server 1 能 ssh 登录到 Host 1，同时允许 Host 1 访问 Server 1 中的视频服务。

1）登录 OVS 交换机，下发流表，其命令如下：

```
# ovs-ofctl add-flow br-sw priority=110,tcp,in_port=3,nw_src=30.0.2.14,nw_dst=30.0.2.5,
tp_dst=80,actions=drop
```

2）执行 ovs-ofctl dump-flows br-sw -O OPENFLOW13 命令，查看流表是否下发成功，如图 7-19 所示。

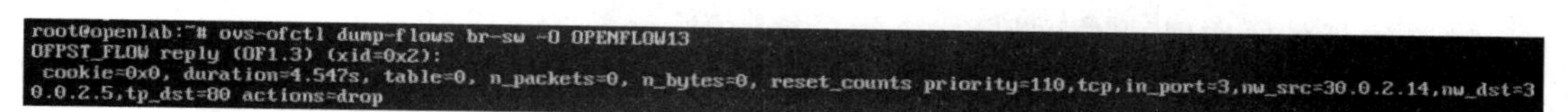

图 7-19　相看流表是否下发成功

3）登录 Server 1，确保不能访问 Host 1 中的 Web 服务，如图 7-20 所示。

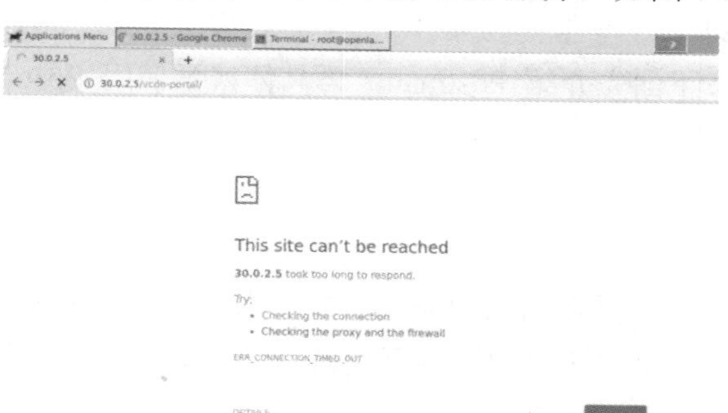

图 7-20　Server 1 无法访问 Web 服务

Server 1 能通过 ssh 连接到 Host 1，如图 7-21 所示。

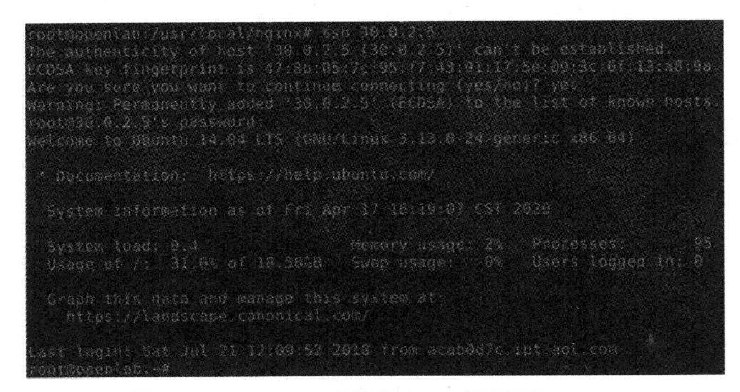

图 7-21　Server 1 能通过 ssh 连接到 Host 1

4）登录 OVS 交换机，执行 ovs-ofctl del-flows br-sw tcp,in_port=3 命令，删除流表，使得 Server 1 能够访问 Host 1 中的 Web 服务，如图 7-22 所示。

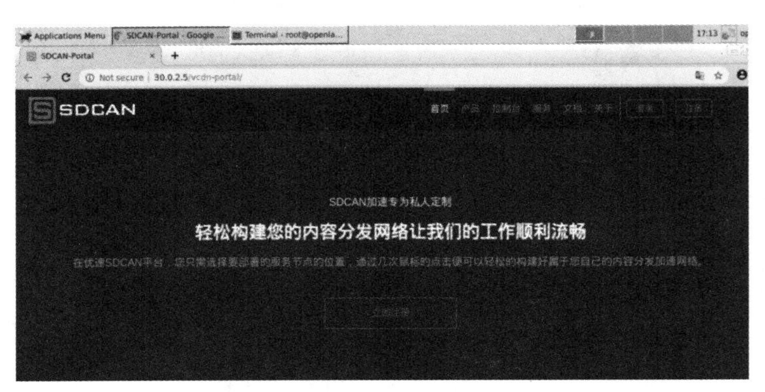

图 7-22　Server 1 能够访问 Web 服务

7.5　使用 Postman 实现简易防火墙功能

在 SDN 中，除了直接在交换机中用命令行的方式下发流表外，还可以调用控制器的北向接口。而使用 Postman 下发流表实现简单的防火墙功能需要从以下 5 个方面思考。

- 本任务要实现的防火墙需求。
- 基于防火墙需求如何设计 SDN 流表。
- 拓扑中主机与交换机的端口连接情况。
- Postman 的使用方法及北向接口的调用方法。
- 验证防火墙功能。

遵循这样的思路，下面先介绍 Postman，再具体演示使用 Postman 下发流表实现简易防火墙的操作过程。

7.5.1　Postman

本任务采用 Postman 工具调用控制器北向接口来下发交换机流表，Postman 是 Google 开发的一款测试工具，它不仅可以用于网页调试、发送网页 HTTP 请求，还能运行测试各种 Web 用例。其主要功能包括如下 5 点。

（1）模拟各种 HTTP requests。常用的 HTTP requests 有 GET、POST 和 RESTful 的

PUT、DELETE 等。

（2）Collection 功能。Collection 是 requests 的集合，在做完一个测试时，可以把这次的 request 保存到特定的 Collection 里，当下次要做同样测试时，就不需要重新输入。Collection 可以分类测试软件所提供的 API。

（3）人性化的 Response 整理。支持 JSON、XML 和 HTML 格式的 response。

（4）内置测试脚本语言。支持通过编写测试脚本，实现快速检查 request 的结果。

（5）设定变量与环境。支持自由设定变量与环境。

Postman 的主界面如图 7-23 所示。

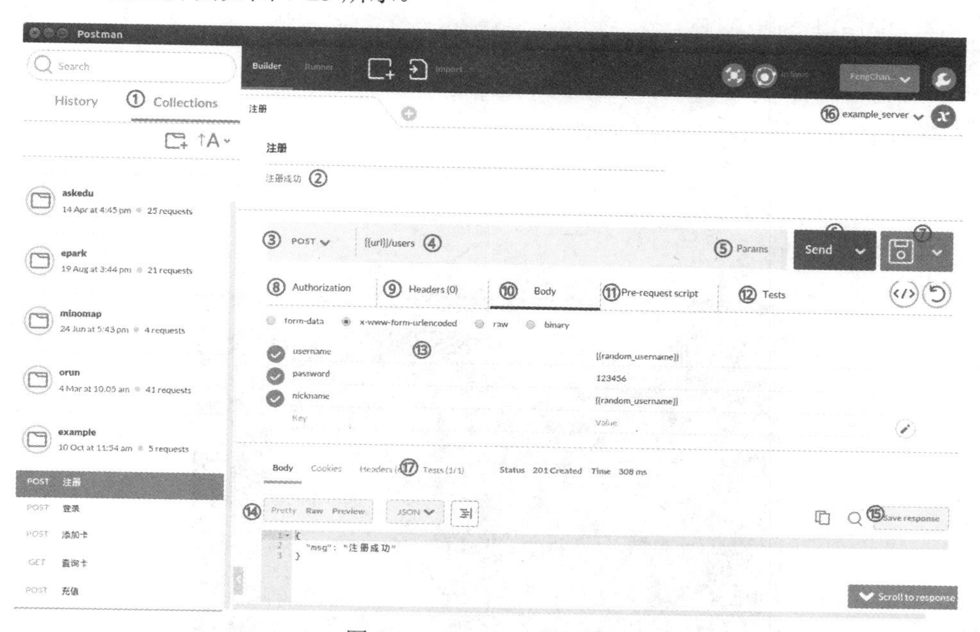

图 7-23　Postman 的主界面

下面的序号与图 7-23 中的序号相对应。

①Collections：类似于文件夹，可以把同一个项目的请求放在一个 Collection 里，方便管理和分享。

②“注册”是请求的名字，如果有 Request description，则会显示在这下面。下面的“注册成功”是已保存的请求结果，单击可以载入某次请求的参数和返回值。

③选择 HTTP Method 的地方。

④请求 URL，两层大括号表示这是一个环境变量，可以选择当前的环境，环境变量就会被替换成该环境里可变的值。

⑤设置 URL 参数的 key 和 value。

⑥单击 Send 按钮发送请求。

⑦单击该按钮保存请求到 Collection。

⑧设置鉴权参数。

⑨自定义 HTTP Header。

⑩设置 Request body。

⑪在发起请求前执行的脚本，如 request body 里的那两个随机变量，就是每次请求前临时生成的。

⑫收到响应后执行的测试。

⑬有 4 种形式可以选择，form-data 主要用于上传文件，x-www-form-urlencoded 是表单常用的格式，raw 可以用来上传 JSON 数据，binary 用于二进制格式的数据。

⑭返回数据的格式，Pretty 可以看到格式化后的 JSON，Raw 是未经处理的数据，Preview 可以预览 HTML 页面。

⑮单击 Save response 按钮保存响应。

⑯设置 environment variables 和 global variables。

⑰显示测试结果。

7.5.2 操作过程演示

（1）使用 Postman 下发流表，使 Host 1 与 Host 2 不能 ping 通。

1）查看 Host 1 与 Host 2 的连通情况。在默认情况下，Host 1 能够 ping 通 Host 2，如图 7-24 所示。

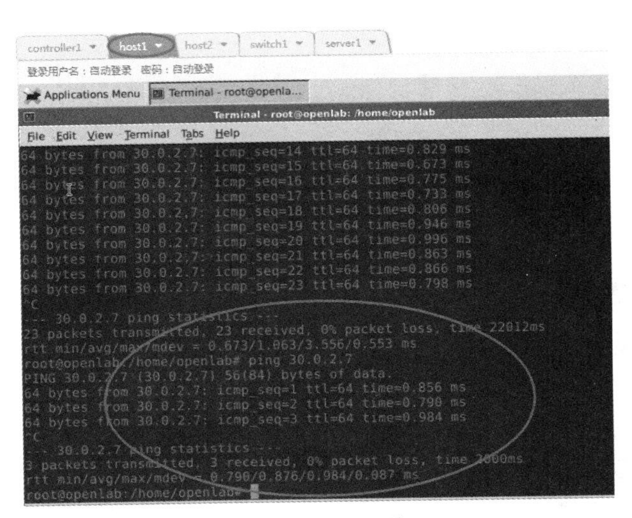

图 7-24 Host 1 ping 通 Host 2

2）登录 Controller 1，打开 Postman 工具，如图 7-25 所示。

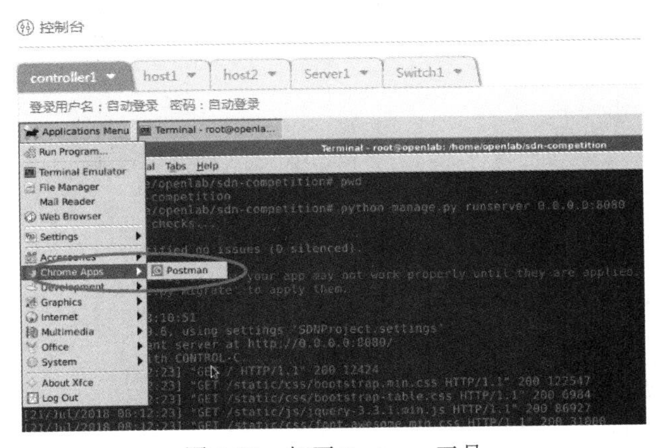

图 7-25 打开 Postman 工具

3）使用“获取实时拓扑”RESTAPI，查看 Switch 1 的 node-id 信息，如图 7-26 所示。

4）使用“下发流表（包含 IP 匹配）”RESTAPI 接口下发流表，使用步骤 3 中查看的 node-id 替换 URL 中的 node-id，如图 7-27 所示。

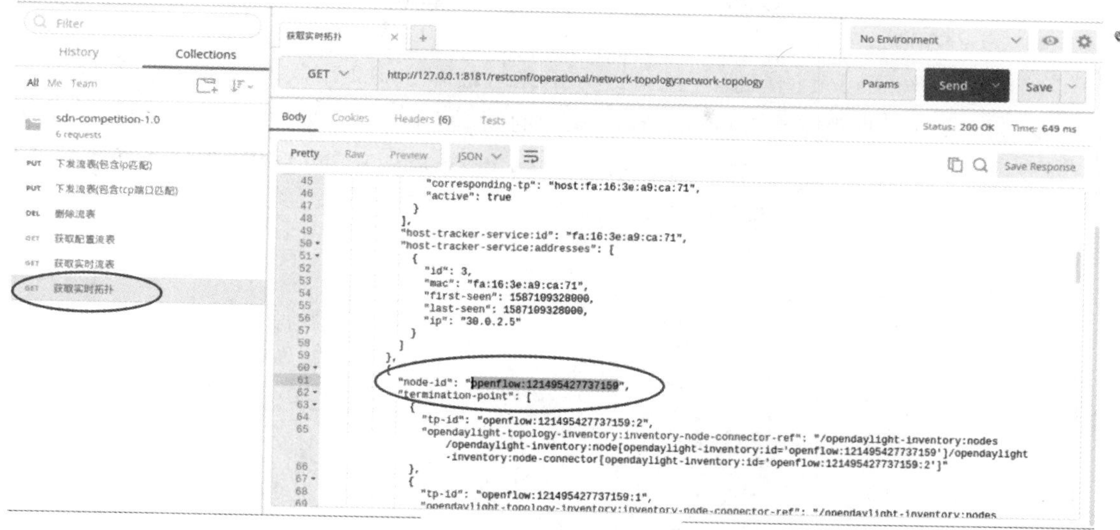

图 7-26　查看 node-id 信息

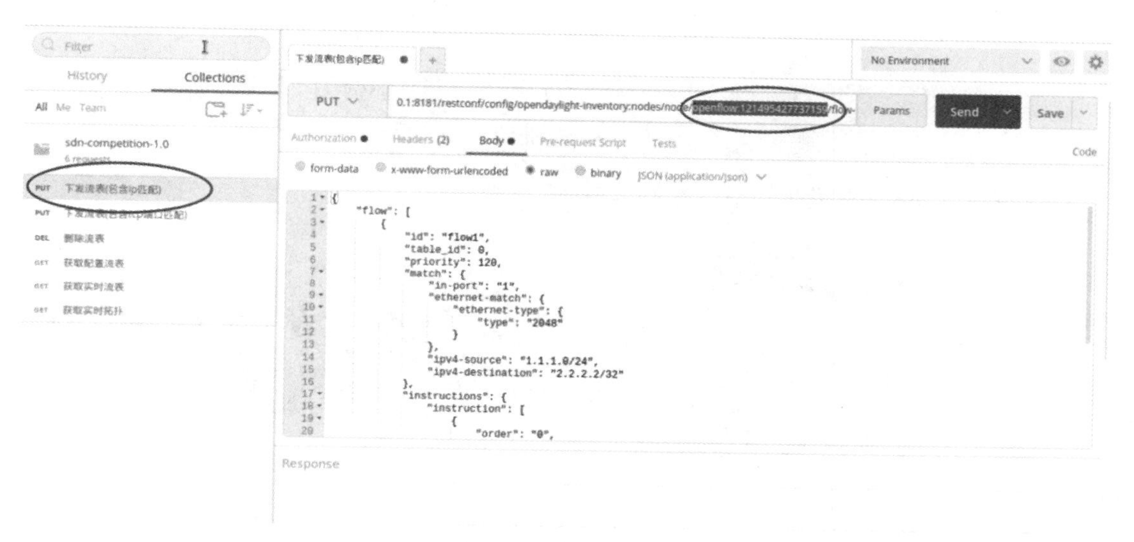

图 7-27　替换 node-id

5）获取 Body 体字段值，并填写 Body 体，如图 7-28 所示。

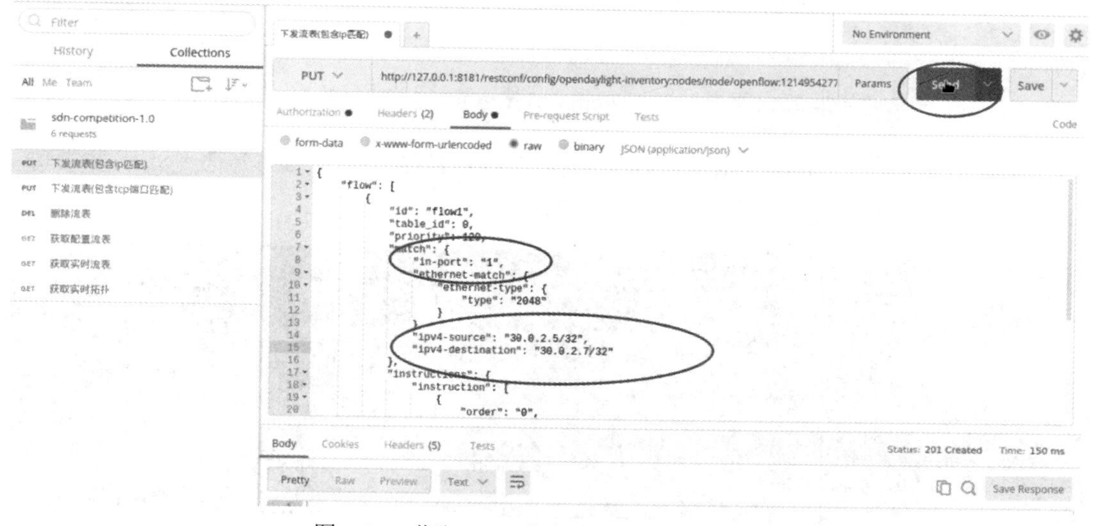

图 7-28　获取 Body 体字段值并填写 Body 体

- ipv4-source 的取值为 Host 1 的 IP 地址，即 30.0.2.5。
- ipv4-destination 的取值为 Host 2 的 IP 地址，即 30.0.2.7。
- in_port 的取值来自 Switch 1 与 Host 1 的网卡（如 eth1，如图 7-29 所示）对应的端口号，可在交换机中使用 ovs-ofctl show br-sw -O OPENFLOW13 命令查询，eth1 对应的 OpenFlow 端口号是 1。

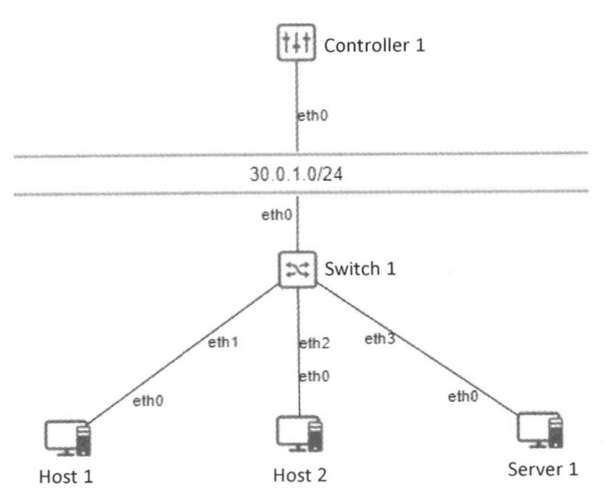

图 7-29　拓扑结构

6）单击 Send 按钮发送请求，如图 7-30 所示。

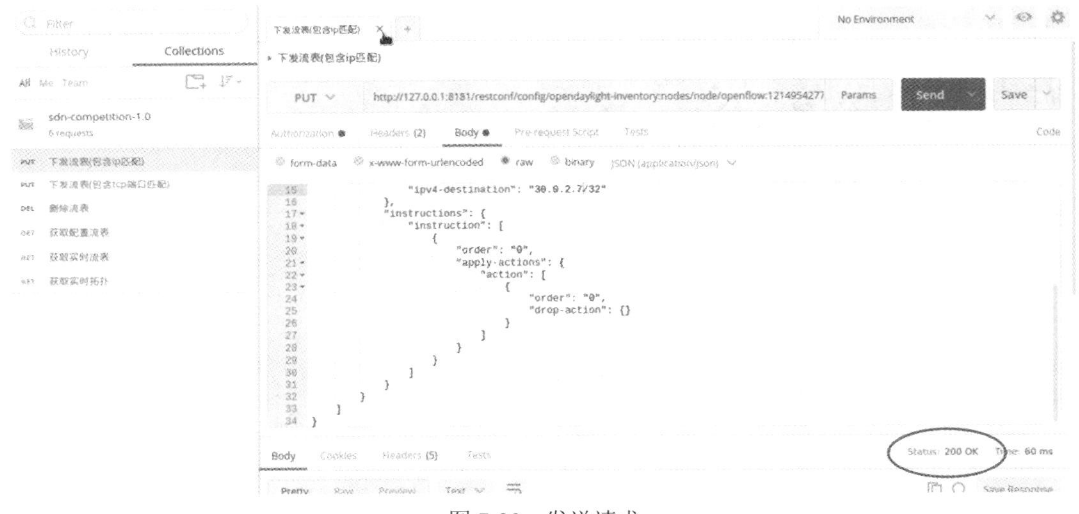

图 7-30　发送请求

7）执行 ovs-ofctl dump-flows br-sw -O OPENFLOW13 命令，查看流表是否下发成功，如图 7-31 所示，流表成功下发到 Switch1。

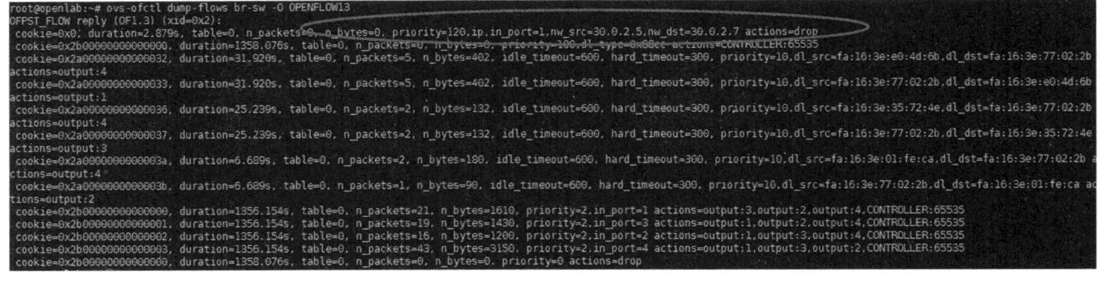

图 7-31　流表成功下发到 Switch 1

8）在 Host 1 上执行 ping 30.0.2.7 命令，验证 Host 1 和 Host 2 之间的连通情况，如图 7-32 所示，执行结果显示不通。

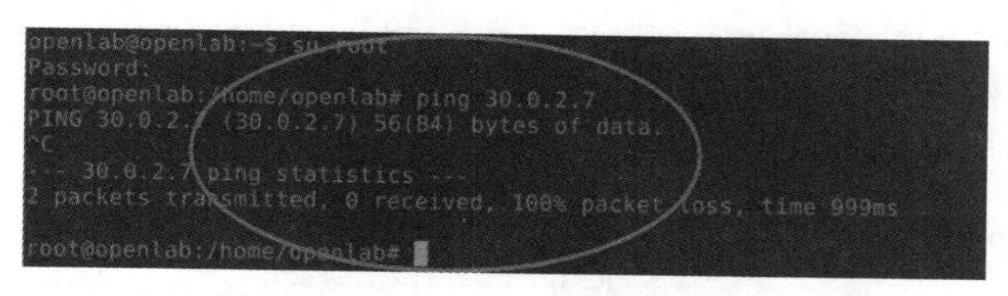

图 7-32　Host 1 和 Host 2 ping 不通

（2）使用 Postman 删除相应的流表，使 Host 1 与 Host 2 相互 ping 通。

1）使用“删除流表”RESTAPI，进行流表删除操作，使用实际的数据替换 URL 中的 node-id、flow 等信息，提交请求，如图 7-33 所示。

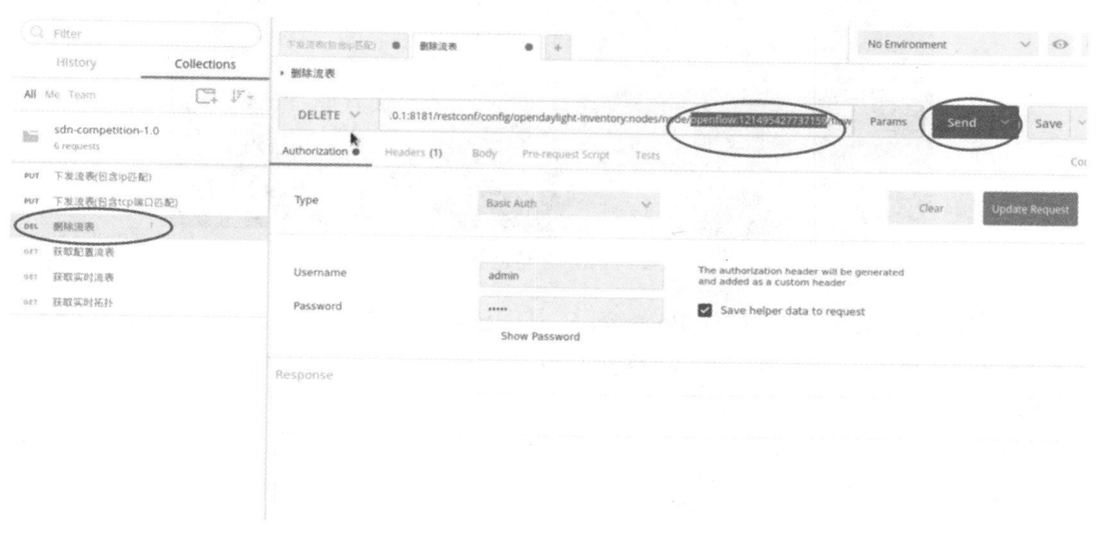

图 7-33　删除流表

2）执行 ovs-ofctl dump-flows br-sw -O OPENFLOW13 命令，查看流表删除情况，如图 7-34 所示。

```
root@openlab:~# ovs-ofctl dump-flows br-sw -O OPENFLOW13
OFPST_FLOW reply (OF1.3) (xid=0x2):
 cookie=0x2b00000000000000, duration=2083.793s, table=0, n_packets=0, n_bytes=0, priority=100,dl_type=0x88cc actions=CONTROLLER:65535
 cookie=0x2a0000000000004e, duration=98.670s, table=0, n_packets=6, n_bytes=396, idle_timeout=600, hard_timeout=300, priority=10,dl_src=fa:16:3e:e0:4d:6b,dl_dst=fa:16:3e:77:02:2b
actions=output:4
 cookie=0x2a0000000000004f, duration=98.670s, table=0, n_packets=6, n_bytes=396, idle_timeout=600, hard_timeout=300, priority=10,dl_src=fa:16:3e:77:02:2b,dl_dst=fa:16:3e:e0:4d:6b
actions=output:1
 cookie=0x2a00000000000052, duration=91.972s, table=0, n_packets=6, n_bytes=444, idle_timeout=600, hard_timeout=300, priority=10,dl_src=fa:16:3e:35:72:4e,dl_dst=fa:16:3e:77:02:2b
actions=output:4
 cookie=0x2a00000000000053, duration=91.972s, table=0, n_packets=5, n_bytes=354, idle_timeout=600, hard_timeout=300, priority=10,dl_src=fa:16:3e:77:02:2b,dl_dst=fa:16:3e:35:72:4e
actions=output:3
 cookie=0x2b00000000000000, duration=2081.871s, table=0, n_packets=29, n_bytes=2186, priority=2,in_port=1 actions=output:3,output:2,output:4,CONTROLLER:65535
 cookie=0x2b00000000000001, duration=2081.871s, table=0, n_packets=24, n_bytes=1736, priority=2,in_port=3 actions=output:1,output:2,output:4,CONTROLLER:65535
 cookie=0x2b00000000000002, duration=2081.871s, table=0, n_packets=18, n_bytes=1332, priority=2,in_port=2 actions=output:1,output:3,output:4,CONTROLLER:65535
 cookie=0x2b00000000000003, duration=2081.871s, table=0, n_packets=54, n_bytes=3900, priority=2,in_port=4 actions=output:1,output:3,output:2,CONTROLLER:65535
 cookie=0x2b00000000000000, duration=2083.793s, table=0, n_packets=0, n_bytes=0, priority=0 actions=drop
root@openlab:~#
```

图 7-34　查看流表删除情况

3）在 Host 1 上执行 ping 30.0.2.7 命令，验证 Host 1 和 Host 2 之间的连通情况，如图 7-35 所示，执行结果显示互通。

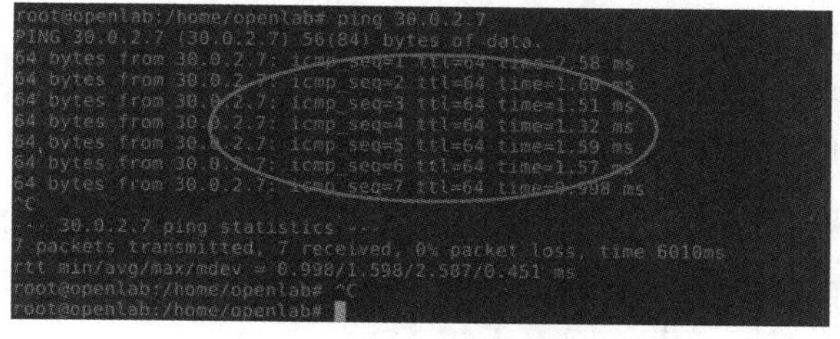

图 7-35　Host 1 和 Host 2 互通

（3）使用 Postman 下发流表，禁止 Host 2 访问 Server 1 中的视频服务，但是允许 Host 2 通过 ssh 登录到 Server 1。

1）登录 Host 2，打开浏览器，访问http://30.0.2.14:8080/fnii/video.html，默认可以正常访问，如图 7-36 所示。

图 7-36　Host 2 访问视频服务

2）登录 Controller 1，打开 Postman 工具，选择“下发流表（包含 tcp 端口匹配）”RESTAPI，使用之前查看的 node-id 替换 URL 中的 node-id，如图 7-37 所示。

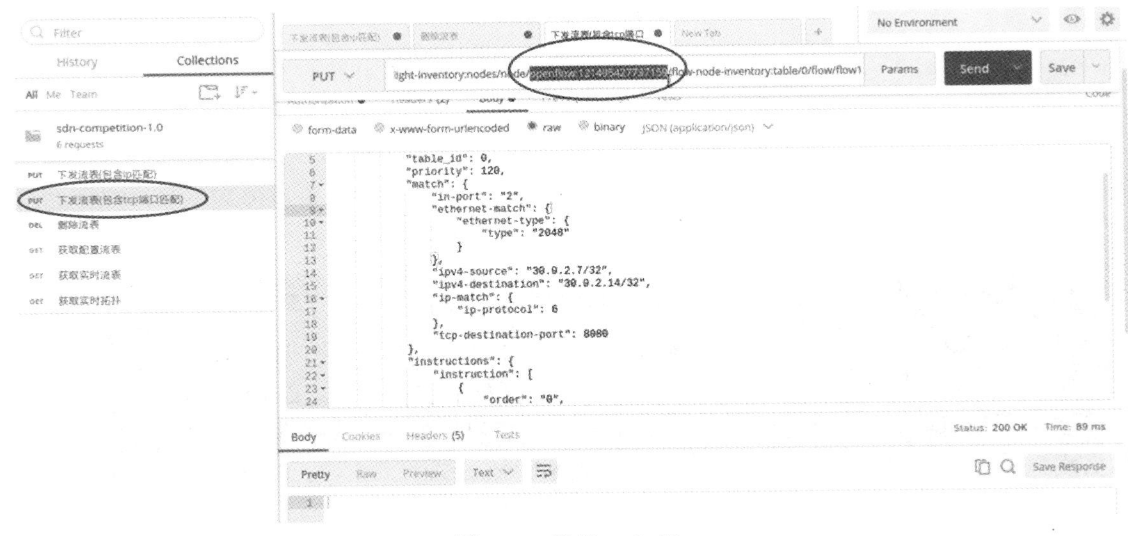

图 7-37　设置 node-id

3）获取 Body 体字段值，并填写 Body 体，如图 7-38 所示。

- ipv4-source 的取值为 Host 2 的 IP 地址，即 30.0.2.7。
- ipv4-destination 的取值为 Server 的 IP 地址，即 30.0.2.14。
- in_port 的取值来自 Switch 1 与 Host 2 的网卡对应的端口号，如图 7-39 所示，eth2 对应的 OpenFlow 端口号是 2。
- tcp-destination-port 的取值为 Server 1 的视频服务的端口 8080。

4）单击 Send 按钮发送请求，如图 7-40 所示。

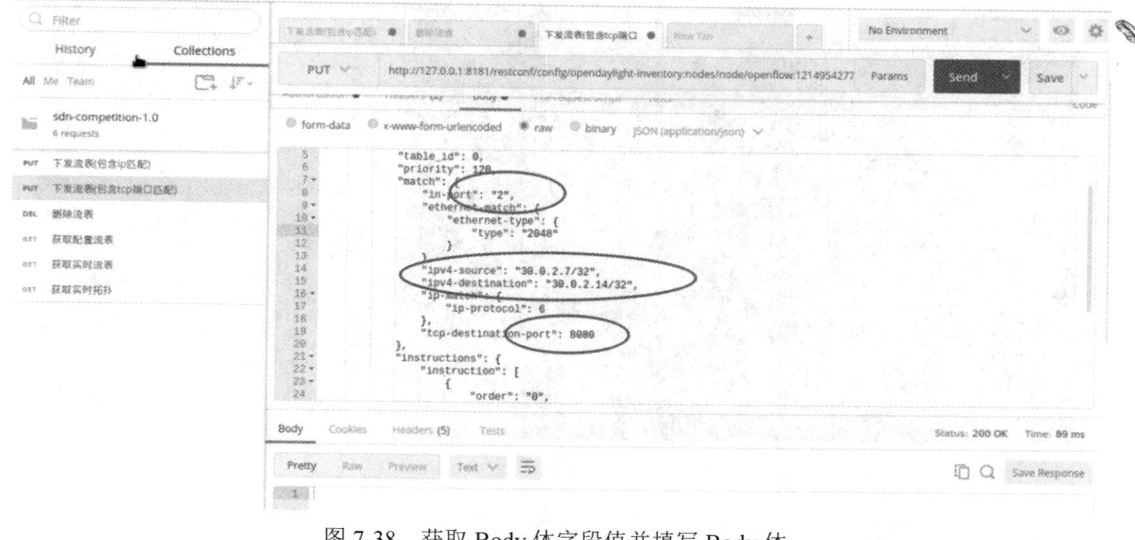

图 7-38　获取 Body 体字段值并填写 Body 体

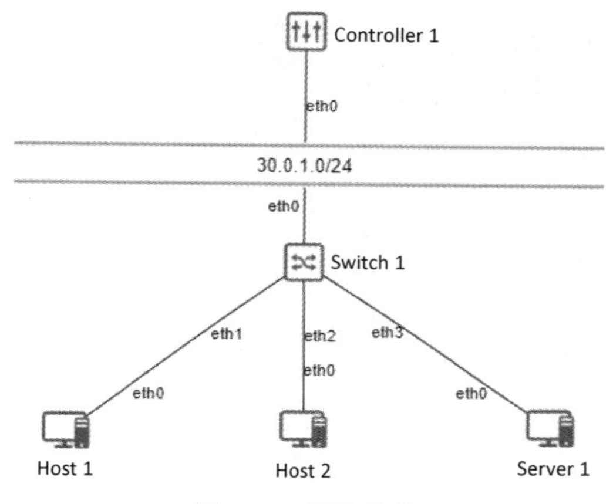

图 7-39　网络结构

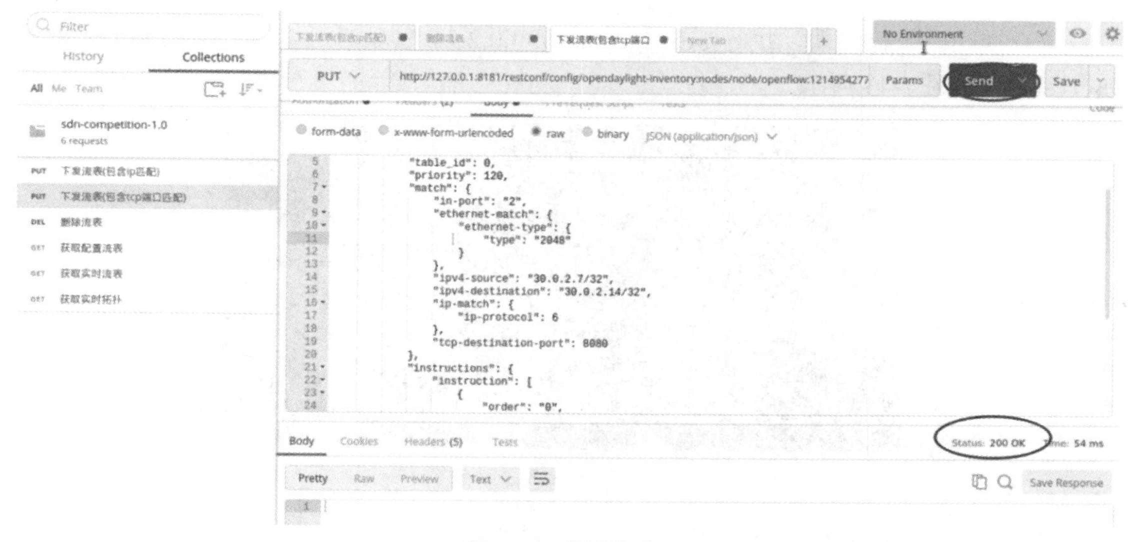

图 7-40　发送请求

5）登录交换机，执行 ovs-ofctl dump-flows br-sw -O OPENFLOW13 命令，查看流表是否下发成功，如图 7-41 所示，流表成功下发到 Switch 1。

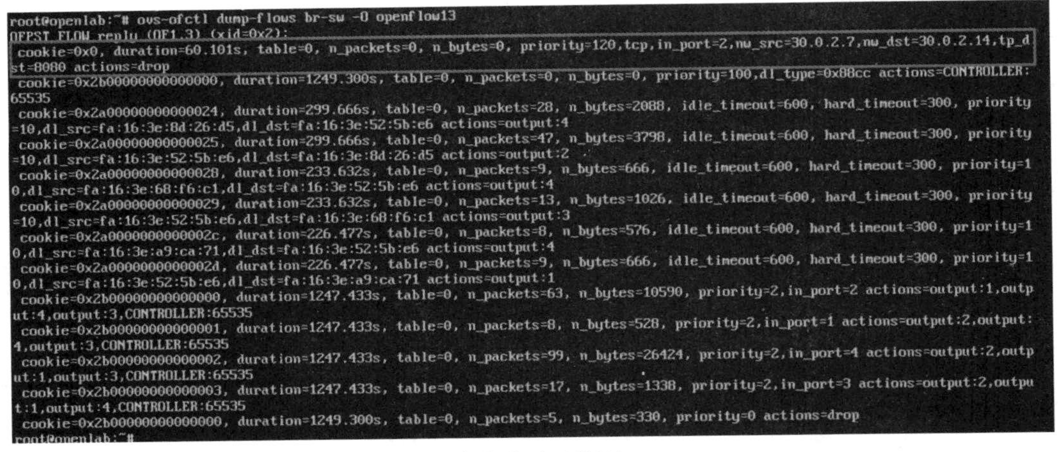

```
root@openlab:~# ovs-ofctl dump-flows br-sw -O openflow13
OFPST_FLOW reply (OF1.3) (xid=0x2):
 cookie=0x0, duration=60.101s, table=0, n_packets=0, n_bytes=0, priority=120,tcp,in_port=2,nw_src=30.0.2.7,nw_dst=30.0.2.14,tp_d
st=8080 actions=drop
 cookie=0x2b00000000000000, duration=1249.300s, table=0, n_packets=0, n_bytes=0, priority=100,dl_type=0x88cc actions=CONTROLLER:
65535
 cookie=0x2a00000000000024, duration=299.666s, table=0, n_packets=28, n_bytes=2088, idle_timeout=600, hard_timeout=300, priority
=10,dl_src=fa:16:3e:8d:26:d5,dl_dst=fa:16:3e:52:5b:e6 actions=output:4
 cookie=0x2a00000000000025, duration=299.666s, table=0, n_packets=47, n_bytes=3798, idle_timeout=600, hard_timeout=300, priority
=10,dl_src=fa:16:3e:52:5b:e6,dl_dst=fa:16:3e:8d:26:d5 actions=output:2
 cookie=0x2a00000000000028, duration=233.632s, table=0, n_packets=9, n_bytes=666, idle_timeout=600, hard_timeout=300, priority=1
0,dl_src=fa:16:3e:68:f6:c1,dl_dst=fa:16:3e:52:5b:e6 actions=output:4
 cookie=0x2a00000000000029, duration=233.632s, table=0, n_packets=13, n_bytes=1026, idle_timeout=600, hard_timeout=300, priority
=10,dl_src=fa:16:3e:52:5b:e6,dl_dst=fa:16:3e:68:f6:c1 actions=output:3
 cookie=0x2a0000000000002c, duration=226.477s, table=0, n_packets=8, n_bytes=576, idle_timeout=600, hard_timeout=300, priority=1
0,dl_src=fa:16:3e:a9:ca:71,dl_dst=fa:16:3e:52:5b:e6 actions=output:4
 cookie=0x2a0000000000002d, duration=226.477s, table=0, n_packets=9, n_bytes=666, idle_timeout=600, hard_timeout=300, priority=1
0,dl_src=fa:16:3e:52:5b:e6,dl_dst=fa:16:3e:a9:ca:71 actions=output:1
 cookie=0x2b00000000000000, duration=1247.433s, table=0, n_packets=63, n_bytes=10590, priority=2,in_port=2 actions=output:1,outp
ut:4,output:3,CONTROLLER:65535
 cookie=0x2b00000000000001, duration=1247.433s, table=0, n_packets=8, n_bytes=528, priority=2,in_port=1 actions=output:2,output:
4,output:3,CONTROLLER:65535
 cookie=0x2b00000000000002, duration=1247.433s, table=0, n_packets=99, n_bytes=26424, priority=2,in_port=4 actions=output:2,outp
ut:1,output:3,CONTROLLER:65535
 cookie=0x2b00000000000003, duration=1247.433s, table=0, n_packets=17, n_bytes=1338, priority=2,in_port=3 actions=output:2,outpu
t:1,output:4,CONTROLLER:65535
 cookie=0x2b00000000000000, duration=1249.300s, table=0, n_packets=5, n_bytes=330, priority=0 actions=drop
root@openlab:~#
```

图 7-41 流表成功下发到 Switch 1

6）登录主机 Host 2，打开浏览器，访问http://30.0.2.14:8080/fnii/video.html，可以看到无法访问，如图 7-42 所示。

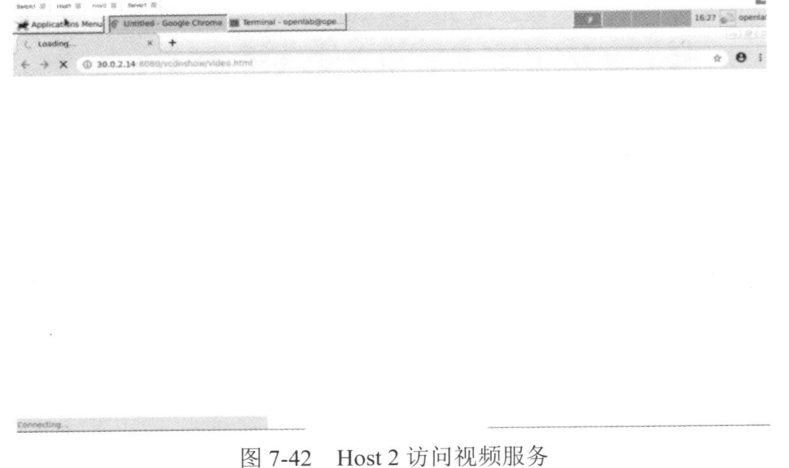

图 7-42 Host 2 访问视频服务

7）打开命令行终端，执行 ssh openlab@30.0.2.14 命令，可以正常通过 ssh 登录到 Server 1，如图 7-43 所示。

```
openlab@openlab:~$ ssh openlab@30.0.2.14
The authenticity of host '30.0.2.14 (30.0.2.14)' can't be established.
ECDSA key fingerprint is 47:8b:05:7c:95:f7:43:91:17:5e:09:3c:6f:13:a8:9a.
Are you sure you want to continue connecting (yes/no)? yes
Warning: Permanently added '30.0.2.14' (ECDSA) to the list of known hosts.
openlab@30.0.2.14's password:
Welcome to Ubuntu 14.04 LTS (GNU/Linux 3.13.0-24-generic x86_64)

 * Documentation:  https://help.ubuntu.com/

  System information as of Fri Apr 17 15:32:10 CST 2020

  System load: 0.38              Memory usage: 2%   Processes:       115
  Usage of /:  35.4% of 18.58GB   Swap usage:   0%   Users logged in: 0

  Graph this data and manage this system at:
    https://landscape.canonical.com/

Last login: Fri Jul 20 10:04:13 2018 from acab0d1b.ipt.aol.com
openlab@openlab:~$
```

图 7-43 正常通过 ssh 登录到 Server 1

验证结果显示 Host 2 禁止访问 Server 1 中的视频服务，但是允许 Host 2 通过 ssh 登录到 Server 1。

8）登录控制器，将刚刚的 Postman 请求方法改为 DELETE，单击 Send 按钮发送请求，删除刚刚下发的流表，如图 7-44 所示。

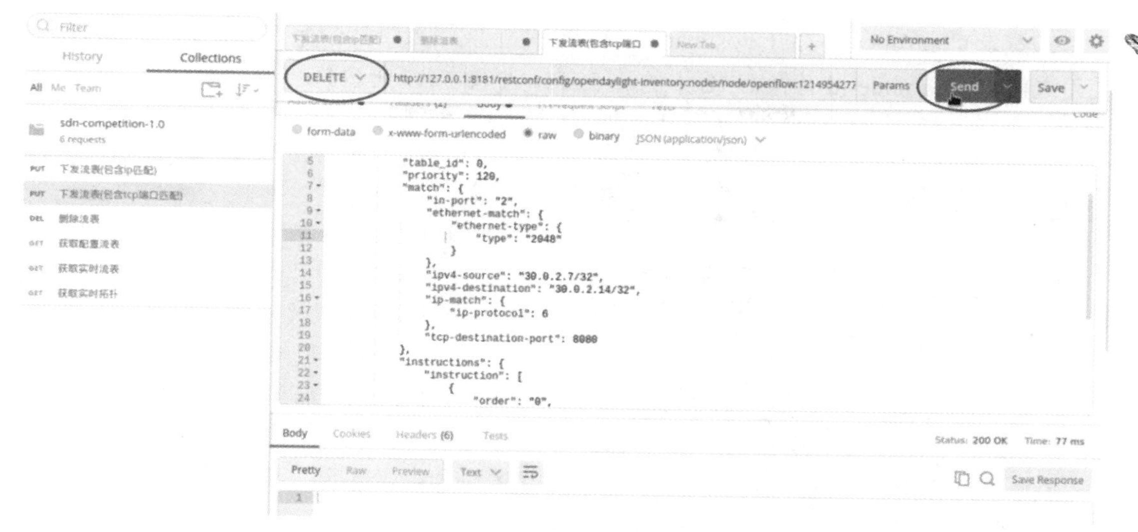

图 7-44　删除流表

9）登录主机 Host 2，刷新浏览器页面，又能正常访问 Server 1 的视频服务了，如图 7-45 所示。

图 7-45　Host 2 访问视频服务

（4）使用 Postman 下发流表，禁止 Server 1 访问 Host 1 中的 Web 网站，但是允许 Server 1 通过 ssh 登录到 Host 1。

1）登录 Server 1，打开浏览器，访问 http://30.0.2.5/vcdn-portal，可以正常访问，如图 7-46 所示。

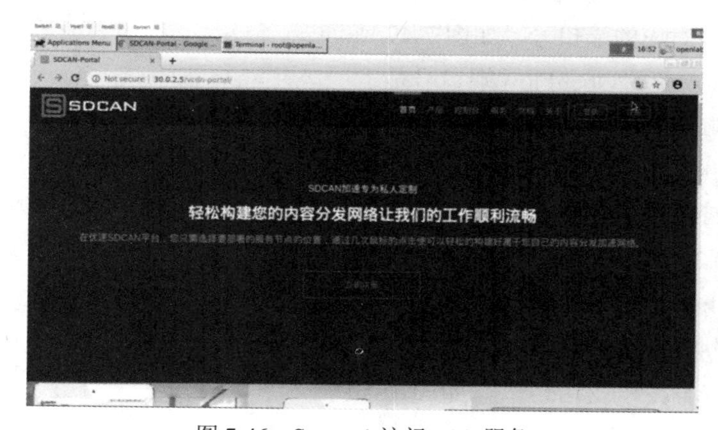

图 7-46　Server 1 访问 Web 服务

2）登录 Controller 1，打开 Postman 工具，选择“下发流表（包含 tcp 端口匹配）”RESTAPI，使用之前查看的 node-id 替换 URL 中的 node-id，如图 7-47 所示。

图 7-47　使用之间查看的 node-id 替换 URL 中的 node-id

3）获取 Body 体字段值，并填写 Body 体，如图 7-48 所示。

图 7-48　获取 Body 体字段值并填写 Body 体

- in_port 的取值来自 Switch 1 与 Server 1 的网卡对应的端口号，如图 7-49 所示，eth3 对应的 OpenFlow 端口号是 3。
- ipv4-source 的取值 Server 1 的 IP，即 30.0.2.14。
- ipv4-destination 的取值 Host 1 的 IP，即 30.0.2.5。
- tcp-destination-port 的取值为 Host 1 的 Web 服务的端口 80。

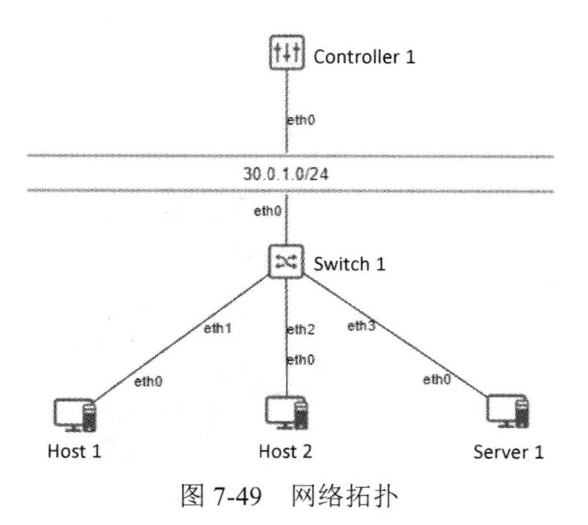

图 7-49　网络拓扑

4）单击 Send 按钮发送请求，如图 7-50 所示。

图 7-50　发送请求

5）登录交换机，执行 ovs-ofctl dump-flows br-sw -O OPENFLOW13 命令，查看流表是否下发成功，如图 7-51 所示，流表成功下发到 Switch 1。

```
root@openlab:~# ovs-ofctl dump-flows br-sw -O openflow13
OFPST_FLOW reply (OF1.3) (xid=0x2):
 cookie=0x0, duration=51.413s, table=0, n_packets=0, n_bytes=0, priority=120,tcp,in_port=3,nw_src=30.0.2.14,nw_dst=30.0.2.5,tp_d
st=80 actions=drop
 cookie=0x2b00000000000000, duration=4088.963s, table=0, n_packets=0, n_bytes=0, priority=100,dl_type=0x88cc actions=CONTROLLER:
65535
 cookie=0x2a00000000000094, duration=265.200s, table=0, n_packets=30, n_bytes=2240, idle_timeout=600, hard_timeout=300, priority
=10,dl_src=fa:16:3e:52:5b:e6,dl_dst=fa:16:3e:8d:26:d5 actions=output:2
 cookie=0x2a00000000000095, duration=265.197s, table=0, n_packets=56, n_bytes=3938, idle_timeout=600, hard_timeout=300, priority
=10,dl_src=fa:16:3e:8d:26:d5,dl_dst=fa:16:3e:52:5b:e6 actions=output:4
 cookie=0x2a00000000000098, duration=98.919s, table=0, n_packets=3, n_bytes=203, idle_timeout=600, hard_timeout=300, priority=10
,dl_src=fa:16:3e:52:5b:e6,dl_dst=fa:16:3e:a9:ca:71 actions=output:1
 cookie=0x2a00000000000099, duration=98.919s, table=0, n_packets=16, n_bytes=1141, idle_timeout=600, hard_timeout=300, priority=
10,dl_src=fa:16:3e:a9:ca:71,dl_dst=fa:16:3e:52:5b:e6 actions=output:4
 cookie=0x2b00000000000000, duration=4087.096s, table=0, n_packets=632, n_bytes=78545, priority=2,in_port=2 actions=output:1,out
put:4,output:3,CONTROLLER:65535
 cookie=0x2b00000000000001, duration=4087.096s, table=0, n_packets=475, n_bytes=46846, priority=2,in_port=1 actions=output:2,out
put:4,output:3,CONTROLLER:65535
 cookie=0x2b00000000000002, duration=4087.096s, table=0, n_packets=697, n_bytes=463998, priority=2,in_port=4 actions=output:2,ou
tput:1,output:3,CONTROLLER:65535
 cookie=0x2b00000000000003, duration=4087.096s, table=0, n_packets=266, n_bytes=641127, priority=2,in_port=3 actions=output:2,ou
tput:1,output:4,CONTROLLER:65535
 cookie=0x2b00000000000000, duration=4088.963s, table=0, n_packets=5, n_bytes=330, priority=0 actions=drop
root@openlab:~#
```

图 7-51　流表成功下发到 Switch 1

6）登录 Server 1，打开浏览器，访问 http://30.0.2.5/vcdn-portal，可以看到无法访问，如图 7-52 所示。

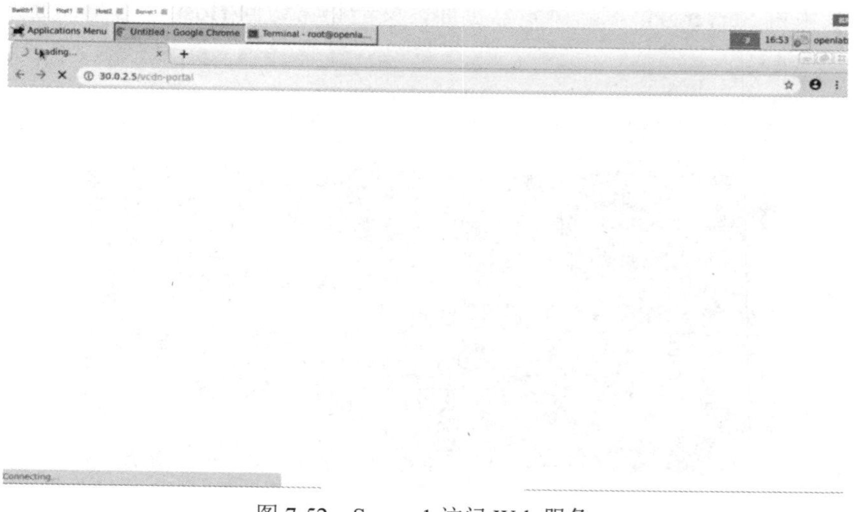

图 7-52　Server 1 访问 Web 服务

7）打开命令行终端，执行 ssh openlab@30.0.2.5 命令，可以正常通过 ssh 登录到 Host 1，如图 7-53 所示。

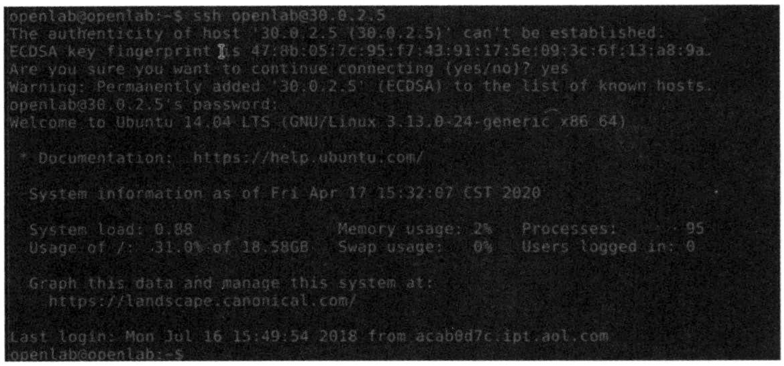

```
openlab@openlab:~$ ssh openlab@30.0.2.5
The authenticity of host '30.0.2.5 (30.0.2.5)' can't be established.
ECDSA key fingerprint is 47:0b:05:7c:95:f7:43:91:17:5e:09:3c:6f:13:a8:9a.
Are you sure you want to continue connecting (yes/no)? yes
Warning: Permanently added '30.0.2.5' (ECDSA) to the list of known hosts.
openlab@30.0.2.5's password:
Welcome to Ubuntu 14.04 LTS (GNU/Linux 3.13.0-24-generic x86_64)

 * Documentation:  https://help.ubuntu.com/

  System information as of Fri Apr 17 15:32:07 CST 2020

  System load:  0.08              Memory usage: 2%   Processes:       95
  Usage of /:   31.0% of 18.58GB  Swap usage:   0%   Users logged in: 0

  Graph this data and manage this system at:
    https://landscape.canonical.com/

Last login: Mon Jul 16 15:49:54 2018 from acab0d7c.ipt.aol.com
openlab@openlab:~$
```

图 7-53　通过 ssh 登录到 Host 1

验证结果显示 Server 1 禁止访问 Host 1 中的 Web 服务，但是允许 Server 1 通过 ssh 登录到 Host 1。

8）登录控制器，将刚刚的 Postman 请求方法改为 DELETE，单击 Send 按钮发送请求，删除刚刚下发的流表，如图 7-54 所示。

图 7-54　删除流表

9）登录主机 Server 1，刷新浏览器页面，又能正常访问 Host 1 的 Web 服务了，如图 7-55 所示。

图 7-55　Server 1 访问 Web 服务

7.6　开发 SDN 应用实现简易防火墙功能

7.6.1　任务分析

使用应用层 App 实现对网络功能的管理是 SDN 最常见的应用方式，上层应用通常通过控制器北向接口实现具体功能。而开发一款基于 SDN 北向接口的防火墙应用程序需要从以下几个方面思考。

- 上层应用框架的选择。
- 北向接口封装。
- 网络拓扑管理。
- 流表管理。

按照这样的思路，根据本任务的具体要求，我们需要选择合适的框架来开发一款基于 SDN 北向接口的 App，该 App 需要具有可视化的拓扑管理、流表管理模块，通过该 App 下发满足要求的流表，来实现基于二层、三层、四层信息进行流管理的简易防火墙功能。对该 App 的具体功能分析如下。

1. 北向接口封装

该 App 需要封装控制器的拓扑查询、配置项下发、流表增删查等常用的北向接口，供上层功能模块使用。

2. 拓扑管理

拓扑管理功能可以使用户以可视化的方式了解网络详细信息，方便用户利用这些信息设置个性化的流策略。

3. 流表管理

流表管理功能可以让用户以友好界面的方式下发、修改、删除流表，实现任务要求的简易防火墙功能。

系统中已经预置了该 App 的原型代码，原型代码已经实现了拓扑管理、流表管理的基本功能，具备了 2 层、3 层流表的下发、管理能力。现在需要在该原型系统上增加 4 层流表的处理功能，支持下发包含 TCP/IP 端口匹配信息的 4 层流表。

7.6.2　概要设计

1. UI 设计

根据任务要求，分析该 App 的原型系统。该 App 的界面低保真如图 7-56 所示。

本次需要在添加流表页面上增加 4 层匹配信息，通过后端处理将界面上填写的 4 层信息封装到流表的 Body 体中，调用控制器北向接口实现 4 层流表的下发。流表界面低保真设计如图 7-57 所示。

2. 流表设计

流表设计参考“使用命令行实现简易防火墙”的相关内容。

3. 北向接口调用

控制器北向接口由控制器提供，可通过调用接口对控制器连接的交换机进行管理，管理操作包括流表的 CRUD，拓扑获取，交换机配置更改等。

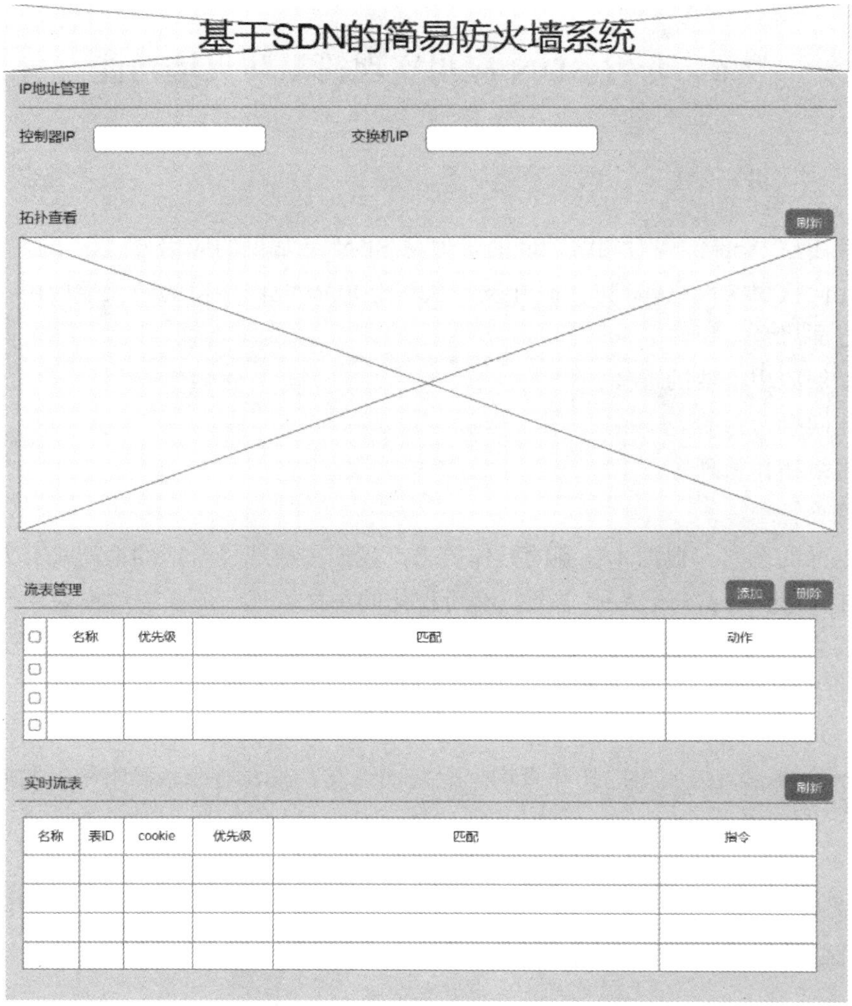

图 7-56　App 界面低保真

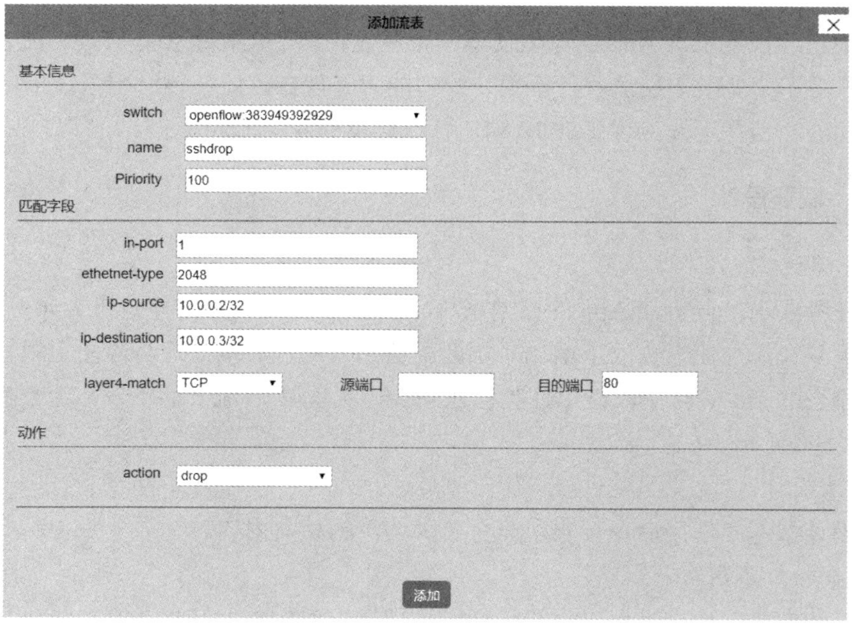

图 7-57　流表界面低保真设计

基于 Python 的 ODL 北向封装的程序如下：

```
class Controller():
    //初始化 保存控制器连接参数
    def __init__(self, ipaddr, username, password):
        self.ipaddr = ipaddr+':8181'
        self.username = username
        self.password = password

    //POST 北向接口封装
    def pre_post(self, url, body):
        try:
            //填写鉴权信息，封装消息头
            auth = base64.b64encode(self.username + ':' + self.password)
            headers = {"Authorization": "Basic " + auth, "Content-Type": "application/json"}
            //建立 HTTP 连接
            conn = httplib.HTTPConnection(self.ipaddr, timeout=3)
            //发送请求信息，进行北向接口调用
            conn.request("POST", url, body, headers)
            //处理请求结果
            response = conn.getresponse()
            ret = response.read()
            return {"status": 1, "data": json.loads(ret)}
        except Exception as e:
            import traceback
            traceback.print_exc()
            return {"status": 0}

    //PUT 北向接口封装
    def pre_put(self, url, body):
        try:
            //填写鉴权信息，封装消息头
            auth = base64.b64encode(self.username + ':' + self.password)
            headers = {"Authorization": "Basic " + auth, "Content-Type": "application/json"}
            //建立 HTTP 连接
            conn = httplib.HTTPConnection(self.ipaddr, timeout=3)
            //发送请求信息，进行北向接口调用
            conn.request("PUT", url, body, headers)
            //处理请求结果
            response = conn.getresponse()
            ret = response.read()
            return {"status": 1, "data": ret}
        except Exception as e:
            import traceback
            traceback.print_exc()
            return {"status": 0}

    //DELETE 北向接口封装
    def pre_delete(self, url, body, timeout_aware=True):
        try:
            //填写鉴权信息，封装消息头
            auth = base64.b64encode(self.username + ':' + self.password)
            headers = {"Authorization": "Basic " + auth, "Content-Type": "application/json"}
            //建立 HTTP 连接
            conn = httplib.HTTPConnection(self.ipaddr, timeout=3)
            //发送请求信息，进行北向接口调用
            conn.request("DELETE", url, body, headers)
```

```
            //处理请求结果
            response = conn.getresponse()
            ret = response.read()
            return {"status": 1, "data": ret}
        except Exception as e:
            import traceback
            traceback.print_exc()
            if not timeout_aware:
                if "timed out" in str(e) or "Connection refused" in str(e):
                    return {"status": 2}
            return {"status": 0}

//GET 北向接口封装
    def pre_get(self, url):
        try:
            //填写鉴权信息，封装消息头
            auth = base64.b64encode(self.username + ':' + self.password)
            headers = {"Authorization": "Basic " + auth, "Content-Type": "application/json"}
            //建立 HTTP 连接
            conn = httplib.HTTPConnection(self.ipaddr, timeout=3)
            //发送请求信息，进行北向接口调用
            conn.request(method="GET", url=url, headers=headers)
            //处理请求结果
            response = conn.getresponse()
            ret = response.read()
            return {"status": 1, "data": ret}
        except Exception as e:
            import traceback
            traceback.print_exc()
            return {"status": 0}
```

OpenDaylight 北向接口文档可通过访问 http://控制器 IP:8181/apidoc/explorer/index.html 获取。本项目涉及的相关北向接口介绍如下：

（1）下发配置流表。

下发配置流表信息见表 7-2。

表 7-2 下发配置流表信息

Title	下发配置流表
URL	/restconf/config/opendaylight-inventory:nodes/node/{switch-id}/flow-node-inventory:table/{table-id}/flow/{flow-id}
Parameters	switch-id：交换机的 OpenFlow ID table-id：流表的 table ID flow-id：流表名称，必须与 post data 中的 id 保持一致
Method	PUT

Post Data	{
	"flow": [
	{
	"id": "flow1", //流表名称
	"priority": 100, //优先级
	"table": 0, //table ID
	"match": {
	"in-port": "openflow:1:1", //匹配：入接口
	"ethernet-match": {

续表

Title	下发配置流表

Post Data	"ethernet-type": {
	"type": "2048"　　//匹配：以太网类型
	}
	},
	"ipv4-source": "30.0.1.3/32",　　//匹配：源 IP 地址
	"ipv4-destination": "30.0.1.4/32"　　//匹配：目的 IP 地址
	},
	"instructions": {
	"instruction": [
	{
	"order": "0",
	"apply-actions": {
	"action": [
	{
	"order": "0",
	"output-action": {
	"output-node-connector": "openflow:1:2" //
	动作：转发至出接口
	}
	}
	]
	}
	}
	]
	}
	}
	]
	}

Response	{}

（2）删除配置流表。

删除配置流表信息见表 7-3。

表 7-3　删除配置流表信息

Title	删除配置流表
URL	/restconf/config/opendaylight-inventory:nodes/node/{switch-id}/flow-node-inventory:table/{table-id}/flow/{flow-id}
Parameters	switch-id：交换机的 OpenFlow ID table-id：流表的 Table ID flow-id：流表名称
Method	DELETE
Response	Null

（3）获取配置流表。

获取配置流表信息见表 7-4。

表 7-4　获取配置流表信息

Title	获取配置流表
URL	/restconf/config/opendaylight-inventory:nodes/node/{switch-id}/flow-node-inventory:table/{table-id}
Parameters	switch-id：交换机的 OpenFlow ID table-id：TableID，默认为 0
Method	GET
Response	略

（4）获取实时流表。

获取实时流表信息见表 7-5。

表 7-5　获取实时流表信息

Title	获取实时流表
URL	/restconf/operational/opendaylight-inventory:nodes/node/{switch-id}/flow-node-inventory:table/{table-id}
Parameters	switch-id：交换机的 OpenFlow ID table-id：TableID，默认为 0
Method	GET
Response	略

（5）获取实时拓扑信息。

获取实时拓扑信息见表 7-6。

表 7-6　获取实时拓扑信息

<table>
<tr><th>Title</th><th>获取实时拓扑</th></tr>
<tr><td>URL</td><td>/restconf/operational/network-topology:network-topology</td></tr>
<tr><td>Method</td><td>GET</td></tr>
<tr><td>Response</td><td><pre>
{
    "network-topology": {
        "topology": [{
            "topology-id": "ovsdb:1",   //ovsdb 协议获取的拓扑
            "node":[{
                "node-id": "ovs1",   //交换机 id
                "ovsdb:connection-info": {
                    "remote-ip":""   //ovsdb 连接信息
                }
            },
            {
                "node-id": "ovs1/bridge/br-sw",   //交换机桥 id
                "termination-point": [{
                    "tp-id": "eth1",   //接口 id
                    "ovsdb:ofport": 1,   //接口的 openflow index
                    "ovsdb:name": "eth1"   //接口名称
                }]

            }]
</pre></td></tr>
</table>

续表

Title	获取实时拓扑

Response	},
	 {
	 "topology-id": "flow:1",　　//openflow 协议获取的拓扑
	 "node": [{
	 "node-id": "openflow:42115318632776",　　//交换机 ID
	 "termination-point": [{
	 "tp-id": "openflow:42115318632776:1"　　//接口 ID
	 },
	 {
	 "tp-id": "openflow:42115318632776:2"
	 }]
	 },
	 {
	 "node-id": "host:fa:16:3e:29:3f:4c",　　//主机 ID
	 "termination-point": [{
	 "tp-id": "host:fa:16:3e:29:3f:4c"
	 }]
	 }],
	 "link": [{
	 "link-id": "openflow:42115318632776:3/host:fa:16:3e:40:24:9b", //连接
	 信息 id
	 "source": {　　//连接信息：源信息
	 "source-node": "openflow:42115318632776",
	 "source-tp": "openflow:42115318632776:3"
	 },
	 "destination": {　　//连接信息：目的信息
	 "dest-node": "host:fa:16:3e:40:24:9b",
	 "dest-tp": "host:fa:16:3e:40:24:9b",
	 }
	 }]
	 }]
	 }
	 }

7.6.3　开发过程及实现

1. 关键技术介绍

（1）Django。本方案使用 Django 框架构建 Web App。Django 是一个开放源代码的 Web 应用框架，由 Python 写成。采用了 MVC 的框架模式，即模型 M，视图 V 和控制器 C。它最初是被开发用于管理劳伦斯出版集团旗下的一些以新闻内容为主的网站的，即 CMS（内容管理系统）软件。

Django 的主要目的是简便、快速地开发数据库驱动的网站。它强调代码复用，多个组件可以很方便地以“插件”形式服务于整个框架，Django 有许多功能强大的第三方插件，用户甚至可以很方便地开发出自己的工具包，这使得 Django 具有很强的可扩展性。对比 Flask 框架，Django 提供了众多的功能组件，让开发更简便快速，这些功能组件有：

- 提供项目工程管理的自动化脚本工具

- 数据库ORM（Object Relational Mapping，对象关系映射）支持。
- 模板。
- 表单。
- Admin管理站点。
- 文件管理。
- 认证权限。
- session机制。
- 缓存。

（2）PyCharm。

PyCharm使用Python语言编写，集成代码开发工具选用PyCharm。PyCharm是一种Python IDE，带有一整套帮助用户在开发时提高效率的工具，如调试、语法高亮、Project管理、代码跳转、智能提示、自动完成、单元测试和版本控制等。此外，该IDE提供了一些高级功能，用于支持Django框架下的专业Web开发。其主要功能如下：

- 编码协助。
- 项目代码导航。
- 代码分析。
- Python重构。
- 支持Django。
- 支持Google App引擎。
- 集成版本控制。
- 图形页面调试器。
- 集成单元测试。
- 可自定义&可扩展。

2. 基于SDN的简易防火墙应用原型系统

基于Django框架的简易防火墙原型系统如图7-58所示。该原型系统实现了该应用的框架，包括前端页面和后端北向接口的封装调用，但是从前端到后端缺少4层匹配字段的内容，需要找到相应代码位置添加4层功能，才能实现任务需求。

3. Web页面修改

在前端页面上增加4层匹配项。编辑SimpleForwarder/templates/index.html文件，修改为如下内容：

```
<!DOCTYPE html>
<html lang="en">

<head>
    <meta charset="utf-8">
    <title>"未来网络杯"SDN 应用设计大赛</title>
    <link rel="shortcut icon" href=""/>
    <meta http-equiv="X-UA-Compatible" content="IE=edge">
    <meta name="viewport" content="width=device-width, initial-scale=1">
    <!--  上述 3 个 meta 标签*必须*放在最前面，任何其他内容都*必须*跟随其后！  -->
    <!-- Bootstrap -->
    <link href="/static/css/bootstrap.min.css" rel="stylesheet">
    <link href="/static/css/bootstrap-table.css" rel="stylesheet">
```

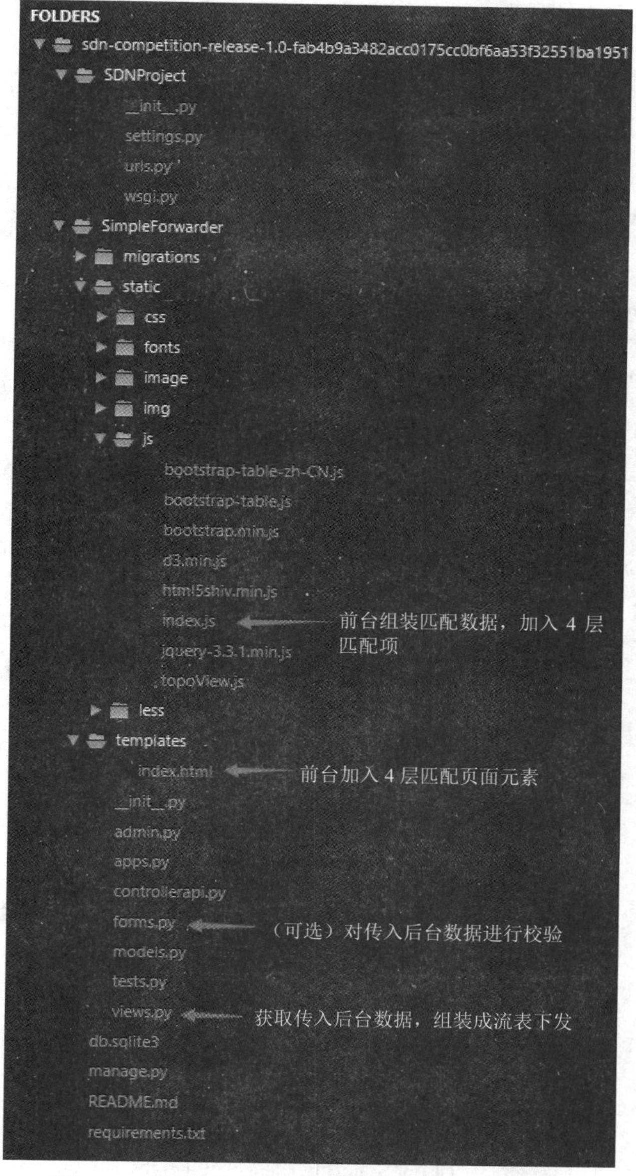

图 7-58　基于 Django 框架的简易防火墙原型系统

```
        <link rel="stylesheet" href="/static/css/bootstrap.min.css">
        <link rel="stylesheet" href="/static/css/font-awesome.min.css">
        <link href="/static/css/main.css" rel="stylesheet">
        <style>
            .link {
                stroke: #017ece;
                stroke-width: 2px;
            }
        </style>
    </head>

    <body>
    <div class="bg_body">
        <div class="header">
            <div class="container">
                <div class="logo">
                    <span>"未来网络杯"SDN 应用设计大赛</span>
```

```
                {# <a href=""></a>#}
            </div>
            <ul class="nav_right">
                <li></li>
                <li></li>
                <li></li>
            </ul>
        </div>
    </div>
    <div class="main">
        <div class="container">
            <div class="well_content">
                <p class=""><span class="icon icon-ip"></span>IP 地址管理</p>
                <div class="well">
                    <ul class="control">
                        <li>
                            <p>控制器 IP 地址</p>
                            <input type="text" class="form-control" id="input_controller_ip"
                                value={{controller_ip}}>
                        </li>
                        <li>
                            <p>交换机 IP 地址</p>
                            <input type="text" class="form-control" id="input_switch_ip"
                                value={{switch_ip}}>
                        </li>
                        <li>
                            <button type="button" class="btn btn-circle" id="jsAddIpBtn"
                                    style="margin-bottom:4px;"></button>
                        </li>
                    </ul>
                </div>
            </div>
            <!--拓扑部分-->
            <div class="well_content table_flow">
                <p class="">
                    <span class="icon icon-topo"></span>拓扑管理
                    <span class="fa fa-caret-down down slide_btn"></span>
                    <span id="jsTopoSyncBtn" class="pull-right syn_button" title="刷新拓扑">
                        <i class="fa fa-refresh fa-lg"></i>
                    </span>
                </p>
                <div class="slide">
                    <div class="topo" id="topoView">
                        <svg></svg>
                    </div>
                </div>
            </div>

            <div class="well_content table_flow">
                <p class=""><span class="icon icon-flow"></span>流表配置管理
                    <span class="fa fa-caret-down down slide_btn"></span>
                    <button type="button" class="btn btn-circle pull-right" data-toggle="modal"
                        data-target="#delFlow">
                        删除
                    </button>
                    <button id="jsAddFlowModalBtn" type="button" class="btn btn-circle
                        pull-right">添加</button>
```

```
                </p>
                <div class="slide">
                    <div class="well_flow" style="background:#fff;">
                        <!--流表表格-->
                        <table id="tb_flow_config"></table>
                    </div>

                </div>
            </div>
            <div class="well_content table_flow">
                <p class=""><span class="icon icon-device"></span>实时流表展示
                    <span class="pull-right syn_button" title="同步" id="jsOperFlowSyncBtn">
                        <i class="fa fa-refresh fa-lg"></i></span>
                </p>
                <div class="well_flow" style="background:#fff;">
                        <!--流表表格-->
                        <table id="tb_flow_operational"></table>
                </div>
            </div>
        </div>
    </div>
</div>

{#新增流表弹框#}
<form id="createFlow" class="modal fade" data-backdrop="static" data-parsley-validate>
    <div class="modal-dialog modal-lg">
        <div class="modal-content">
            <div class="modal-header">
                <button type="button" class="close" data-dismiss="modal">×</button>
                <h4 class="modal-title">新增流表信息</h4>
            </div>
            <div class="modal-body form-horizontal">

                <div class="match">
                    <p>basic</p>
                    <div class="match_content">
                        <div class="form-group">
                            <label class="col-xs-2 control-label">switch</label>
                            <div class="col-xs-6">
                                <select type="text" class="form-control" id="select_switch">
                                    <option value="">选择交换机</option>
                                </select>
                            </div>
                        </div>
                        <div class="form-group">
                            <label class="col-xs-2 control-label">name</label>
                            <div class="col-xs-6">
                                <input type="text" class="form-control" name="inputValue"
                                    key="name" placeholder="流表名称"/>
                            </div>
                        </div>
                        <div class="form-group">
                            <label class="col-xs-2 control-label">priority</label>
                            <div class="col-xs-6">
                                <input type="text" class="form-control" name="inputValue"
                                    key="priority" placeholder="uint32，数值越大，优先级越高"/>
                            </div>
```

```
                </div>
            </div>
        </div>

        <div class="match">
            <p>match</p>
            <div class="match_content">
                <div class="form-group">
                    <label class="col-xs-2 control-label">in-port</label>
                    <div class="col-xs-6">
                        <input type="text" class="form-control" name="inputValue"
                            key="in_port"
                                placeholder="openflow:1:1,openflow:1 代表设备,第二个:
                                    后的 1 代表接口"
                        />
                    </div>
                </div>
                <div class="form-group">
                    <label class="col-xs-2 control-label">ethernet-type</label>
                    <div class="col-xs-6">
                        <input type="text" class="form-control" name="inputValue"
                            key="ethernet_type" placeholder="uint32"/>
                    </div>
                </div>
                <div class="form-group">
                    <label class="col-xs-2 control-label">ipv4-source</label>
                    <div class="col-xs-6">
                        <input type="text" class="form-control" name="inputValue"
                            key="ipv4_source" placeholder="例如:30.1.0.1/32"/>
                    </div>
                </div>
                <div class="form-group">
                    <label class="col-xs-2 control-label">ipv4-destination</label>
                    <div class="col-xs-6">
                        <input type="text" class="form-control" name="inputValue"
                            key="ipv4_destination" placeholder="例如:30.1.0.1/32"/>
                    </div>
                </div>
                <div class="form-group match_list">
                    <div class="col-xs-6 ipv">
                        <label class="col-xs-4 control-label">layer-4-match</label>
                        <div class="col-xs-7">
                            <select class="form-control" id="select_layer4">
                                <option value="">请选择</option>
                                <option value="TCP">TCP</option>
                                <option value="UDP">UDP</option>
                            </select>
                        </div>
                        <div class="col-xs-1 arrow hide"><i class="fa fa-long-arrow-
                            right fa-2x"
                                        style="color: #33cccc"></i></div>
                    </div>
                    <div class="col-xs-3 port hide">
                        <label class="col-xs-5 control-label" style="">源端口</label>
                        <div class="col-xs-7">
                            <input type="text" class="form-control" key="port_source"
                                name="inputValue" placeholder="uint32"/>
```

```
                                </div>
                            </div>
                            <div class="col-xs-3 des_port hide">
                                <label class="col-xs-7 control-label" style="">目的端口</label>
                                <div class="col-xs-5">
                                    <input type="text" class="form-control" key="port_destination"
                                        name="inputValue" placeholder="uint32"/>
                                </div>
                            </div>
                        </div>
                    </div>
                </div>

                <div class="match">
                    <p>action</p>
                    <div class="match_content">
                        <div class="form-group">
                            <div class="col-xs-6">
                                <label class="col-xs-4 control-label">action</label>
                                <div class="col-xs-7">
                                    <select type="text" class="form-control" id="select_action"
                                        name="" placeholder="">
                                        <option value="OUTPUT">OUTPUT</option>
                                        <option value="DROP">DROP</option>
                                    </select>
                                </div>
                            </div>
                            <div class="col-xs-6 output">
                                <label class="col-xs-2 control-label" style="padding-left:0">
                                    output</label>
                                <div class="col-xs-8">
                                    <input type="text" class="form-control" name="inputValue"
                                        key="output" placeholder="例如:openflow:1:1"/>
                                </div>
                            </div>
                        </div>
                    </div>
                </div>

            </div>
            <div class="modal-footer text-center">
                <button class="btn btn-circle cancle" type="button" data-dismiss="modal">取消</button>
                <button id="jsAddFlowBtn" class="btn btn-circle confirm" type="button">下发</button>
            </div>
        </div>
    </div>
</form>

{#删除弹框#}
<div id="delFlow" class="modal fade" data-backdrop="static">
    <div class="modal-dialog modal-sm" id="">
        <div class="modal-content">
            <div class="modal-header">
                <button type="button" class="close" data-dismiss="modal">×</button>
                <h4 class="modal-title">提示</h4>
            </div>
            <div class="modal-body form-horizontal">
```

```
                    <p style="       color: rgba(0, 0, 0, 0.8);font-size: 14px;">您确认删除所有选中流表。</p>
                </div>
                <div class="modal-footer text-center">
                    <button class="btn btn-circle cancle" type="button" data-dismiss="modal">取消</button>
                    <button class="btn btn-circle confirm" type="button" id="delete_flows_confirm">
                        确认</button>
                </div>
            </div>
        </div>
    </div>

    {#提示弹框#}
    <div id="alertModal" class="modal fade" data-backdrop="static">
        <div class="modal-dialog">
            <div class="modal-content">
                <div class="modal-header">
                    <h4 class="modal-title">提示</h4>
                </div>
                <div class="modal-body form-horizontal" id="alertText">
                    <p    style="color: rgba(0, 0, 0, 0.8);font-size: 14px;"></p>
                </div>
                <div class="modal-footer text-center">
                    <button class="btn btn-circle cancle" type="button" data-dismiss="modal">知道了</button>
                </div>
            </div>
        </div>
    </div>

    <script src="/static/js/jquery-3.3.1.min.js"></script>
    <script src="/static/js/bootstrap.min.js"></script>
    <script src="/static/js/bootstrap-table.js"></script>
    <script src="/static/js/bootstrap-table-zh-CN.js"></script>
    <script src="/static/js/d3.min.js"></script>
    <script src="/static/js/topoView.js"></script>
    <script src="/static/js/index.js"></script>
    <script>
        $(function () {
            $("#checkAll").click(function () {
                if ($(this).is(":checked")) {
                    $("input[name='btnSelectAll']").attr("checked", "true");
                } else {
                    $("input[name='btnSelectAll']").removeAttr("checked");
                }
            });

            $("#select_action").change(function () {
                if ($(this).val() == "OUTPUT") {
                    $(".output").removeClass("hide");
                } else {
                    $(".output").addClass("hide");
                }
            });

            $("#select_layer4").change(function () {
                var select_value = $(this).val();
                if (select_value == "TCP" || select_value == "UDP") {
                    $(".arrow").removeClass("hide");
```

```
                    $(".port").removeClass("hide");
                    $(".des_port").removeClass("hide");

                } else {
                    $(".arrow").addClass("hide");
                    $(".port").addClass("hide");
                    $(".des_port").addClass("hide");
                }
            });

            $(".slide_btn").click(function () {
                if ($(this).hasClass("fa-caret-down")) {
                    $(this).parent().siblings(".slide").slideUp(800);
                    $(this).removeClass("fa-caret-down").addClass("fa-caret-up");
                } else {
                    $(this).parent().siblings(".slide").slideDown(800);
                    $(this).removeClass("fa-caret-up").addClass("fa-caret-down");
                }
            })

        })
</script>
</body>
</html>
```

4. 参数传递

在传入后台数据中加入 4 层匹配信息。编辑 SimpleForwarder/static/js/index.js 文件增加如下内容：

```
/*
* 点击添加流表
* */
$("#jsAddFlowBtn").on('click', function() {
    var formData = new FormData();
    var fields = $("#createFlow input[name='inputValue']")
    //填充流表内容
    jQuery.each(fields, function(i, field) {
        formData.append($(field).attr('key'), $(field).val());
    });
    formData.append('action', $("#select_action").val());
    formData.append('switch', $("#select_switch").val());
    formData.append('layer4_match', $("#select_layer4").val());
    commit_flow(formData);
});
```

5. 后端处理

组装流表时加入 4 层匹配信息。编辑 SimpleForwarder/views.py 文件增加如下内容：

```
def _build_flow_match(request):
    match_set = {}

    in_port = request.get('in_port', "")
    if in_port:
        match_set['in-port'] = in_port

    ethernet_type = request.get("ethernet_type", "")
    if ethernet_type:
        match_set['ethernet-match'] = {
```

```
                "ethernet-type": {
                    "type": ethernet_type
                }
            }

        ipv4_source = request.get('ipv4_source', "")
        if ipv4_source:
            match_set['ipv4-source'] = ipv4_source

        ipv4_destination = request.get('ipv4_destination', "")
        if ipv4_destination:
            match_set['ipv4-destination'] = ipv4_destination

        # 4 层(TCP/UDP 端口号)匹配
        layer4_match = request.get('layer4_match', "")
        port_source = request.get('port_source', "")
        port_destination = request.get('port_destination', "")


        if layer4_match:
            if "TCP" == layer4_match:
                match_set['ip-match'] = {
                    "ip-protocol": 6
                }
                if port_source:
                    match_set['tcp-source-port'] = port_source
                if port_destination:
                    match_set['tcp-destination-port'] = port_destination

            if "UDP" == layer4_match:
                match_set['ip-match'] = {
                    "ip-protocol": 17
                }
                if port_source:
                    match_set['udp-source-port'] = port_source
                if port_destination:
                    match_set['udp-destination-port'] = port_destination

        return match_set
```

参考代码见控制器主机的/home/openlab/sdn-competition。

7.6.4 操作过程演示

（1）启动简易防火墙 App 服务端。登录控制器，在 sdn-competition 目录下执行 sudo python manage.py runserver 0.0.0.0:8000 命令，启动服务，如图 7-59 所示。

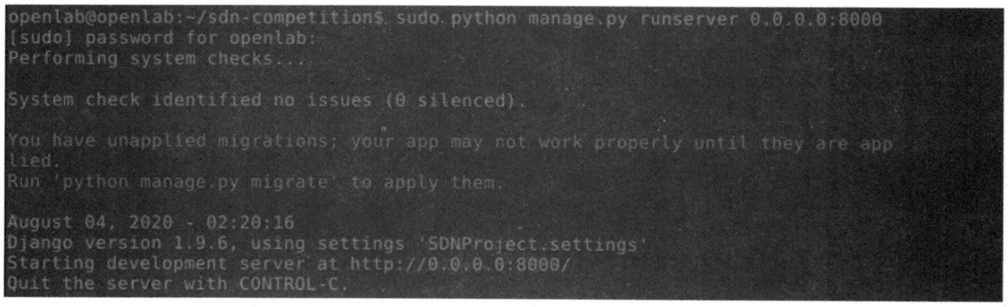

```
openlab@openlab:~/sdn-competition$ sudo python manage.py runserver 0.0.0.0:8000
[sudo] password for openlab:
Performing system checks...

System check identified no issues (0 silenced).

You have unapplied migrations; your app may not work properly until they are app
lied.
Run 'python manage.py migrate' to apply them.

August 04, 2020 - 02:20:16
Django version 1.9.6, using settings 'SDNProject.settings'
Starting development server at http://0.0.0.0:8000/
Quit the server with CONTROL-C.
```

图 7-59 登录服务器启动服务

（2）打开浏览器，访问 http://127.0.0.1:8000，登录简易防火墙 App 客户端页面，如图 7-60 所示。

图 7-60　登录简易防火墙 App 客户端

（3）填写相关信息，连接控制器和交换机，如图 7-61 所示。

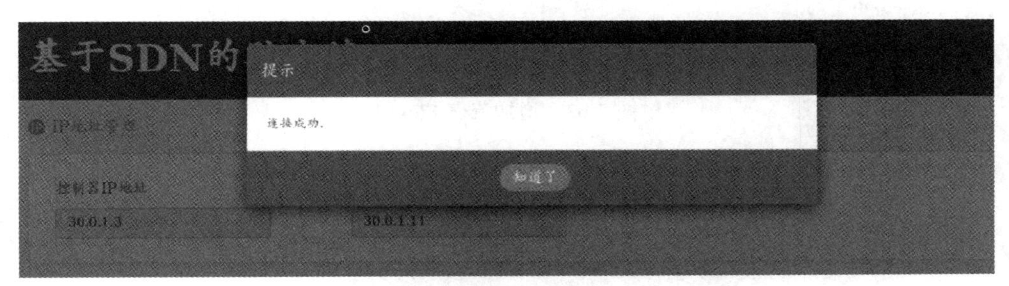

图 7-61　连接控制器和交换机

说明：开发 SDN 应用实现简易防火墙功能与前面部分是分开展示的，其中控制器、交换机与主机的参数可以不一样。本章中 Controller 1 的 IP 地址为 30.0.1.3，交换机的 IP 地址为 30.0.1.11，Host 1 的 IP 地址为 30.0.2.10，Host 2 的 IP 地址为 30.0.2.12，Server 1 的 IP 地址为 30.0.2.3。

（4）刷新拓扑，如图 7-62 所示。

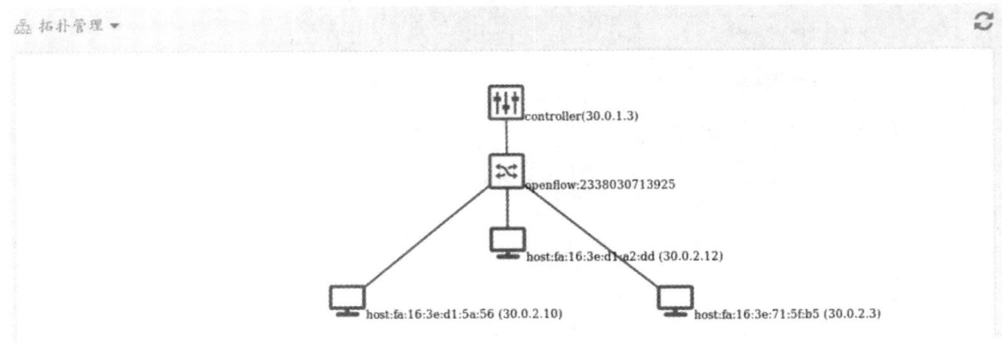

图 7-62　刷新拓扑

（5）下发流表，验证业务。

1）在流表管理页面增加以下流表。

增加流表 Flow 1，如图 7-63 所示。

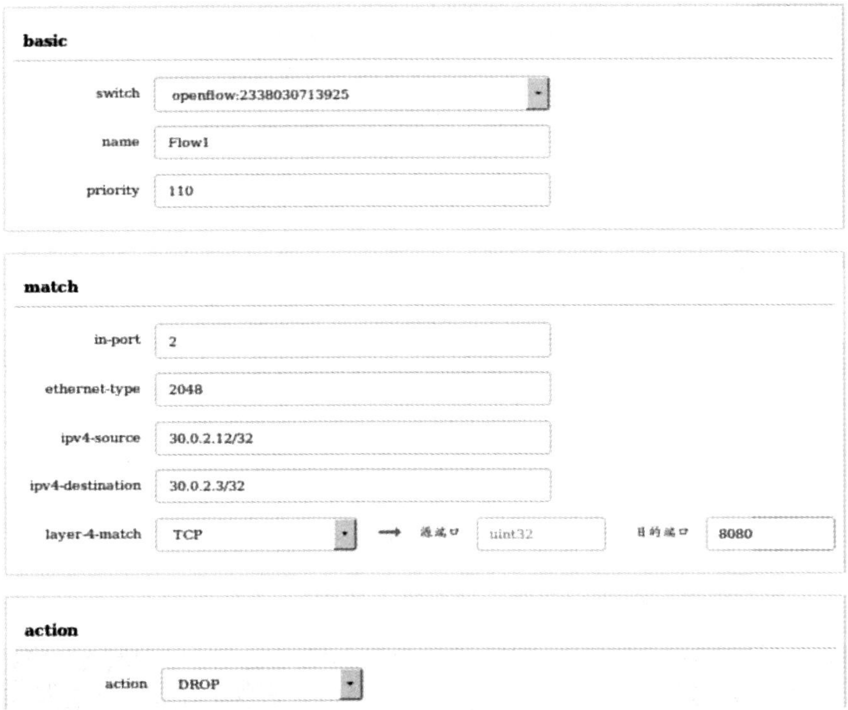

basic

switch openflow:2338030713925

name Flow1

priority 110

match

in-port 2

ethernet-type 2048

ipv4-source 30.0.2.12/32

ipv4-destination 30.0.2.3/32

layer-4-match TCP → 源端口 uint32 目的端口 8080

action

action DROP

图 7-63 增加流表 Flow 1

增加流表 Flow 2，如图 7-64 所示。

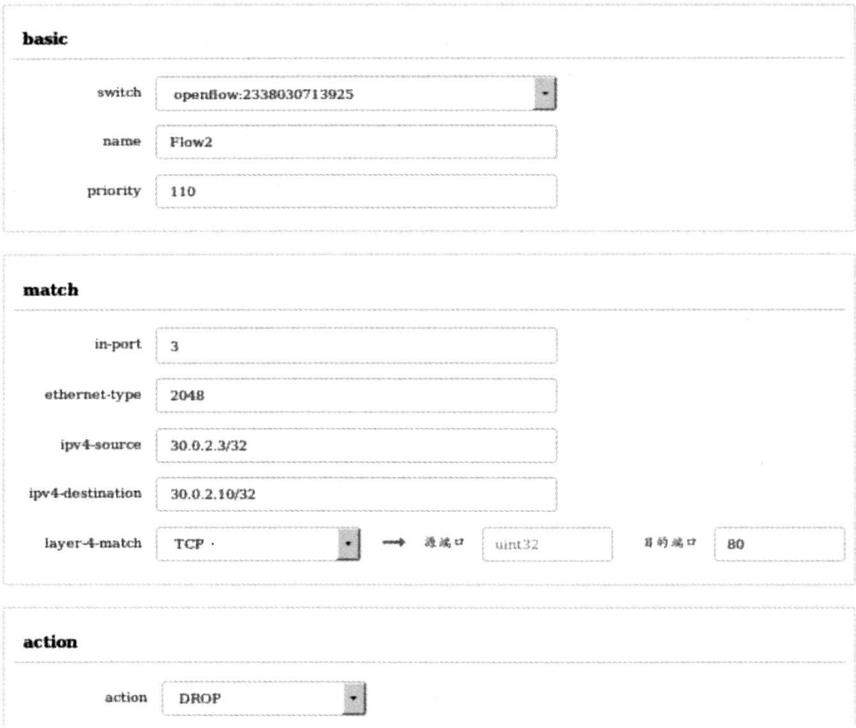

basic

switch openflow:2338030713925

name Flow2

priority 110

match

in-port 3

ethernet-type 2048

ipv4-source 30.0.2.3/32

ipv4-destination 30.0.2.10/32

layer-4-match TCP → 源端口 uint32 目的端口 80

action

action DROP

图 7-64 增加流表 Flow 2

2）登录 Switch 1，执行 ovs-ofctl dump-flows br-sw -O OPENFLOW13 命令，查看流表下发情况，如图 7-65 所示。

```
root@openlab:~# ovs-ofctl dump-flows br-sw
NXST_FLOW reply (xid=0x4):
 cookie=0x0, duration=175.815s, table=0, n_packets=0, n_bytes=0, idle_age=175, priority=110,tcp,in_port=2,nw_src=30.0.2.12,nw_ds
t=30.0.2.3,tp_dst=8080 actions=drop
 cookie=0x0, duration=27.421s, table=0, n_packets=0, n_bytes=0, idle_age=27, priority=110,tcp,in_port=3,nw_src=30.0.2.3,nw_dst=3
0.0.2.10,tp_dst=80 actions=drop
 cookie=0x2b00000000000000, duration=5973.352s, table=0, n_packets=0, n_bytes=0, idle_age=5973, priority=100,dl_type=0x88cc acti
ons=CONTROLLER:65535
 cookie=0x2b00000000000000, duration=5971.498s, table=0, n_packets=167, n_bytes=22464, idle_age=27, priority=2,in_port=4 actions
=output:1,output:3,output:2,CONTROLLER:65535
 cookie=0x2b00000000000001, duration=5971.497s, table=0, n_packets=68, n_bytes=4444, idle_age=27, priority=2,in_port=1 actions=o
utput:4,output:3,output:2,CONTROLLER:65535
 cookie=0x2b00000000000002, duration=5971.496s, table=0, n_packets=55, n_bytes=3706, idle_age=28, priority=2,in_port=3 actions=o
utput:4,output:1,output:2,CONTROLLER:65535
 cookie=0x2b00000000000003, duration=5971.493s, table=0, n_packets=65, n_bytes=4270, idle_age=27, priority=2,in_port=2 actions=o
utput:4,output:1,output:3,CONTROLLER:65535
 cookie=0x2b00000000000000, duration=5973.351s, table=0, n_packets=0, n_bytes=0, idle_age=5973, priority=1 actions=drop
```

图 7-65　查看流表下发情况

下发的流表如下：

```
priority=110,ethernet-type=2048,ipv4-source=30.0.2.12/32,ipv4_destination=30.0.2.3/32,ip_protocol=6,
tcp_port_destination=8080,action=drop
priority=110,ethernet-type=2048,ipv4-source=30.0.2.3/32,ipv4_destination=30.0.2.10/32,ip_protocol=6,
tcp_port_destination=80,action=drop
```

3）登录 Host 1，确保能够访问 Server 1 中的视频服务，如图 7-66 所示。

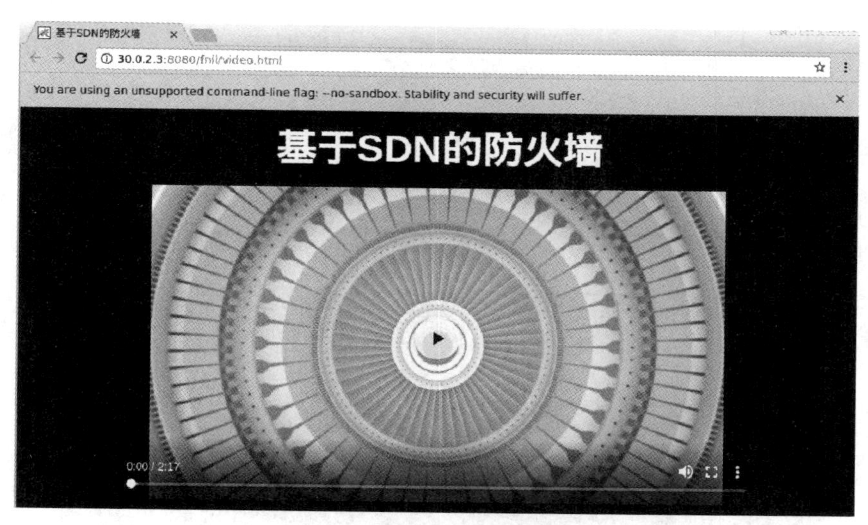

图 7-66　Host 1 访问视频服务

4）登录 Host 2，确保不能访问 Server 1 中的视频服务，如图 7-67 所示。

图 7-67　Host 2 访问视频服务

Host 2 能通过 ssh 登录 Server 1，如图 7-68 所示。

```
root@openlab:/home/openlab# ssh root@30.0.2.3
The authenticity of host '30.0.2.3 (30.0.2.3)' can't be established.
ECDSA key fingerprint is 47:8b:05:7c:95:f7:43:91:17:5e:09:3c:6f:13:a8:9a.
Are you sure you want to continue connecting (yes/no)? yes
Warning: Permanently added '30.0.2.3' (ECDSA) to the list of known hosts.
root@30.0.2.3's password:
Welcome to Ubuntu 14.04 LTS (GNU/Linux 3.13.0-24-generic x86_64)

 * Documentation:  https://help.ubuntu.com/

  System information as of Mon Aug  3 18:33:22 CST 2020

  System load:  1.34              Memory usage: 2%   Processes:       114
  Usage of /:   30.0% of 18.58GB  Swap usage:   0%   Users logged in: 0

  Graph this data and manage this system at:
    https://landscape.canonical.com/
```

图 7-68　Host 2 通过 ssh 登录 Server 1

5）登录 Server 1，确保不能访问 Host 1 中的 Web 服务，如图 7-69 所示。

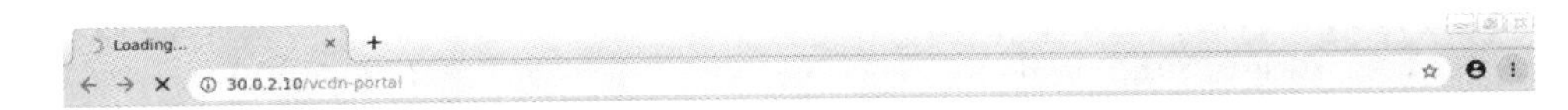

图 7-69　Server 1 访问 Web 服务

Server 1 能通过 ssh 登录 Host 1，如图 7-70 所示。

```
root@openlab:/home/openlab# ssh root@30.0.2.10
The authenticity of host '30.0.2.10 (30.0.2.10)' can't be established.
ECDSA key fingerprint is 47:8b:05:7c:95:f7:43:91:17:5e:09:3c:6f:13:a8:9a.
Are you sure you want to continue connecting (yes/no)? yes
Warning: Permanently added '30.0.2.10' (ECDSA) to the list of known hosts.
root@30.0.2.10's password:
Welcome to Ubuntu 14.04 LTS (GNU/Linux 3.13.0-24-generic x86_64)

 * Documentation:  https://help.ubuntu.com/

  System information as of Mon Aug  3 18:32:59 CST 2020

  System load:  1.69              Memory usage: 2%   Processes:       87
  Usage of /:   31.0% of 18.58GB  Swap usage:   0%   Users logged in: 0

  Graph this data and manage this system at:
    https://landscape.canonical.com/

Last login: Sat Jul 21 12:09:52 2018 from acab0d7c.ipt.aol.com
```

图 7-70　Server 1 能通过 ssh 登录 Host 1

7.7　本章小结

通过本章的学习，我们深入理解了 SDN 架构体系及关键技术；掌握了针对特定场景的 OpenFlow 流表的设计与实现；掌握了 SDN 控制器 OpenDaylight 的基础管理；掌握了 SDN 控制器 OpenDaylight 北向接口的查找方法；熟悉了使用 Postman 调用北向接口下发流表的方法；掌握了使用 Python 或 Java 语言调用北向接口的方法；熟悉了 SDN 应用开发基础和 Django 框架；熟悉了使用 Web 页面下发流表的方法。

7.8　本章练习

一、选择题

1．基础项目环境搭建完成后，如下图所示，以下说法错误的是（　　）。

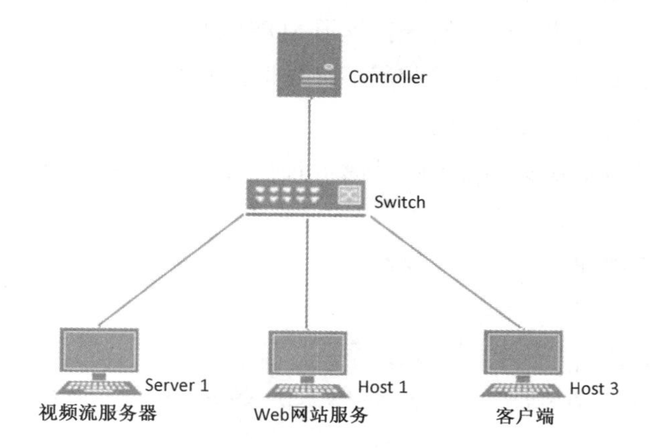

A．Server 1 可以正常访问 Web 服务　　B．Host 1 可以正常访问视频服务

C．Host 3 可以正常访问视频服务　　D．Host 3 无法访问 Web 服务

2．使用命令行实现简易防火墙功能，设计一条流表，使 Host 1 与 Host 2 不能 ping 通，如下图所示，以下说法错误的是（　　）。

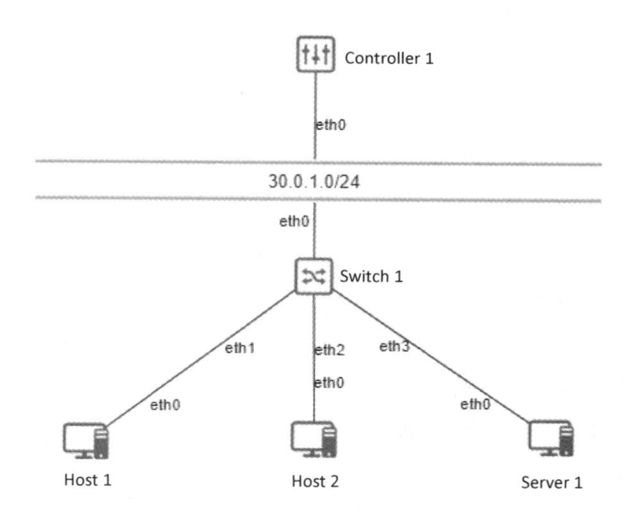

A．在默认情况下，Host 1 能够 ping 通 Host 2

B．查看实验拓扑结构，可知 Host 1 连接交换机的 eth1 口，Host 2 连接交换机的 eth2 口

C．通过 ovs-ofctl show br-sw -O OPENFLOW13 命令查询网卡对应的端口号

D．下发流表拦截 Host 1 与 Host 2 之间的 ping 流量可执行 ovs-vsctl add-flow br-sw priority=120,ip,in_port=1,nw_src=30.0.2.5,nw_dst=30.0.2.7,actions=drop 命令

3．下面不属于 Postman 模拟的网页 HTTP 请求方法的是（　　）。

A．ADD　　B．PUT　　C．POST　　D．DELETE

4．下面关于 Postman 主要功能描述错误的是（　　）。

A．Postman 可以模拟各种 HTTP Requests

B．Postman 可以针对 Response 内容的格式自动美化

C．Postman 支持编写测试脚本，但不能检查 Request 的结果

D．Postman 可以自由设定变量与环境

5．开发 SDN 应用实现简易防火墙功能，以下关于任务分析说法错误的是（　　）。

A．需要选择合适的框架开发一款基于 SDN 北向接口的 App

B．该 App 需要封装控制器的常用拓扑查询、配置项下发、流表增删查等常用的南向接口供底层交换设备使用

C．拓扑管理功能可以使用户以可视化的方式了解网络详细信息，方便用户利用这些信息设置个性化的流策略

D．流表管理功能可以让用户以友好界面的方式下发、修改、删除流表

二、判断题

1．可以通过 ovs-vsctl set-controller br-sw tcp:<Controller1_ip>:6633 命令实现交换机和控制器的连接。

2．使用 Django 框架构建 Web App，Django 是一个开放源代码的 Web 应用框架，由 Python 实现。

3．使用 Java 语言编写，集成代码开发工具选用 PyCharm。

4．使用命令行方式可以删除所有流表，而使用 Postman 只能删除部分流表。

5．使用命令行方式、使用 Postman 和开发 SDN 应用来实现防火墙功能，三者设计流表的方法是一样的。

三、简答题

1．使用 SDN 实现防火墙功能的目的和意义是什么？

2．Tomcat、Nginx 分别用于实现了什么服务？

3．如何设计 SDN 流表？

4．如何使用命令行方式下发 SDN 流表？

5．如何调用 OpenDaylight 北向接口？

6．如何使用 Postman 下发 SDN 流表？

7．如何设计 UI？

8．开发 SDN 应用的过程是什么？

参考文献及 URL

[1] 雷葆华，王峰，王茜，等．SDN 核心技术剖析和实战指南[M]．北京：电子工业出版社，2013．

[2] 席晓．三大优势加身 SDN 成广域网优化重要手段[J]．通信世界，2017，000（13）：50-51．

[3] 刘韵洁，黄韬，张娇．SDN 发展趋势[J]．中兴通讯技术，2016，22（6）：48-51．

[4] 宋浩宇．从协议无感知转发到 OpenFlow 2.0[J]．中国计算机学会通讯，2015，11（1）：36-42．

[5] FIELDING R T. Architectural Styles and the Design of Network-based Software Architectures[D]//https://www.ics.uci.edu/~fielding/pubs/dissertation/top.html.

[6] Open vSwitch 官网，http://www.openvswitch.org/.

[7] OpenDaylight 官网，http://www.opendaylight.org/.

[8] Mininet 官网，http://mininet.org/download/.

读书笔记